玩转 Android 手机平板软件 300+

李学昌　编著

兵器工业出版社

内 容 简 介

本书详细介绍了基于 Android 操作系统的手机和平板软件在日常生活及办公中的应用。内容包括手机软件的安装基础、系统工具、图片影音、常用工具、男女部落、家政理财、育儿教育、美食健康、休闲娱乐、旅游出行、聊天交友、通信辅助、网络应用、教育学习、移动应用、阅读软件、手机安全。通过阅读本书，读者能够掌握智能手机的基本操作和手机软件的应用方法。

本书适合 Android 手机用户，也可作为数码爱好者的参考书。

图书在版编目（CIP）数据

玩转 Android 手机平板软件 300+ / 李学昌编著. －北京：兵器工业出版社, 2012.1

ISBN 978-7-80248-687-4

Ⅰ. ①玩… Ⅱ. ①李… Ⅲ. ①移动终端－应用程序－程序设计 Ⅳ. ①TN929.53

中国版本图书馆 CIP 数据核字(2011)第 237649 号

出版发行：兵器工业出版社
发行电话：010-68962596，68962591
邮　　编：100089
社　　址：北京市海淀区车道沟 10 号
经　　销：各地新华书店
印　　刷：北京博图彩色印刷有限公司
版　　次：2012 年 1 月第 1 版第 1 次印刷
印　　数：1-3 000

责任编辑：刘　立　李　萌
封面设计：深度文化
责任校对：刘　伟
责任印制：王京华
开　　本：889mm×1194mm 1/32
印　　张：9.5（全彩印刷）
字　　数：314 千字
定　　价：39.80 元

前 言

与普通手机相比，智能手机或平板电脑的最大特点在于能像PC那样安装操作系统及应用软件。目前，智能手机的操作系统有主要包括以下几种。

Android（安卓）：是Google公司开发的基于Linux平台的开源操作系统，目前最流行的版本号为2.3，已大量地用于手机或平板电脑。这类手机或平板电脑的价位高低兼顾，拥有庞大的用户群。

Windows Mobile：由微软开发，目前已升级并更名为Windows Phone 7。在个人电脑领域，Windows是霸主，但在手机领域却不是。

iOS：由苹果公司开发，已升级为iOS 5，iPhone 4和iPad 2都可以升级应用iOS 5，iPhone 4手机或iPad 2平板电脑装配的正是这一系统。搭载iOS 5的iPhone 4S手机也已发布，正在热销。这类手机或平板电脑价位偏高，操作系统开放性相对较差，普及度不如搭载Android系统的同类产品。

Symbian（塞班）：由是Symbian公司为手机而设计的操作系统。它曾经拥有很高的市场占有率，但随着Android操作系统和iOS操作系统的普及，其市场份额不断下降。

本书重点介绍Android系统手机与平板的基本知识与软件应用。与手机相比，平板电脑一般无通信模块，无法接打电话，无法收发短信。为此，本书介绍的软件中，只要不涉及短信及电话功能大都可用于平板电脑。

本书特色

- **授人以渔**。本书重点介绍了下载Android操作系统软件的途径，以及安装、升级、应用、卸载软件的具体方法。通过对本书的学习，读者能独立地下载、安装、应用常用工具软件来解决生活和工作中遇到的问题。

- **"有恃无恐"**。玩手机、玩平板，都免不了因为误操作将其玩成"砖块"。本书重点介绍了操作系统恢复以及刷机的具体方法，使读者能够有恃无恐地使用设备。
- **软件对比**。对于功能相同或者相近的同类软件，本书在试用的基础上对其进行了筛选，再选择比较好的归纳在一起讲解，重点突出各款的特色功能，最后再推荐给有不同需要的读者。
- **方案推荐**。对有关联的软件，本书将它们归纳在一起并集中讲解，只要将它们综合起来即可形成解决某类问题的完整方案。
- **适用面广**。目前使用智能手机的用户众多，智能手机不再是年轻男士的专利。在软件的选择上，我们兼顾了不同性别和不同年龄的读者，无论是男性还是女性，老人还是儿童，都能找到适合自己的软件。

不足

由于Android软件更新速度快，到本书与读者见面时，可能其中讲到的软件早已升级到了最新版本，因此本书不能涵盖软件的最新功能。本书讲解的软件虽然都经作者严格测试、运行，但不排除个别软件可能在读者的手机中无法正常运行。笔者水平有限，错误和不足之处在所难免，欢迎读者批评指正。

编著者

CONTENTS 目录

第1章 安装基础

1.1 手机基本操作 2
1.1.1 手机基本键位 2
1.1.2 手机基本操作 3
1.2 手动管理应用软件 4
1.2.1 认识安卓软件 4
1.2.2 连接电脑与手机 5
1.2.3 安装、运行应用软件 5
1.2.4 升级、卸载应用软件 6
1.3 自动管理应用软件 6
1.3.1 启用WiFi 7
1.3.2 使用客户端工具管理软件 7

第2章 系统工具

2.1 文件管理 12
2.1.1 文件管理器Root Explorer 12
2.1.2 ES文件浏览器 13
2.1.3 摸手文件管理器 14
2.2 任务管理 16
2.2.1 高级任务管理器Advanced Task Manager 16
2.2.2 启动项清理专家 17
2.3 系统优化 18
2.3.1 缓存清道夫 18
2.3.2 一键缓存清除器 18
2.3.3 安卓优化大师 19

2.4 备份还原......21
2.4.1 我的备份MyBackup......21
2.4.2 蜡笔LaBi同步......22
2.5 手机锁屏......23
2.5.1 GOTO锁屏......23
2.5.2 摸手锁屏......23
2.5.3 Live智能锁屏......24
2.6 系统补丁......26
2.6.1 按键救星......26
2.6.2 自动切换飞行模式......27
2.6.3 安卓压缩AndroZip pro......28
2.7 文件安全......29
2.7.1 月光宝盒......29
2.7.2 文件隐藏器......30
2.8 程序安全......31
2.8.1 隐藏应用APP Hider......31
2.8.2 程序加密......32
2.8.3 金刚锁......32
2.9 有恃无恐地玩机......34
2.9.1 恢复出厂状态......34
2.9.2 格式化外部存储卡......34
2.9.3 刷机方法......35

第3章 图片影音

3.1 图片管理......38
3.1.1 私密相册 PhotoVault......38
3.1.2 PicsIn照片......39
3.1.3 图片贴......40
3.1.4 美图秀秀......41
3.1.5 Adobe Photoshop Express......43
3.1.6 GIF动画播放与制作......44

3.1.7 涂鸦高手 45

3.2 音乐播放 46

3.2.1 天天动听 46

3.2.2 酷我听听 47

3.2.3 andLess 48

3.3 收音电台 49

3.3.1 Any Radio收音机 49

3.3.2 天籁听书 50

3.4 曼妙铃声 51

3.4.1 铃声编辑 Ringdroid 51

3.4.2 手机铃声大全Ring 52

3.4.3 我的声音 My Sounds 52

3.5 乐器模拟 53

3.5.1 我的钢琴 My Piano 53

3.5.2 吉他软件 Guitar Solo full 54

3.5.3 架子鼓 56

3.5.4 节奏器 56

3.6 在线视频 57

3.6.1 酷6视频 57

3.6.2 腾讯视频 58

3.7 手机电视 58

3.7.1 手机电视DopoolPlayer 58

3.7.2 手机电视W.TV 59

3.8 本地视频 60

3.8.1 暴风影音 60

3.8.2 全能播放器Moboplay 61

3.8.3 手机文件锁 62

第4章 常用工具

4.1 时钟秒表 66

4.1.1 定时器 Timer 66

4.1.2 迷你小秒表 Mini StopWatc 67
4.2 日历记事 68
4.2.1 家庭农民历 68
4.2.2 中华万年历eCalar 69
4.2.3 小蜂生日提醒 70
4.3 闹钟计时 71
4.3.1 正点闹钟 71
4.3.2 倒数日桌面插件Days Matter Widget 72
4.4 计算工具 73
4.4.1 汇率计算 73
4.4.2 打折计算器 73
4.4.3 万能换算器 74
4.4.4 办公计算器 Office Calculator Pro 75
4.4.5 新版个税计算器（增强版） 75
4.4.6 房贷计算器 76
4.4.7 方差计算 77
4.5 测量工具 77
4.5.1 噪声测量 77
4.5.2 心机温度计 78
4.5.3 流量检测器 79
4.5.4 测量罩杯 79

第5章 男女部落

5.1 男人部落 82
5.1.1 男人补阳食疗 82
5.1.2 宅男帝国 82
5.1.3 口水蛙美女秀 83
5.1.4 系领带 83
5.2 女系氏族 84
5.2.1 女性课堂 84
5.2.2 美妆达人 85

5.2.3 黑头拜拜 85
5.2.4 护肤物语 86
5.2.5 夏日防晒 86
5.2.6 面膜DIY 87
5.2.7 清纯搭配 87
5.2.8 穿衣显瘦 88
5.2.9 服饰搭配 88
5.2.10 时尚发型 89
5.2.11 编织艺术 89
5.2.12 美容打扮 90

第6章 家政理财

6.1 彩票圣手 92
6.1.1 彩票百科 92
6.1.2 网易彩票 93
6.1.3 好运双色球 94
6.1.4 万能彩票预测系统 94
6.2 家政理财 95
6.2.1 蚂蚁记账 95
6.2.2 挖财记账 96
6.2.3 超级理财 97
6.3 汽车保险 98
6.3.1 汽车保险 98
6.3.2 安邦自助宝典 99
6.4 掌上网购 100
6.4.1 淘宝 100
6.4.2 京东商城 101
6.4.3 掌上1号店 102
6.5 网上单购 98
6.5.1 凡客诚品 102
6.5.2 李宁商城 103

第7章 育儿教育

7.1 育儿宝典......106

7.1.1 胎教音乐集......106
7.1.2 育婴指南......107
7.1.3 幼儿教育......107
7.1.4 育儿问答......108
7.1.5 IQ测试专家......108

7.2 亲子互动......109

7.2.1 童谣儿歌......109
7.2.2 宝宝睡前故事（有声版）......109
7.2.3 童话精选......110
7.2.4 快乐诗词......111
7.2.5 幼儿拼图......111
7.2.6 少儿拼图......112
7.2.7 儿童手指绘画......113
7.2.8 儿童照片相框......114
7.2.9 看图识动物......115
7.2.10 拖拖乐......116
7.2.11 乐幼儿识字卡......116
7.2.12 宝贝手影......117
7.2.13 儿童字母发音学习......117
7.2.14 幼儿算数学习......118

第8章 美食健康

8.1 强身健体......120

8.1.1 瑜伽宝典......120
8.1.2 年轻十岁......121
8.1.3 游泳教练......121
8.1.4 随身按摩......122

8.1.5 催眠音乐 …… 122

8.2 美食健康 …… 123

8.2.1 美食王菜谱 …… 123

8.2.2 泡面三十六种吃法 …… 124

8.2.3 不能生吃的蔬菜 …… 124

8.2.4 药粥大全 …… 125

8.2.5 食物相克大全 …… 126

8.2.6 美味面食烹饪 …… 126

8.2.7 Nimy快乐晚餐 …… 127

8.3 知性饮酒 …… 128

8.3.1 葡萄酒 …… 128

8.3.2 海王金樽 …… 129

8.4 高雅品茶 …… 129

8.4.1 花茶养生 …… 129

8.4.2 中国名茶 …… 130

8.5 健康指南 …… 131

8.5.1 急救手册 …… 131

8.5.2 症状与疾病 …… 132

第9章 休闲娱乐

9.1 命理玄学 …… 134

9.1.1 橄榄星座 …… 134

9.1.2 星座配对 …… 135

9.1.3 八字排盘 …… 135

9.1.4 称骨命运 …… 136

9.1.5 手相算命 …… 137

9.1.6 灵机妙算 …… 137

9.1.7 周公解梦 …… 138

9.1.8 指纹预测 …… 138

9.1.9 周易六爻 …… 139

9.1.10 住宅风水 …… 139

9.1.11 测名起名 …… 140
9.2 忽悠整蛊 …… 141
9.2.1 忽悠专辑 …… 141
9.2.2 整蛊机器 …… 141
9.3 笑话大全 …… 142
9.3.1 英语笑话 …… 142
9.3.2 儿童笑话 …… 142
9.3.3 笑话天地 …… 143
9.4 糗事几桩 …… 143
9.4.1 糗事百科 …… 143
9.4.2 囧事吧 …… 144

第10章 旅游出行

10.1 游前准备 …… 146
10.1.1 各月旅游好去处 …… 146
10.1.2 世界旅游名地精选 …… 146
10.1.3 旅游攻略 …… 147
10.1.4 旅行翻译官 …… 148
10.1.5 一起游吧 …… 149
10.1.6 旅游资讯 …… 149
10.1.7 生活百事通之旅游购物 …… 150
10.1.8 驴妈妈旅游 …… 150
10.1.9 新疆旅游 …… 151
10.2 天气预报 …… 151
10.2.1 气象频道 …… 151
10.2.2 天气预报 …… 152
10.2.3 GO天气 …… 153
10.2.4 HD旅行 …… 154
10.3 旅游出行 …… 155
10.3.1 世界行 …… 155
10.3.2 酒店搜索 …… 157

10.3.3 火车查询 158
10.3.4 航班查询 158
10.3.5 精准指南针 159
10.3.6 火车票真假识别 160

第11章 聊天交友

11.1 移动QQ 164
11.1.1 共存版QQ 164
11.1.2 WebQQ 164
11.1.3 QQ空间 165
11.1.4 腾讯微博 166
11.2 移动MSN 167
11.2.1 MSN Talk Pro 167
11.2.2 聊天聚合Lonely Cat Games 168
11.3 飞信 170
11.3.1 迷你飞信 170
11.3.2 飞信飞语 171
11.4 SNS社区 172
11.4.1 朋友网 172
11.4.2 世纪佳缘 173

第12章 通信辅助

12.1 通话录音 176
12.1.1 录音同步笔记 176
12.1.2 小木录音机 177
12.2 防火墙 178
12.2.1 网络防火墙 178
12.2.2 来电防火墙 179
12.2.3 短信防火墙 179

12.3 短信增强......180
12.3.1 手说TTS......180
12.3.2 短信听......181
12.3.3 GO短信加强版......182
12.3.4 弦福贺卡......182
12.3.5 短信拜年......183
12.3.6 通信助手dgAway......184
12.3.7 信息泡泡......185
12.3.8 短信翻译......185
12.3.9 远程短信......186
12.3.10 短信删除助手......187
12.3.11 通话短信统计......188
12.3.12 群发短信加称谓......189
12.3.13 虚拟短信......189
12.4 拨号增强......190
12.4.1 酷拨号......190
12.4.2 魔维通讯录......191
12.4.3 常用电话号码大全......191
12.5 虚拟来电......192
12.5.1 虚拟来电......192
12.5.2 伪来电......193
12.6 联系人备份......194
12.6.1 QQ同步助手......194
12.6.2 手机备份还原......195

第13章 网络应用

13.1 浏览器......198
13.1.1 QQ浏览器......198
13.1.2 UC浏览器......199
13.2 WiFi无线......201
13.2.1 无线路由器 Wireless tether......201

13.2.2 手机摄像头CameraWiFi LiveStream 202
13.2.3 WiFi管理器 204
13.2.4 无线文件管理器WiFi File Explorer PRO 204

13.3 远程控制 205

13.3.1 PowerDVD远程遥控 205
13.3.2 网灵远程控制端 207

13.4 邮件收发 209

13.4.1 网易手机邮 209
13.4.2 尚邮 210

13.5 手机博客 212

13.5.1 网易微博 212
13.5.2 摩瓦微博 212

13.6 下载工具 214

13.6.1 手机迅雷 214
13.6.2 音乐下载 214

第14章 教育学习

14.1 字典成语 218

14.1.1 新华字典 218
14.1.2 成语词典 219
14.1.3 成语故事大全 219
14.1.4 成语填字游戏 220
14.1.5 宝宝学成语 221
14.1.6 成语消色块 221
14.1.7 成语接龙 222

14.2 外语学习 222

14.2.1 有道手机词典 222
14.2.2 超级翻译 223
14.2.3 专业复读机 224
14.2.4 子午播放器 225

14.3 诗词 226

14.3.1 唐诗宋词元曲300首 226
14.3.2 中外诗歌精选 227
14.4 国学经典 228
14.4.1 庄子逍遥游 228
14.4.2 孔子论语 228
14.4.3 弟子规 229
14.4.4 三字经 230
14.4.5 百家姓 230
14.4.6 千字文 231
14.5 谜语猜猜 231
14.5.1 益智谜语大全 231
14.5.2 谜语高手 232
14.6 脑筋急转弯 233
14.6.1 脑筋急转弯 233
14.6.2 脑筋急转弯高难版 233
14.7 品歇后语 234
14.7.1 歇后语大全 234
14.7.2 歇后语 235
14.8 百科知识 236
14.8.1 百科大全 236
14.8.2 轻松生活小常识 236
14.8.3 世界未解之谜 237
14.8.4 剪纸速成 237
14.8.5 折纸大全 238
14.8.6 骗术大全 239
14.9 考试题库 239
14.9.1 公务员考试 239
14.9.2 驾考宝典 240

第15章 移动办公

15.1 Office文档编辑 242

15.1.1 OfficeSuit Pro 242
15.1.2 Thin Free Office 243
15.1.3 Office文档查看 245

15.2 PDF创建及阅读 246

15.2.1 Adobe CreatePDF 246
15.2.2 Adobe Reader 246
15.2.3 Documents to Go 247
15.2.4 ezPDF Reader 248

15.3 文件扫描 250

15.3.1 扫描全能王 250
15.3.2 文件扫描器 251

15.4 TXT文件编辑 252

15.4.1 Text Edit 252
15.4.2 Jota Text Editor 253

15.5 随手记事 254

15.5.1 超级便笺 254
15.5.2 Ann便笺 254

15.6 会议必备 255

15.6.1 会议录音 255
15.6.2 会议助手 257
15.6.3 会议定时器 258

15.7 其他应用 259

15.7.1 办公室养生法 259
15.7.2 办公计算器 259
15.7.3 手写信件 260

第16章 阅读软件

16.1 新闻阅读 262

16.1.1 腾讯新闻 262
16.1.2 网易新闻 263
16.1.3 搜狐新闻快递 263

16.2 杂志阅读 264
16.2.1 凤凰周刊 264
16.2.2 故事汇 265
16.2.3 电脑报 266
16.2.4 新潮女人 266
16.2.5 读者 267
16.2.6 VIVA电子杂志 267
16.3 漫画阅读 268
16.3.1 漫鱼 268
16.3.2 布卡漫画 269
16.3.3 我爱漫画小人书 269
16.4 在线阅读 270
16.4.1 熊猫看书 270
16.4.2 百阅 270
16.5 本地阅读 271
16.5.1 iReader 271
16.5.2 开卷有益 272

第17章 手机安全

17.1 手机杀毒 276
17.1.1 大蜘蛛 276
17.1.2 360手机卫士 278
17.1.3 瑞星杀毒软件 279
17.1.4 QQ手机管家 281
17.2 防盗 282
17.2.1 梆梆防盗 282
17.2.2 手机防盗报警器 284
17.2.3 诺顿手机杀毒 285

第1章

安装基础

智能手机的功能已呈越来越强之势，但很多新手不熟悉其操作。有的朋友还在将其当做普通手机用，并不知道它能支持应用软件。本章将介绍智能手机的基本操作及软件的安装、升级、卸载方法。

- 基本操作
- 软件安装
- 软件升级
- 软件卸载

1.1 手机基本操作

手机操作，并非那么简单，特别对于第一次使用Android智能手机的用户。一方面，手机的使用说明书通常过于简单，另一方面，说明书中的表达各异，不够规范。下面我们将以普及率较高的三星安卓手机为例进行讲解，其他手机或平板电脑的操作基本相似，可加以参考。

1.1.1 手机基本键位

多数手机的下部有三个机械按键（图1. 1），从左到右分别是选项键、主屏幕键（Home键）、返回键。其中，按选项键可对当前程序或窗口进行更进一步的操作，例如设置参数、调出菜单等。按主屏幕键可一键返回到手机的桌面。

一般而言，手机的左边有音量调节键。右边有开/关机键，长按可执行开/关机任务，短按可让手机关闭屏幕进入待机状态或从待机状态返回到屏幕锁定状态（图1. 2）。

图1. 1

图1. 2

1.1.2 手机基本操作

手指在手机或平板电脑上的基本操作包括点击（单击）、点住（长按）、拖放、缩放等。

点击：用手指快速按一下，也称单击。可打开应用程序，也可执行程序按钮指定的命令，例如确定、取消等。

点住（长按）：将手指按在触摸屏上并保持1~2s的时间。该操作的作用一般要视具体的环境而定，例如长按手机桌面空白处可让我们在桌面上为指定程序创建快捷方式，长按可输入字符的地方能切换输入法等。

拖放：按住一个程序图标后移动到其位置再松开，可将程序图标移位（图1.3）。

缩放：两手指同时接触屏幕再张开或收拢。可放大或缩小当前屏幕上的字符或图片（图1.4）。

图1.3

图1.4

1.2 手动管理应用软件

在通常情况下，我们都是先下载软件再安装。下载，有过电脑使用经历的朋友都会，至于如何安装，将是本节讲解的内容之一。

1.2.1 认识安卓软件

提供Android系统手机软件下载的网站比较集中，在这些网站里，不但能下载到大量的应用软件，而且还可通过论坛学习手机应用、维护知识。下面推荐Android手机应用软件下载网站。

机锋市场：http://apk.gfan.com91

手机娱乐门户网站：http://android.sj.91.com/app/

安卓网：http://www.hiapk.com/

手机之家：http://soft.imobile.com.cn/

安卓软件的文件扩展名为APK，只有这种文件才能安装到Android系统中。我们下载回来的软件扩展名可能为ZIP，请在电脑上用WinRAR或WinZIP打开，如果其下包括了META-INF、res等文件夹和AndroidManifest.xml、classes.dex等文件（图1.5），只要将扩展名由ZIP修改为APK就能被Android识别了。

图1.5

在电脑的任一文件夹窗口里单击“工具→文件夹选项→查看”，在“高级设置”下取消对“隐藏已知文件类型的扩展名”的选中状态，文件的扩展名就能显示出来了。接着，鼠标右键单击扩展名为ZIP的安卓软件，选择“重命名”，将ZIP修改为APK即可（图1.6）。

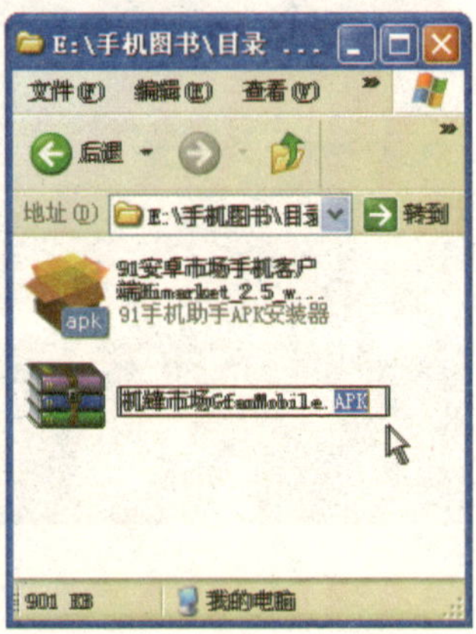

图1.6

1.2.2　连接电脑与手机

首先，必须在手机上插入外部存储卡（一般为Mini SD卡，与其对应的手机自带的称为内部存储卡），再用数据线连接手机与电脑。接着，在手机上依次点击“设置→应用程序→开发”，取消“USB调试”选项的选中状态，手机的外部存储卡就能被电脑识别且以“可移动磁盘”的形式出现。此时，可在外部存储卡与电脑间交换文件，请将下载到的Android软件复制进去。

小提示　在这种方式下，电脑中能识别外部存储卡，而不能识别内部存储卡。

1.2.3　安装、运行应用软件

通过前面的操作，我们已让电脑识别了手机的外部存储卡，在这种状态下，手机一般无法识别外部存储卡。要识别，请在手机上依次点击“设置→应用程序→开发”，选中“USB调试”选项，完成后，手机会自动识别外部存储卡且对其中的文件进行扫描，然后建立索引文件以方便用户查找。

找出复制到手机中的应用软件后点击一下，应用软件即可安装（图1.7）。安装完成后能在手机的主菜单下找到应用软件的快捷方式图标，点击即可运行（图1.8）。

图1.7

图1.8

1.2.4 升级、卸载应用软件

Android系统是一个开源的系统，稍懂编程的人都可设计出应用软件，为此，应用软件一般比较小巧，升级比较快。升级的方式比较多，例如：运行时若遇到升级提醒只要同意即可（图1.9）。可随时关注软件的发布信息，重新下载、安装。

要卸载，请在手机上点击“任务管理器→安装程序”，从软件列表中点击“卸载”即可（图1.10）。

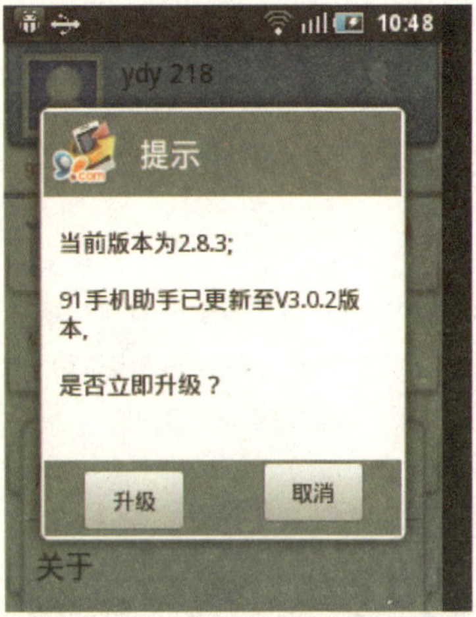

图1.9

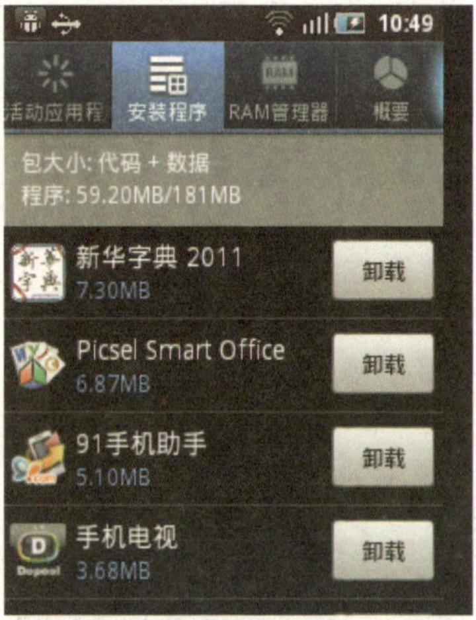

图1.10

1.3 自动管理应用软件

目前，国内专业的手机网站比较多，例如：91手机助手、机锋市场、手机乐园等。这些网站都收录了大量的应用软件供我们下载，而且有论坛、教程供我们讨论、学习，还有对应的手机客户端工具。在客户端工具支持下，软件的下载、安装、升级、卸载都可在手机或平板电脑上操作。

下面，我们以“机锋市场”为例进行讲解。

1.3.1 启用WiFi

利用手机下载，需要大量的网络流量，为此，请先打开手机的WiFi功能。

在手机上打开快捷菜单栏，打开WLAN，同时点击一下“数据开启”使其处理关闭状态（图1.11）。在“数据开启”状态下，使用的是手机流量上网，建议用户采取包流量上网方式，具体价格请咨询电信运营商。

接着，在手机上点击“设置→无线和网络→WLAN设置”，从打开的界面中选中“WLAN”、“网络通知”，此时，手机将自动搜索附近的无线宽带热点，成功后将出现“已连接”的提示（图1.12）。这样设置后，手机将只使用无线宽带上网。

图1.11

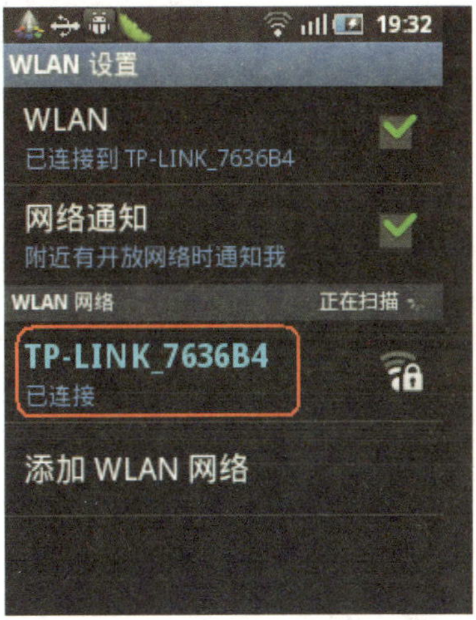

图1.12

1.3.2 使用客户端工具管理软件

安装机锋市场客户端工具（http://down.gfan.com/gfan/product/a/gfanmobile/beta/GfanMobile.apk）到手机中。

今后，运行机锋市场客户端即可找到大量的软件（图1.13），而且非常方便。

图1.13

1. 寻找软件

它对软件进行了比较详细的分类，点击“首页”，可浏览到为我们推荐的热门软件、游戏；点击“分类”，可浏览到游戏、电子书、影音播放、交通导航、系统工具等软件，假设要下载播放软件，请点击“影音播放”，再从打开的页面中寻找。

由于这上面的软件多达几万款，要找出来也确非易事，如果你已知软件名，请点击界面右上角的放大镜图标。接着，在放大镜左边的文本框里输入软件名，点击放大镜图标即可进行搜索。

小提示 对于找到的软件，请注意观察它右边的标识：一看是免费还是收费的；二看有几颗五星（最多为3颗），颗数越多表示大家对它的评价比较高。点击五星位置，还可更进一步观察到软件的简介、大家对它的评论。否则难保下载到的软件对自己真的有用或一定能安装，甚至容易下载到不良软件。

2. 下载软件

刚找到的软件旁边一般有一个箭头按钮，如果箭头为灰色则表示尚未下载。点击灰色即可下载，同时箭头变为绿色，表示正在下载。下载完成后，箭头按钮将转化为绿色的钩而且下面有“请安装”字样，点击之，该软件就能安装了。

3. 管理软件

机锋市场客户端不仅能帮我们搜索下载软件，还能对已下载或安装的软件进行管理。点击“管理”，打开的界面有两大项目：“全部下载”和“全部应用”（图1.14）。

图1.14

已下载但尚未安装的软件全部汇集在“全部下载”列表中，点击即可安装。而已安装的软件都罗列在“全部应用”之下，点击即可卸载，非常方便。

读书笔记

第2章

系统工具

智能手机或平板电脑的可玩性极强。在玩的过程中，我们常会遇到各种各样的问题，例如运行速度减慢、文件丢失、甚至完全死机等。别怕，玩软件玩出的问题当然要用软件来解决。

系统工具专为系统优化而生，能够清理垃圾、加快运行速度、对文件进行备份与还原。

- 文件管理
- 任务管理
- 系统优化
- 备份还原
- 按键急救

2.1 文件管理

在手机或平板电脑的内、外存储卡里有大量的文件或文件夹，如何才能高效地对它们进行复制、剪切，甚至加密、隐藏等操作呢？在这一领域，手机或平板电脑本身提供的功能并不强，需要其他工具软件的支持。

2.1.1 文件管理器Root Explorer

软件版本：2.16。
操作系统要求：Android 1.1及以上的手机或平板电脑。
主要功能：搜索、复制、移动、改名、删除、压缩本地文件或文件夹。

运行Root Explorer后，首先弹出的是位于内部存储卡中的系统文件夹或文件（图2.1），它们都处于只读状态，但我们可将其复制出来，只要长按文件夹或文件再从弹出的快捷菜单中选择对应的命令即可。

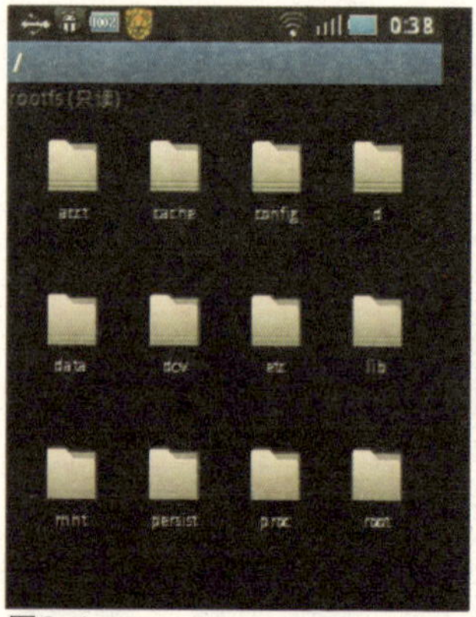

图2. 1

在内部存储卡文件界面选择“Sdcard”后可打开手机的外部存储卡（图2. 2），显然，该软件能正常识别音乐、图片、Office、ZIP等类型的文件并以不同的图标进行区分。能对文件进行多选进而复制、移动、改名、压缩、解压等操作。

图2. 2

要多选，请按手机的选项键，再选择“多选”。这样，每点击一个文件或文件夹后，它们旁边都会出现一个小钩以示选中，再次点击则表示取消选择。

2.1.2 ES文件浏览器

软件版本： 1.6.0.3。

操作系统要求： Android 1.6及以上的手机或平板电脑。

主要功能： 搜索、复制、移动、改名、删除、压缩本地、局域网、网盘上的文件或文件夹。

“ES文件浏览器”在管理本地文件（即手机或平板电脑中的文件）上与Root Explorer不相上下，但它还能管理与手机组成局域网的其他手机或电脑中的文件，甚至连Dropbox网盘中的文件也能管理（图2.3）。

图2. 3

运行该软件并进入“ES文件浏览器”主界面后，按手机上的选项键再依次点击“管理→安全管理”，“ES安全管理器”（需要下载安装）会自动弹出，安装到手机中所有程序都将以列表的形式显示出来，可对它们进行锁定操作（图2.4）。要运行锁定的程序，必须输入提前设定好的密码。

图2. 4

小提示 目前，不少网站推出了所谓的网盘服务，通过Internet网，用户可将文件存储到网站提供的服务器上。例如115网盘、新浪微盘等。Dropbox也是其中之一，登录https://www.dropbox.com/并注册一个账号即可存储或下载文件。

2.1.3 摸手文件管理器

软件版本： 1.2.4。
操作系统要求： Android 1.6及以上的手机或平板电脑。
主要功能： 搜索、复制、移动、改名本地文件或文件夹。

该软件也是用于文件管理的，在关于文件管理的构思上，该软件还真煞费苦心。主屏按上下顺序排列手机外部存储卡上的文件夹；顶部水平排列搜索、多选、排序等功能按钮；点击底部的“分类”按钮，弹出水平排列的SD卡、进程管理、应用（即应用程序）管理、所有APK（即能在Android系统中安装的程序）、所有音乐、所有图片等按钮——“一上下两水平”，形成了各种文件、程序的全方位立体管理网络（图2.5），无论要查找文件还是程序都非常方便。

图2. 5

1. 文件管理

对于找到的文件，我们要进行的操作无外乎两大类：一类是改名、删除等直接操作，这很好办。另一类是移动、复制等需要涉及到源位置与目标位置的操作——“摸手文件管理器”独有的双屏管理就派上用场了。下面举例说明。

首先，点击“分类→所有图片”，此时，程序会自动搜索存储于手机中的全部图片文件并以列表的形式显示出来且占据了一个屏幕（暂时称之为第1

个屏幕）。

接着，观察界面顶部的箭头按钮，如果其方向向右，则说明还可在右边再开一个屏幕：点击右向箭头按钮，另一个屏幕即可打开（暂时称为第2个屏幕）。在第2屏幕中点击“分类→SD卡”，再按住第2屏幕，选择“新文件夹”，按提示输入名称后新文件夹即可创建成功。

至此，第1屏幕里有搜索出来的图片文件，而第2屏幕显示的是SD卡，其下有新建的文件夹。看看如何通过拖动来将图片复制到新建的文件夹下吧：切换到第1屏幕，长按一张图片，从弹出的快捷菜单里选择“全选”。按住图片文件后，将四向箭头按钮向右拖动直至第2屏幕出现，慢慢移动手指直到指向刚才创建的新文件夹，等新文件夹呈现高亮颜色时松开手指，此时，选择复制还是移动的快捷菜单会弹出来（图2.6），只要选择即可完成期待的任务。

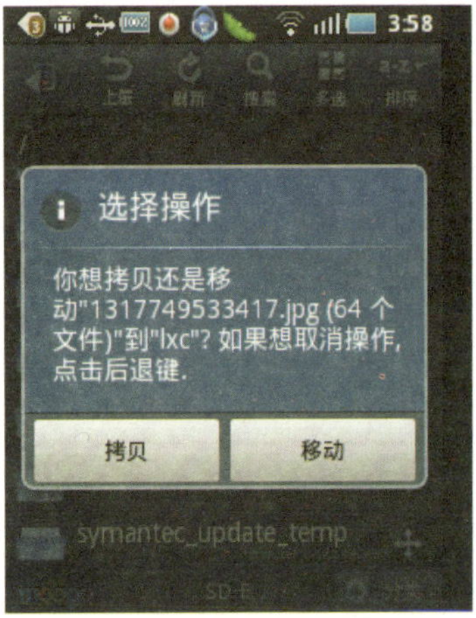

图2. 6

2. 程序、进程管理

对于查找出来的进程，可选择批量结束。而对查找出来的应用（即已安装过的应用软件），可选择卸载。

总结 要对手机中的文件进行复制、移动、改名、压缩、解压等基本操作，可选择文件管理器Root Explorer。如果还要管理局域网或网盘上的文件，保证手机中的程序不被别人运行，可选择“ES文件浏览器”。“摸手文件管理器”功能强大，但需要经过一定的适应过程才能熟练掌握，一旦掌握了大家定会对其爱不释手。

2.2 任务管理

在手机或平板电脑里，我们运行的程序可视为任务，Android系统允许执行多任务，任务越多系统运行的速度就会越慢，人们自然会想到少运行程序来加快速度。但问题在于：有的程序类似于Windows系统的服务，会因Android系统的启动而自动运行于后台，有的会因某一程序（主程序）的启动而运行在后台，当主程序退出后，后台运行的不一定能全部退出。显然，后台程序不仅影响系统的启动而且影响启动后的运行速度。后台程序无法用普通方法来结束，一般需要借助其他工具。

2.2.1 高级任务管理器 Advanced Task Manager

软件版本： 5.4。
操作系统要求： Android 2.1及以上的手机或平板电脑。
主要功能： 管理进程，备份/还原已安装程序。

运行高级任务管理器后，点击“应用程序”，可观察到用户自行启动的程序和后台程序（图2.7），在此，选中后即可结束。

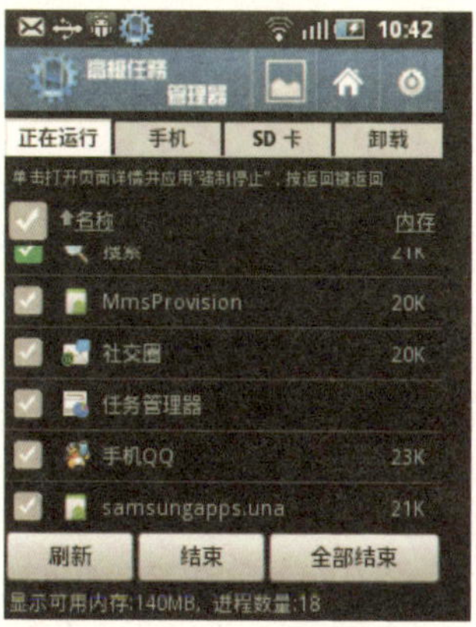

图2.7

通过高级任务管理器，我们还可将原本安装于外部存储卡（即SD卡）中的程序移动到手机内部存储卡，当然也可反向移动（图2.8）。当外部存储卡因中毒等需要格式化，而且又想保留安装于其中的程序时，这一功能非常有用。

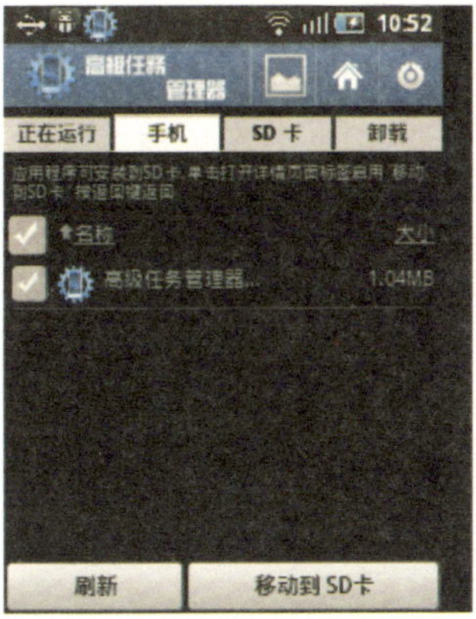

图2.8

2.2.2　启动项清理专家

软件版本：2.1.0。
操作系统要求：Android 1.5及以上的手机或平板电脑。
主要功能：管理自启动的后台程序，已安装的软件。

运行该软件，它会按“用户程序”、“系统程序”、“已安装程序”三个大项对手机和平板电脑中的程序进行管理（图2.9）。

图2.9

禁用自启动程序

在“用户程序”下，能观察到哪些程序会随着系统的启动而自动运行。

总结　高级任务管理器功能强，适合于高级用户，而启动项清理专家适合于初学者。

2.3 系统优化

手机长时间运行，就会产生大量的缓存文件。如果不及时清理，就会影响手机的运行速度。目前在手机和平板电脑上较为普及的优化工具比较多。

2.3.1 缓存清道夫

软件版本： 2.09。
操作系统要求： Android 1.5及以上的手机或平板电脑。
主要功能： 清除系统缓存。

“缓存清道夫”可一键清除所有缓存，只要单击一下“清理缓存”就行了（图2.10）。另外，还可设置自动清理的频率。

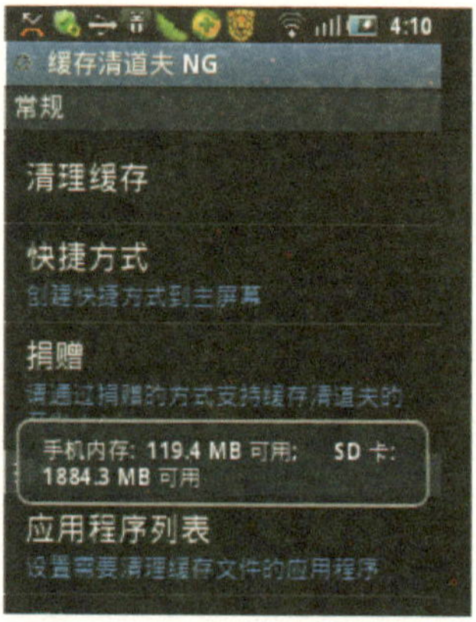

图2.10

2.3.2 一键缓存清除器

软件版本： 1.43。
系统要求： Android 1.6及以上的手机或平板电脑。
主要功能： 一键或有选择地清理系统缓存。

不少软件都能实现一键缓存清理，这样操作固然快捷省事，但也弊端重重：QQ、论坛的登录账号、密码需全部重新输入；缓存过的网页需重新下载才能打开；导航软件、地图软件下载过的数据需重新加载。

“一键缓存清除器”不仅能全部清除也能有选择地清除。

1. 有选择地清除

在软件主界面上点击“缓存清理”，软件将列出全部应用程序清单及每一程序的缓存、数据占用量（图2.11）。在此，可点击“清除所有缓存文件”，也可点击每一程序再选择“清除数据”或“清除缓存”（图2.12）。

图2.11

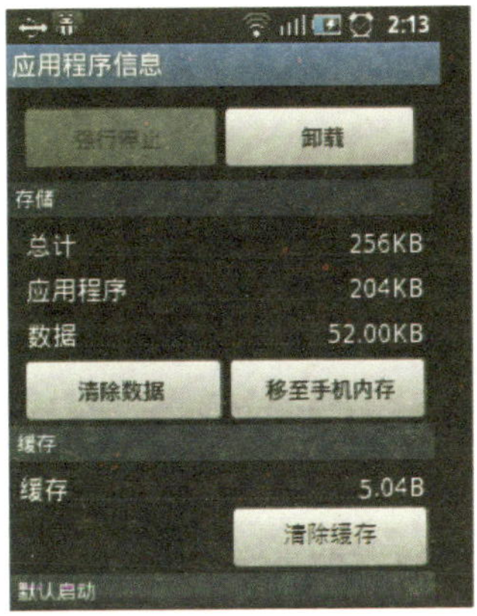

图2.12

2. 清除历史记录

在软件主界面上点击“历史清理”可列出哪些程序保存过历史数据，选择其中一项后还可进行清除、显示等操作。

2.3.3 安卓优化大师

软件版本： 2.08。
系统要求： Android 1.6及以上的手机或平板电脑。
主要功能： 对系统进行优化处理。

“安卓优化大师”名副其实，凡是用户能想到的诸如进程优化、开机优化、节电优化、垃圾清理等功能它都一应俱全。在此，只讲它的特色功能。

1. 桌面七键

图2.13

安装“安卓优化大师”后，在手机桌面上长按，再从弹出的选项菜单中选择“窗口小部件→桌面七键”，桌面七键就会摆在桌面上（图2.13）。这七个键还可自由定义，例如将最右边的键设置为亮度调节时就能达到这样的目的：平时，将屏幕亮度设置得很低，在室内能勉强看清屏幕上的图标。到室外后，就算不看图标，也能在屏幕的右上角点击使亮度变高，既节电又不影响使用。

2. 分类快捷方式

图2.14

运行“安卓优化大师”后，点击“程序管理”，屏幕底部出现“工具”、“游戏”、“网络”等组图标，长按组图标可对其进行改名。接着，点击已安装到手机的程序图标使其呈现选中状态，可多选。然后，点击底部组图标并按提示操作即可将多个程序的快捷方式添加到组图标下，组图标会自动出现在手机的桌面之上，单击即可展开（图2.14）。这为分类管理程序快捷方式提供了极大的方便。

总结 “缓存清道夫”简单方便，适合初学者。“一键缓存清除器”有选择的余地，功能更强，适合有一定基础的读者。如果你还想管理程序快捷方式，可选择“安卓优化大师”。

2.4 备份还原

手机丢失了可再买，但如果其中的短信、通话记录、联系人信息等丢失了却难以甚至无法找回。手机资料的日常备份与还原工作十分重要。

2.4.1 我的备份MyBackup

软件版本： 3.0.1。
系统要求： Android 1.5以上的手机或平板电脑。
主要功能： 对手机进行备份与还原。

该软件既能备份用户安装的程序，又能备份联系人、通话记录、短信等，既可备份到网络，也可备份到手机里。

运行该软件后，点击“BACKUP”，选择要备份的项目为“程序”还是“数据”。本例，我们选择“数据”。接着，选择备份到“局部储存（/mnt/sdcard）”还是“在线”，如局部存储。然后，选择要备份的具体项目，例如联系人、通话记录、短信、系统设置等，如选择全部。最后，按提示给备份命名并点击“确认”，备份即可开始（图2.15）。

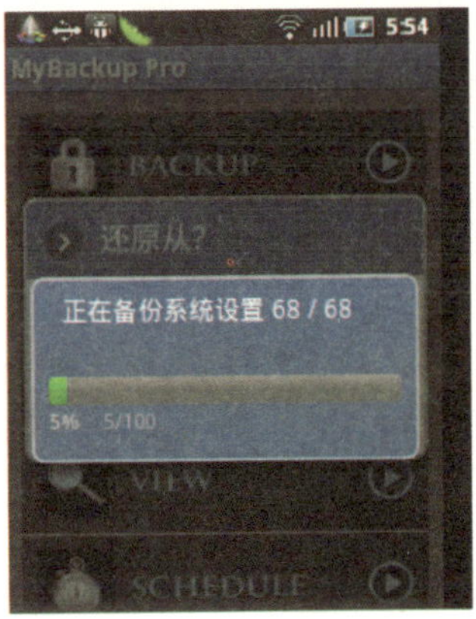

图2.15

要还原，请点击“RESTORE”，再按提示一步一步操作就行了。

这一软件还可备份“程序”，所谓的程序是指用户安装的软件。为此，备份是相当完全的，几乎能使手机在危难之时起死回生，与PC中的Ghost有异曲同工之妙。

2.4.2 蜡笔LaBi同步

软件版本：1.0.5。
系统要求：Android 2.0以上的手机。
主要功能：备份与电话、短信相关的数据。

这一工具将手机中的信息备份到LaBi网站。首先，请登录http://www.labi.com/，注册一个账号。接着，在手机上安装并运行客户端，输入账号及密码，手机就能通过网络与网站连接在一起了。

要注意的是这一工具重在同步，而且联系人、短信、通话记录、日历等同步项目都是自动进行的，在手机上删除数据后，网站数据也将消失，这对备份而言是非常不利的。请在运行蜡笔LaBi后，按手机上的选项键，选择“系统设置→同步设置”，即可将同步方式由自动修改为手动。

在蜡笔LaBi主界面上单击“数据同步”，选择一个项目（例如联系人）即可将数据备份到LaBi网站（图2.16）。要将备份到网站的数据还原到手机，请在程序主界面上点击“数据恢复”再按提示操作即可。

另外，我们还可登录http://www.labi.com/，在此，可查看也可对备份到这里的数据进行修改，修改后的结果可通过恢复方式反映到手机之上。

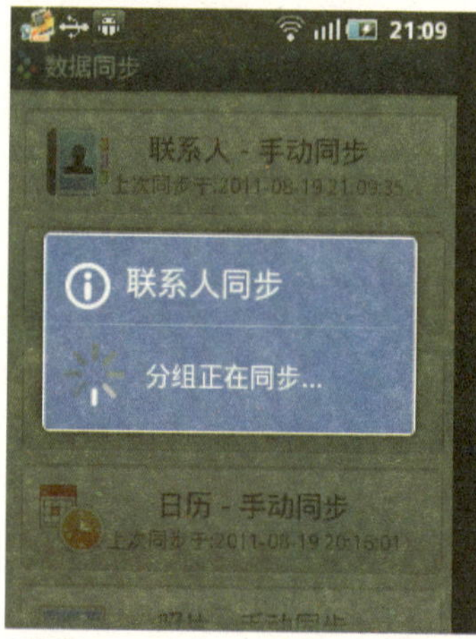

图2.16

总结 MyBackup能将数据备份到本地，而LaBi则只能备份到云端。另外LaBi还能实现照片的同步，这是其他同类工具少有的。

2.5 手机锁屏

智能手机屏幕一般都比较大，而且轻触即可启动程序，例如拨出电话、播放私密视频、连接到网络耗费流量等。而手机自带的锁屏功能一般都一锁全锁，连看下时间都得解开，麻烦！另外，手机自带的锁屏功能都通过机械按键来实现，长期使用也容易损坏。

以下介绍的三款各具特色的锁屏工具一定能给机友们带来方便。

2.5.1 GOTO锁屏

软件版本： 1.5.1。
系统要求： Android 1.5以上的手机。
主要功能： 锁定手机屏幕但不影响短信、电话、邮件等功能。

该工具会在桌面上留下快捷方式，点击即可进入锁屏状态（图2.17），锁屏后可以观看时间，向右滑动箭头可分别进入短信、电话、邮件、解锁状态。与手机自带的锁屏工具相比，它能很方便地进入通信状态，保证了手机的最基本功能不受影响。而且锁屏、解屏都用不着按开/关机键，如果这一按键已损坏，该工具就有用武之地了。

图2.17

2.5.2 摸手锁屏

软件版本： 1.2.4。
系统要求： Android 1.5以上的手机。
主要功能： 锁定手机屏幕但又允许自定义不受影响的系统程序。

这一工具通过短按手机上的开/关机键来锁屏，其特色在于不解屏也可完成各种查阅任务，但这些任务都仅限于手机自带的而不包括用户安装的。

1. 不解屏，看新闻

这一工具可在不解屏的前提下阅读新闻、查看天气（图2.18），而且新闻、天气等各占一个单独的屏幕，手指在屏幕上滑动即可切换到前一屏、后一屏。在日期上部有几个小圆点就表示有几个单独的屏幕，第几个小圆点处于加亮状态则表示是第几个屏幕。要解屏，只要将箭头滑向右端即可。

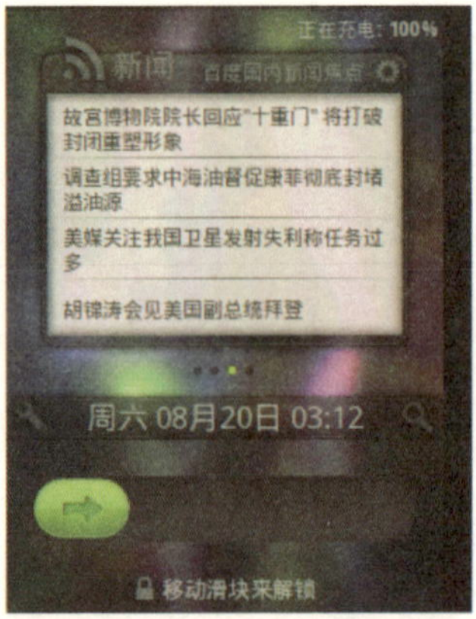

图2.18

2. 自由添加多个屏幕

点击日期左边的设置按钮，再点击“组件”，此时，可将底部的组件向上拖动到显示窗口，也可删除已添加到显示窗口中的组件。将组件拖动到显示窗口的左边或右边都可添加可显示的屏幕（图2.19）。例如：将“消息”添加进来就能在不解锁屏幕的前提下查看到“消息”。

图2.19

2.5.3 Live智能锁屏

软件版本： 2.1。
系统要求： Android 2.0以上的手机。
主要功能： 锁定手机屏幕但又允许自定义不受影响的系统或用户程序。

这一工具仍然通过短按手机上的开/关机键来锁屏，在锁定状态下也能完成用户指定的各种任务——无论是手机自带的还是用户安装的。

1. 手机变身专职相机

屏幕锁定后，其界面大致分为上、中、下三块（图2.20）。单击上部的DC图标，可打开手机自带的相机程序或浏览图片，就算退出相机程序，屏幕仍然处于锁定状态。此时，手机就相当于一部专职的相机了。

在中部，将中心圆拖向左、上、右方可启动对应的程序，这三个程序是可由用户自由指定的。将中心圆拖向下方的锁形图标，屏幕可解除锁定。在下部，是一组快捷方式，这此快捷方式也可由用户自由设置。

图2.20

图2.21

2. 指定程序快捷方式

在锁定界面点击底部右侧的齿轮形图标，进入设置状态。可对中部和底部的快捷方式进行设置（图2.21）。首先，在顶部选择一个快捷方式，再从下面的程序列表中选择另一程序，顶部的快捷方式即可被更换。

总之，这一工具能在不解屏的前提下完成我们想要完成的工作，既达到锁屏之目的，又方便了我们的工作。

总结 看来，锁屏也有学问。一方面，通过程序来锁屏可缓解对手机机械按键的损耗，另一方面，我们希望在锁屏状态下也能完成一些任务。如果仅希望锁屏也实现手机的通信功能，可选择“GOTO锁屏”。如果希望查阅新闻、天气等，请考虑“摸手锁屏”。如果要完全自由定义锁屏时也能完成任务，“Live智能锁屏”一定能达成你的心愿。

2.6 系统补丁

一个好汉三个帮，一个篱笆三个桩。Android系统也需要其他程序的辅助才能给用户提供更好的体验。

2.6.1 按键救星

软件版本： 1.1.5。
系统要求： Android 1.5以上的手机。
主要功能： 取代手机上的机械按键。

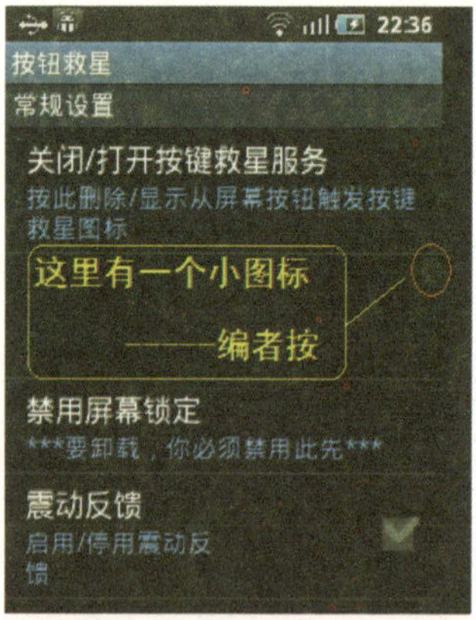

图2.22

图2.23

对于还保留了选项键、Home键、返回键等机械按键的智能手机而言，这几个键的使用频率比较高。按键救星可让我们尽量少用这些键位，或作为损坏后的替代品。

该工具运行后需要在设置菜单里点击一下“关闭/打开按键救星服务”，服务启动后能观察到一个小小的图标，只是不容易看清楚（图2.22）。点击一下这一图标，虚拟的按键就会出现（图2.23），从下至上分别是开/关机键、Home键等。点击“…”键，可弹出更多的虚拟按键。总之，比手机上的真实机械按键还要多。

要注意的是，默认状态下虚拟按键为灰黑色，看不太清楚，可在设置菜单下选择自己喜好的主题样式。设置为“pen’s Ginger”时效果比较好（图2.23）。

2.6.2 自动切换飞行模式

软件版本： 1.1。
系统要求： Android 1.5以上的手机。
主要功能： 自动切换飞行模式。

Android智能手机都无自动开/关机功能，确实给我们带来了一些不便：深夜电话打扰、枕边手机对人体的辐射、射频耗电等。将手机切换到飞行模式可缓解这些问题，虽然这一方法可由手机本身提供，但却不是自动的。这时可借助另一工具——自动切换飞行模式实现（图2.24）。在飞行模式下，手机的WiFi功能（可通过设置来打开）、射频功能都处于关闭状态，无法上网，无法打、接电话，无法收、发短信，但听歌、看视频、打游戏等所有其他功能都正常。

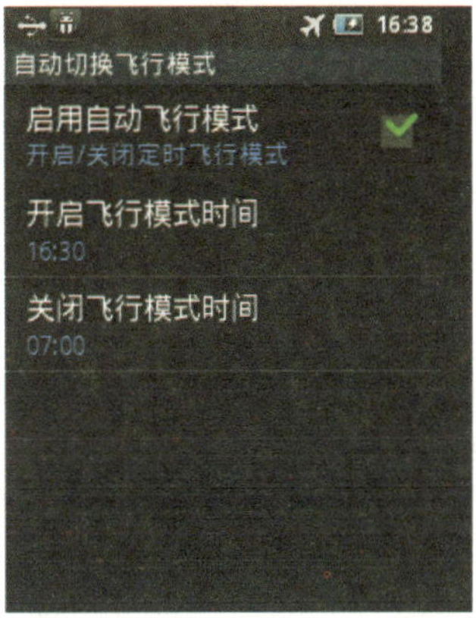

图2.24

进入飞行的另一好处是节电效果明显。在手机内部电路的支持下，它会不间断地发出无线电波即所谓的射频信号，与附近的电信、移动等基站保持联系。因发射射频信号而消耗的电能一般都比较多，占据了总量的一半以上（图2.25）。实测表明，如果每天开启飞行模式10h（21:00至次日7:00）左右，射频耗电将降至20%~30%。

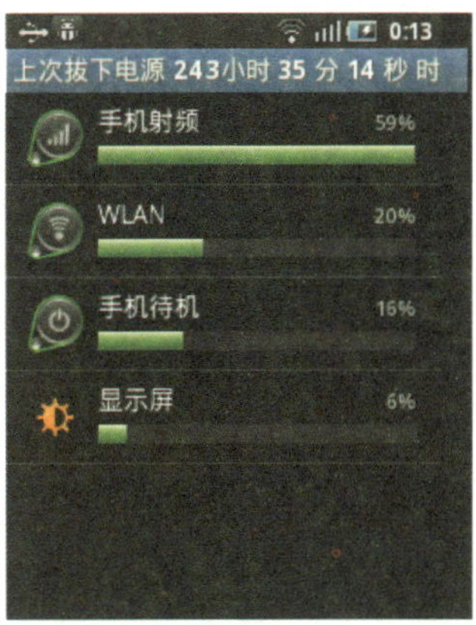

图2.25

2.6.3 安卓压缩AndroZip pro

软件版本： 1.5.1。
操作系统要求： Android 1.6及以上的手机或平板电脑。
主要功能： 压缩/解压文件或文件夹。

无论手机还是平板电脑，存储卡容量都不可能太大，但另一方面，高清视频、无损音乐却非常耗费空间。显然，压缩不失为好方法之一，而且加密压缩还可在一定程度上保障个人私密文件不外泄。

1. 压缩

运行AndroZip pro后，点击压缩按钮（√）并选择“Mult.加密ZIP”，此时，手机中的文件或文件夹都会出现选择标志，点击即可对其进行选中。接着，点击“创建”并输入文件名、密码，压缩即可自动进行（图2.26）。完成后的压缩包保存在当前文件夹之下，默认情况下，压缩率约为70%，当然，压缩率的大小与源文件类型有关。一般地，Word、Excel、TXT、BMP等类型能被压缩得更小。而JPG图片、音乐尤其是MP3音乐、有损视频等，在对其进行编码时都已压缩过了，再压缩也榨不出多少油水。

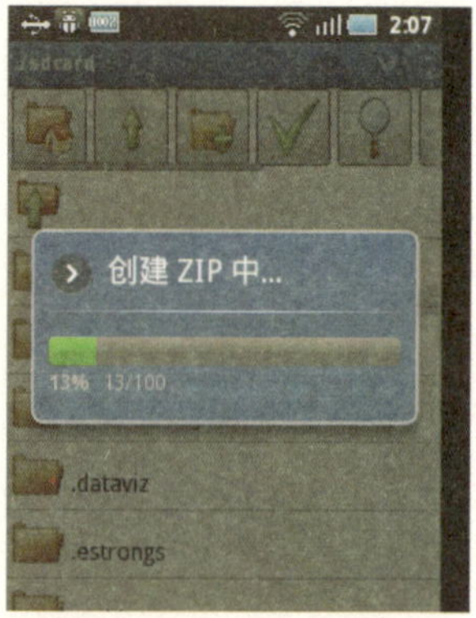

图2.26

2. 解压

点击被压缩过的文件，再选择“压缩至…”（说明，这里用的是汉化版，估计此处应翻译为“解压至…”）。接着，指定一个文件夹并输入密码就能解压了（图2.27），解压缩后的文件能保持原来的文件夹结构不变。

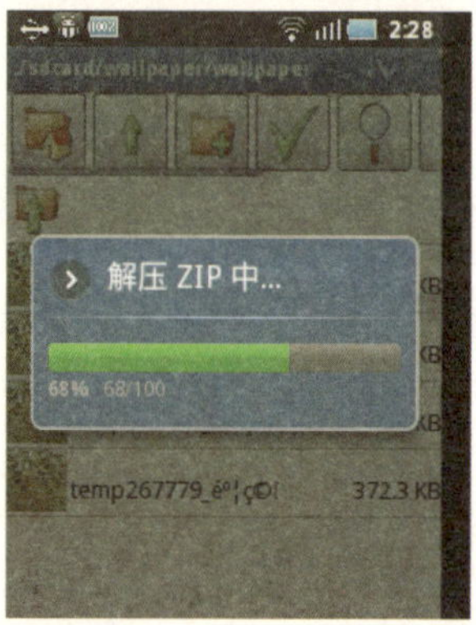

图2.27

总结 这几款软件各司其责，都能为Android提供一定的方便。

2.7 文件安全

智能手机或平板电脑体积小，有很强的娱乐性，出行中、聚会时，难免借他人一用。如何保证其中的图片、视频文件的安全呢？又如何保证短信、联系人等不透露给他人呢？这时可借助隐藏或加密等措施。

2.7.1 月光宝盒

软件版本：4.0。
操作系统要求：Android 1.6及以上的手机或平板电脑。
主要功能：隐藏文件或文件夹。

能实现文件隐藏这一功能的程序比较多，但它们在运行时一般需要获取手机的Root权限，“月光宝盒”是不需要Root权限的工具，还能对文件夹进行加密。

运行月光宝盒后按提示设置密码，接着长按文件夹或文件，从弹出的快捷菜单中选择“添加到绝密空间”（图2.28），这些文件夹或文件即可处于隐藏状态，无论在手机或电脑里都找不到它们的踪影。要解除隐藏状态，请在手机上按选项键，再选择“绝密空间”，找到隐藏的文件夹或文件后，长按再点击“还原到开放空间”即可（图2.29）。

图2.28

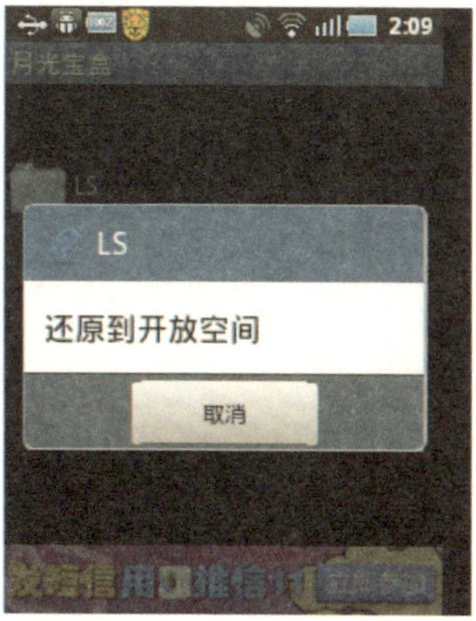

图2.29

2.7.2 文件隐藏器

软件版本：1.0.1。
操作系统要求：Android 2.1及以上的手机或平板电脑。
主要功能：狡猾的隐藏文件工具。

这一软件只能对文件进行隐藏，但界面上已明显地标出了公共区还是隐藏区，让用户能对当前的操作对象一目了然。它的特色还在于有两套密码。

首次运行该软件后，请点击“隐藏区”，按提示设置好管理密码和访问密码。

重新运行该软件，选择“隐藏区”，输入访问密码。接着，切换到“公共区”，选择好准备隐藏的文件：点击文件后的五星图标，图标呈现黄色表示选择，可多选。然后，点击“隐藏”，这些文件就能移动到“隐藏区”（图2.30）。此时，进入隐藏区，能观察到被隐藏过的文件，要将其移动到公共区，请选择文件再点击“还原”即可（图2.31）。

Android系统的程序图标都位于桌面之上，很难像安装Windows系统的电脑那样将程序快捷方式、图标等隐藏起来。其他人看见你的手机桌面有“文件隐藏器”图标，当然会怀疑，那好，告诉他管理密码吧。他也可凭此密码进入“隐藏区”但却看不到任何文件，也不能对“公共区”中的文件进行隐藏。

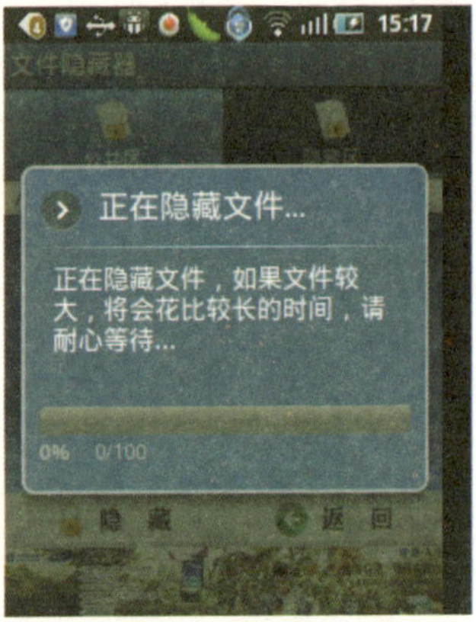

图2.30

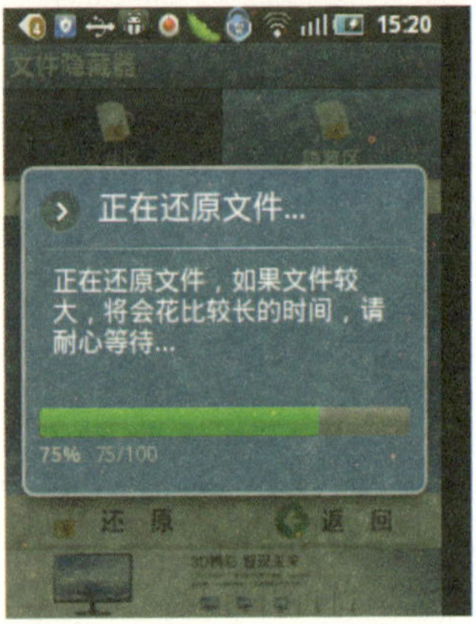

图2.31

总结 “月光宝盒”的优势在于能对文件夹进行操作。它的双密码机制能很好地保证文件不外泄。

2.8 程序安全

手机、平板电脑借人后，如何隐藏文件的问题解决了，但如何阻止他人使用我们安装的程序呢？这很难办。一个主要原因在于系统自带的和用户安装的应用软件都会在桌面上留下快捷方式图标。要隐藏应用程序，需要隐藏这些快捷方式图标或应用程序的安装文件夹——这些操作都需要Root权限。常见的方法是对应用程序进行加密处理。

2.8.1 隐藏应用APP Hider

软件版本： 2.1。
操作系统要求： Android 1.5及以上的手机或平板电脑。
主要功能： 隐藏应用程序图标。

在机锋、手机乐园等专业手机网站上，供我们下载的软件多达几万款，但APP Hider却是能搜索到的唯一能隐藏应用程序图标的专业软件。

运行该软件，它会要求我们输入默认的密码1234。进入后，点击“应用列表”，在此，能观察到手机中存在的应用程序，包括系统自带的和用户自行安装的，选中即可隐藏这些应用程序在桌面上的快捷方式图标（图2.32）。点击界面右上角的设置按钮，选择“设置”可修改密码。

图2.32

不过，必须获取手机或平板电脑的Root权限后，这一软件才能正常工作，估计能享受这一功能的朋友并不多。就算能享受，但这一程序本身却会在桌面上留下快捷方式图标——欲盖弥彰！

2.8.2 程序加密

软件版本： 1.1.0。
操作系统要求： Android 1.6及以上的手机或平板电脑。
主要功能： 对程序进行加密。

首次运行该程序，它会要求我们设置密码。今后，无论是运行该程序还是解锁已加密的应用软件都需要这一密码。

软件运行后，它会将手机或平板电脑中的所有应用软件以列表的形式显示在界面之下部，点击其中之一即可对其进行加密且显示在上部列表中（图2.33）。

该软件运行于后台，要运行已加密的应用软件必须输入密码（图2.34）。

图2.33

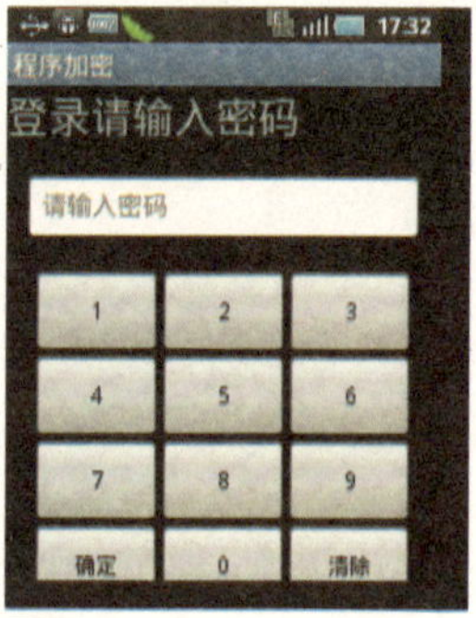

图2.34

2.8.3 金刚锁

软件版本： 2.8.0。
操作系统要求： Android 1.0及以上的手机或平板电脑。
主要功能： 锁定应用程序。

这一程序号称有应用程序保护、通信保护、文件夹锁等功能。在此，我们只介绍别具一格的程序保护功能。

1. 密码设置

首次运行该软件，它会要求用户输入初始化密码1234，接着自动进入主界面。在此，点击右上角的选项按钮，选择“设置”。接着，在“选择密码方式”下选择“使用图案方式”，输入初始化密码后就能设置图案密码了（图2.35）。今后，只有划出这样的路线图才能使用本软件或对锁定的程序进行解密。

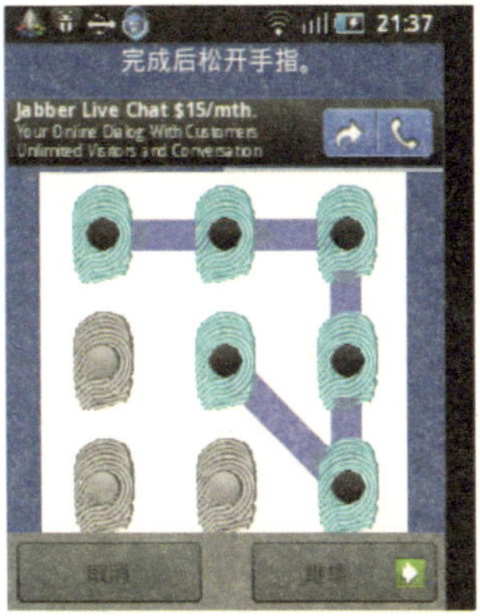

图2.35

2. 锁定程序

在主界面上点击“应用保护→应用锁”。接着，点击“应用保护”。此时，“金刚锁”会自动扫描出手机自带和用户安装的应用程序，每一程序后都有一个锁形图标且处于开启状态，点击即可切换为锁定状态（图2.36）。如果点击“已锁定应用”还可观察到已锁定的应用程序列表。然后，点击界面右上角的设置按钮，选择“设置”，点击“使用虚拟错误提示功能”后的“开启”按钮。

图2.36

今后，运行锁定的程序时，它不会提示我们输入密码，而是提示程序出错（图2.37），具有很强的欺骗性。要运行加密后的程序，请运行“金刚锁”，选择“应用保护→应用锁”。接着，单击已锁定的应用程序，从弹出的快捷菜单中选择“打开应用”即可。

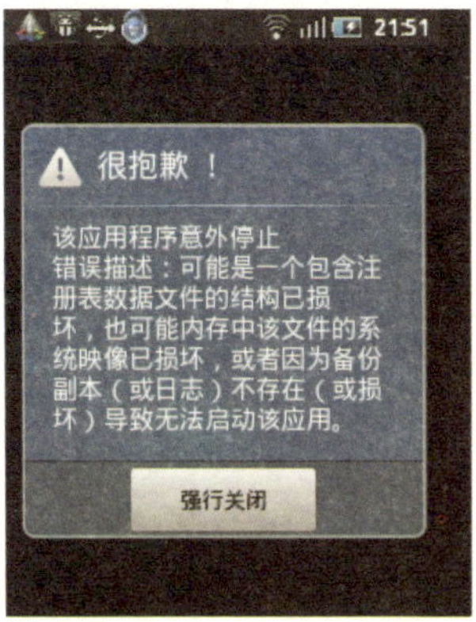

图2.37

总结　“金刚锁”功能强，锁定应用软件后就算将手机或平板电脑借与他人，对方在运行已锁定程序时也许根本不会怀疑程序早已被锁定，既保护了应用程序又不伤和气。比较而言，其他两款软件的功能要差一些。

2.9 有恃无恐地玩机

手机玩久了，难免会出现死机、系统不稳定的情况。掌握系统恢复与刷机方法很重要。

2.9.1 恢复出厂状态

在手机的使用过程中，如果发现明显变慢而且有的功能异常，比较彻底的解决方法是恢复到出厂状态。例如在三星手机中的具体操作方法：点击桌面上的“设置→隐私权→恢复出厂设置”，再点击“重置手机”（图2.38）。此时，手机会自动重新启动，启动完成后手机就恢复到出厂时的状态了。

恢复后，用户自行安装的软件将全部失效。电话卡中的联系人信息丢失，但保存在SIM中的不会。保存在手机外部存储卡中的文件不会受影响。千万要小心的是：如果使用过第三方工具软件对手机中的文件、联系人等进行过加密、隐藏等处理，请先对加密工具、隐藏工具解密、取消隐藏。否则，恢复出厂设置后，这些文件、联系人信息将无法打开。甚至，重新安装原加密、锁定工具并进行处理也无法解决。

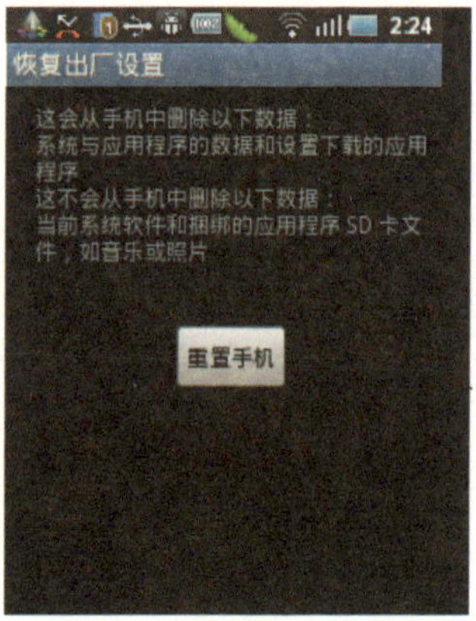

图2.38

2.9.2 格式化外部存储卡

安装应用软件时，就算将其安装到手机的内部存储卡，但这些应用软件运行时几乎都会在SD卡中留下临时文件，有的并不会因应用软件的卸载而清除。长此以往，SD卡将不堪重负。要比较彻底地解决这一问题可考虑格式化SD卡，具体方法如下：在手机上点击“设置→SD卡和手机内存→卸载SD卡”，等卸载完成后再点击“格式化SD卡”（图2.39）。

格式化完成后，如果在手机里找不到SD卡，请点击“设置→SD卡和手机内存设置→安装SD卡”。

格式化时，Android系统将全部清除SD卡中的文件，而且自动创建Android、DCIM、LOST.DIR等文件夹。

要注意的是，格式化会清除SD卡中的全部文件，请提前将其备份到电脑等安全位置。

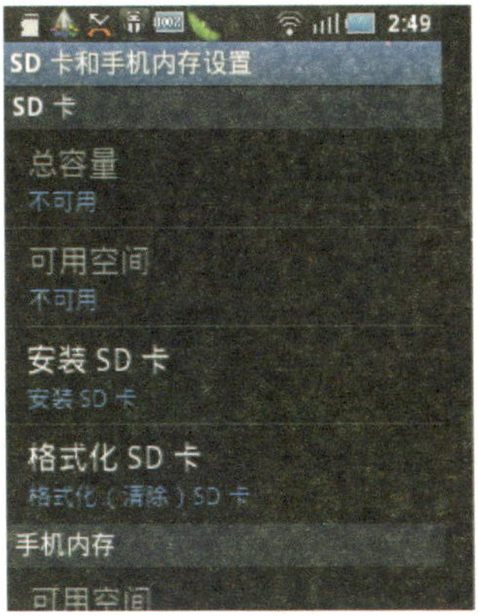

图2.39

2.9.3 刷机方法

在恢复出厂设置，格式化外部存储卡后，如果手机还有自带的程序运行不稳定、缓慢，莫名其妙地重新启动或死机等现象，那就得考虑刷机。刷机相当于给电脑重新安装系统，都只是软件层面上的操作，不会对硬件做任何修改，只要胆大心细，严格按照操作规则办事，一般不会出什么问题。

不同的手机有不同的刷机工具和数据包。下面仅以“三星S5570”为例来说明。

1. 工具准备

对出货量比较大的手机，大部分都能在网上找到对应于它的论坛。在此，可找到对应的刷机工具及数据包。为保证工具及数据包的有效性，请多参考其他网友的评论信息。

笔者下载到的刷机工具解压后包含以下文件。其中Odin Multi Downloader v4.38为刷机工具，其他为数据包。

APBOOT_S5570ZCKA7_CL858359_REV02_user_low_true.tar.md5

CODE_S5570ZCKA7_CL858359_REV02_user_low_true.tar.md5

GT-S5570-CSC-CHN858359.tar.md5

MODEM_S5570ZCKA7_CL858359_REV02.tar.md5

Odin Multi Downloader v4.38

TASS_v1.0.ops

2. 让电脑正常识别出手机

默认情况下，电脑无法识别出用USB方式连接的“三星S5570”手机。要识别，可安装“豌豆荚手机精灵”、“91手机助手”、“Samsung Kies”中的一款软件。

3. 正式刷机

步骤1 在电脑上运行“Odin Multi Downloader v4.38”，它会自动搜索出已连接到电脑上的手机并显示在“COM Port Mapping”之下（图2.40）。

步骤2 单击“OPS”按钮，将下载回来的文件“TASS_v1.0.ops”导入进来。

步骤3 将“APBOOT_S5570ZCKA7_CL858359_REV02_user_low_true.tar.md5”导入到“BOOT”之下。

步骤4 将“MODEM_S5570ZCKA7_CL858359_REV02.tar.md5”导入到“phone”之下。

步骤5 将“CODE_S5570ZCKA7_CL858359_REV02_user_low_true.tar.md5”导入到“PDA”之下。

步骤6 将“GT-S5570-CSC-CHN858359.tar.md5”导入到“CSC”之下。

步骤7 关闭手机电源。同时按手机音量键的下半部分、Home键、电源键，让手机入升级状态。此时，能在刷机工具的界面观察到进度条，整个刷机过程接近6分钟。完成后显示“PASS”表示通过，此时，手机已处于桌面状态等着我们使用。

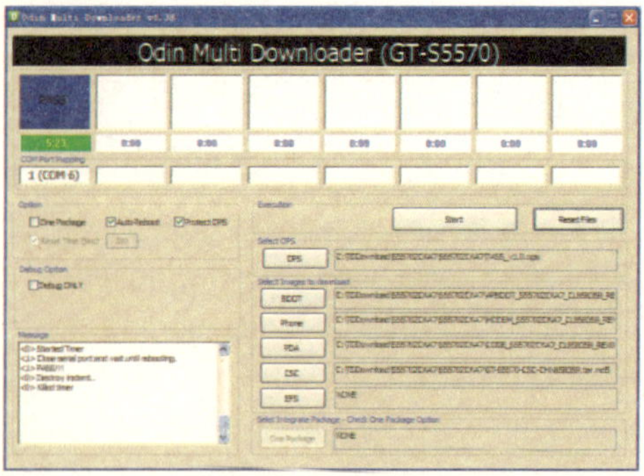

图2.40

注意事项 在整个刷机过程中，请不要在电脑上运行其他程序，不要随便按手机上的任何键，更不要拔出USB连线。

第3章

图片影音

对大多数朋友而言，手机的首要应用当然是接打电话和收发短信。第二大应用一定非播放影音、欣赏图片，玩玩游戏莫属。如果你还将手机视为小小电脑，那么，在各种播放软件的支持下，它几乎能通吃所有格式的影音图文件。与PC相比，屏幕虽小但却决定了它携带方便，挂在胸前、捏在手里、装进衣兜，想如何把玩就如何把玩。

- 图片的绘制美化
- 音乐的播放管理
- 铃声的制作设置
- 乐器的模拟演奏
- 视频的播放

3.1 图片管理

在智能手机功或平板电脑中，用户不仅能在其上浏览图片，还能对图片进行绘制、编辑、美化。

3.1.1 私密相册 PhotoVault

软件版本： 3.18。
操作系统要求： Android 1.6以上的手机或平板电脑。
主要功能： 隐藏图片。

相信任何人都有自己的私密图片存放在手机或平板电脑中，手机特别是平板电脑又免不了借给他人一用。为避免其中的图片曝光，可用PhotoVault将其隐藏起来。

对手机而言，用摄像头拍得的图片一般位于DCIM/Camera文件夹之下，PhotoVault能自动对这里的图片进行识别且将图片归纳在“公用图片”项目中，点击任意一张图片并从弹出的快捷菜单中选择“将图片设为隐藏”（图3.1）后，我们就无法通过手机的资源管理器或连接到电脑来观看图片了。要查看图片，可运行PhotoVault且输入正确的密码，再点击“私人图片”。在此，还可选择“将图片公开”来取消对图片的隐藏（图3.2）。

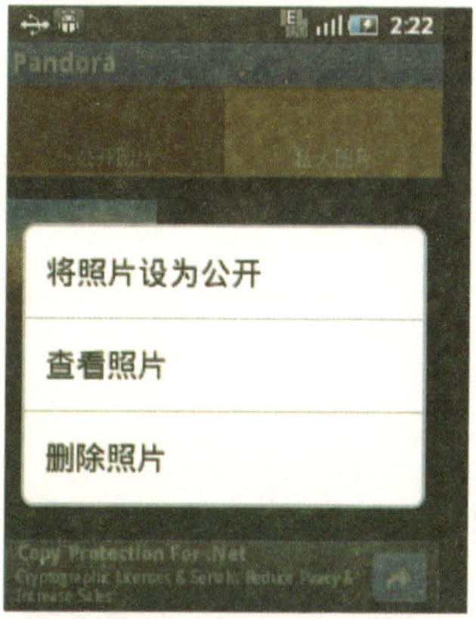

图3.1

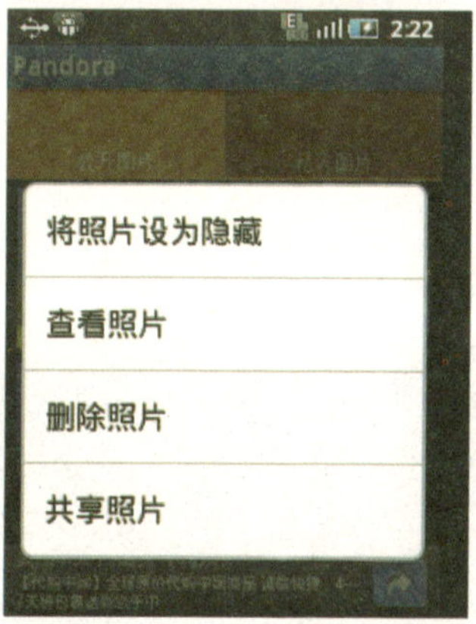

图3.2

3.1.2 PicsIn照片

软件版本：1.7.0。
操作系统要求：Android 1.6以上的手机或平板电脑。
主要功能：照片处理工具。

PicsIn是一款能运行于安卓系统的功能相当强大的图片处理软件，其中包括照片编辑、相机、拼贴、Goo、万花筒等功能。

该软件安装后会在手机桌面上留下两个快捷方式：，运行前一个启用PicsIn的拍照功能，运行后一个就能在弹出的下一级界面中选择多项功能了。

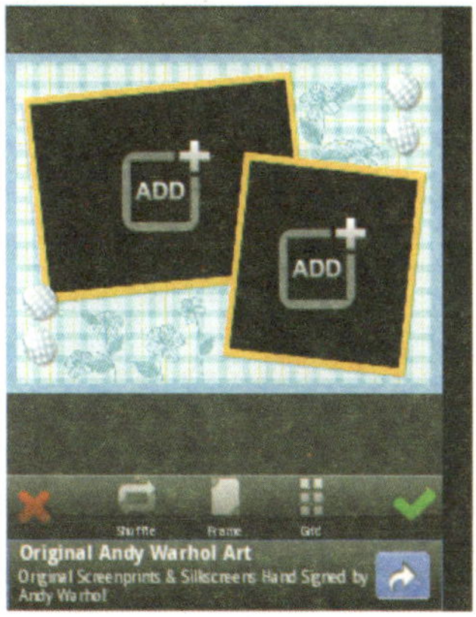

图3.3

1. 突出显示集体照中的重点人物

步骤1 点击手机桌面上的图标，接着选择“Collage(拼贴)”，再按提示选择一个模板。本例，我们选择有两个图片显示框的模板，成功后可观察到每一图片框里都有“ADD”按钮（图3.3）。

步骤2 点击大图片框的中“ADD”，选择“Gallery”，找出已保存到手机的一张合影照片。接着，在PicsIn向导的指引下对图片进行裁剪。然后，点击“Crop”，照片就能显示在大的图片框中。

图3.4

步骤3 点击小图片框中的“ADD”，找到同一张合影照片，裁剪时请保留要重点突出的人物就行了（图3.4）。

当然也可在小图片框中导入非合影中的人物，例如合影为某公司员工集体照，而小图片框里显示公司领导等。

2. 扭曲变形

步骤1 点击手机桌面上的图标，接着选择“Goo”并按提示导入一张MM图片。

步骤2 手指按在MM图片上轻轻划过，她的肌肉就会有弹性地发生变化（图3.5）。

步骤3 点击工具栏上的“Callout”按钮，可输入字符来表达当时MM的心情（图3.6）。

图3.5

图3.6

3.1.3 图片贴

软件版本： 1.3。
操作系统要求： Android 1.6以上的手机或平板电脑。
主要功能： 为图片添加文字说明。

“图片贴”能在图片上添加文字说明。只要手指在图片上划过就能弹出文字编辑窗口，在此输入文字就行了（图3.7）。手指划过的方向决定了文字框的方向。另外，按手机的“选项键”可选择不同的“贴纸样式”（图3.8）。

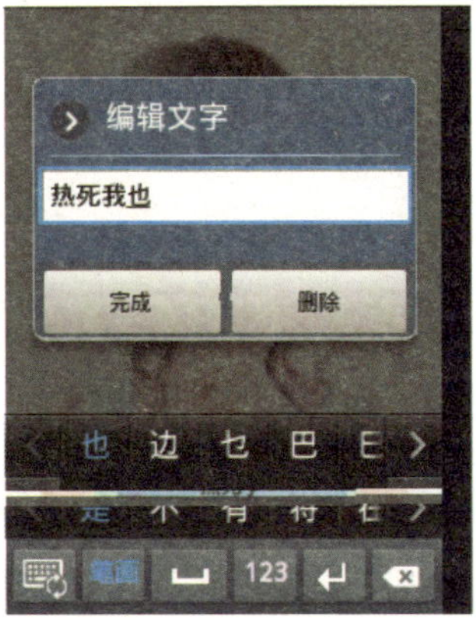

图3.7

图3.8

3.1.4 美图秀秀

软件版本： 1.3。
操作系统要求： Android 1.6以上的手机或平板电脑。
主要功能： 图片美化工具。

“美图秀秀”有图片美化和拼图两大功能模块，其傻瓜化的操作、所见即所得的工作方式能让初学者也能很快上手。

1. 图片美化

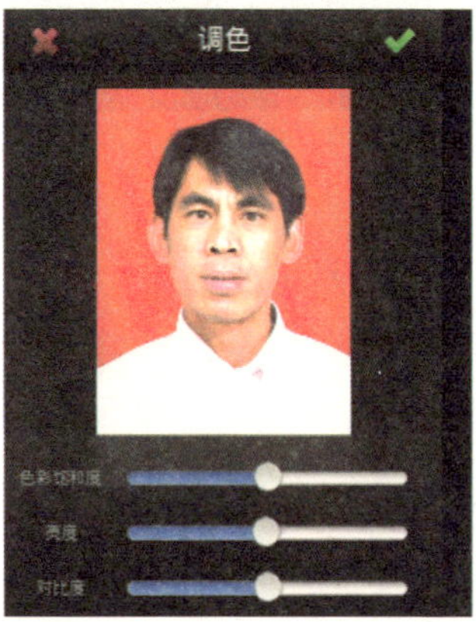

图3.9

运行“美图秀秀”后，点击“美化图片”，按提示选择一张照片后将其导入到编辑区中。接着，点击“调色”，就能对色度、亮度、对比度等进行调节了。本例中，导入的图片亮度偏高，表现为头发黑度不够、衣领处因发白而看不清细节（图3.9），适当向左调节亮度滑块后以上问题得到了解决（图3.10）。

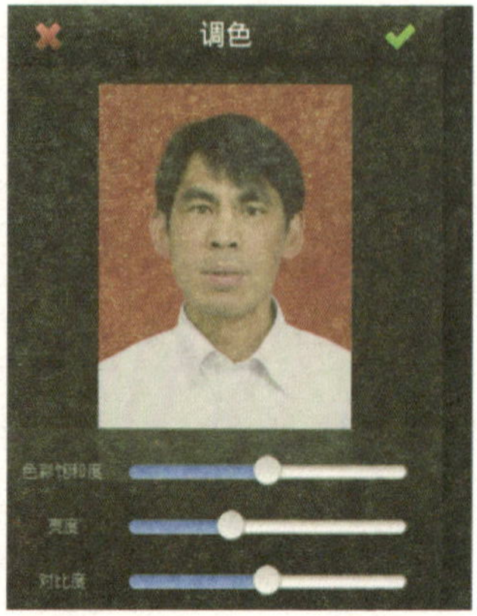

图3.10

2. 背景模糊

与前面类似地导入一张图片（图3.11），显然，图中的主景（人物）与座位后排的乘客等都比较清晰——背景杂乱、主题不突出。接着，点击“背景虚化”，再慢慢地调节“范围”和“大小”滑块，显然，背景模糊不清了，很好地起到了突出主景的作用（图3.12）。

图3.11

图3.12

3. 照片墙

将一组主题相同的照片按一定的顺序排列在一起，就能形成所谓的照片墙，照片墙能从不同的侧面表面同一主题思想。“美图秀秀”也提供了这一功能。

首先，在其主界面上点击“拼图”后，选择一个模板，再分别将多张图片（学生军训）导入过来就行了。在模板的支持下既能让图片排列整齐有序（图3.13），也能错落有致（图3.14）。

图3.13

图3.14

3.1.5 Adobe Photoshop Express

软件版本：1.3.1。
操作系统要求：Android 1.5以上的手机或平板电脑。
主要功能：将图片上传到网站。

在电脑上，Photoshop是大家公认的最好的图片处理软件之一，是学习平面设计的首先软件之一，它出自Adobe公司。该公司还出品了Photoshop的手机版，即“Adobe Photoshop Express”。手机版Photoshop功能有多强自不必多说。试用表明，就算同一功能，它的效果也比其他软件好得多。在此，我们只讨论它的在线功能。

首次运行该软件后，点击“上传→Photoshop.com”即可按提示到Adobe公司的网站服务器上注册一个账号，得到容量为2GB的网络存储空间。注册时，会要求我们输入一个邮箱地址，Adobe会发送一封邮件到该邮箱，必须通过邮件中的链接对网络存储空间进行激活，存储空间才能使用。

再次运行手机版Photoshop，点击“上传→Photoshop.com”，输入账号、密码就能直接通过手机将存储卡中的照片上传到网络存储空间（图3.15）。凡是上传过的照片上都有一个小小的钩，而正在上传的则有一个向上的箭头符号。

单击“在线图片”，能通过手机观察到已上传的照片（图3.16）。

图3.15

图3.16

3.1.6 GIF动画播放与制作

软件版本： 1.4.2。
操作系统要求： Android手机或平板电脑。
主要功能： 制作GIF动画。

在Android系统里，这是难得的GIF动画制作软件之一，美中不足在于有广告。

运行该软件后，能在其上界面上观察到它的“打开GIF文件”、“制作GIF”两个按钮。

首先，点击“制作GIF”，输入每一帧图片的显示时间、动画的保存位置等参数。

接着，向上滑动右侧的功能按钮区域直至“增加帧”按钮出现并点击它，定位到存放了准备用于制作动画的图片的文件夹，找到图片后按住图片并从弹出的快捷菜单中点击“选择此文件”，该图片即可导入进来。同理，可导入多张图片（图3.17）。

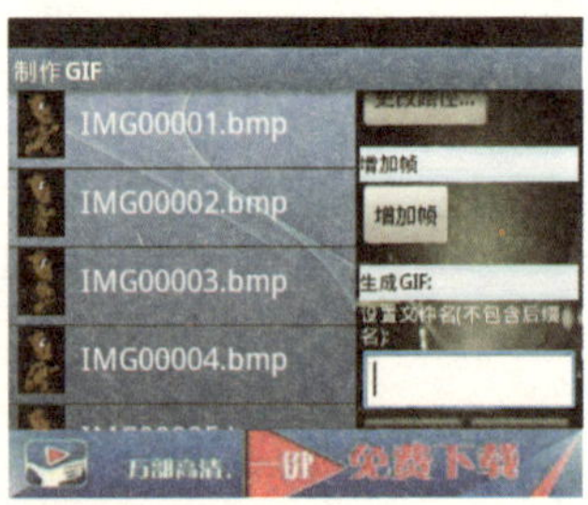

图3.17

然后，输入动画的文件名，再点击“预览GIF”。如果觉得不满意，请点击“停止预览”，再适当修改每一帧图片的显示时间。也可点击已导入进来的图片，从弹出的快捷菜单中选择“删除此帧”、“向上移动一帧”、“向下移动一帧”等命令对图片顺序进行调整直到满意为止。

最后，点击“生成GIF”即可制作出GIF动画。默认地动画保存在外部存储卡的根目录之下。再次运行该软件，点击“打开GIF”，再点击在边的三角形按钮，从弹出的文件夹窗口里找到动画文件即可播放（图3.18）。

默认情况下，动画保存在外部存储卡的根目录之下。

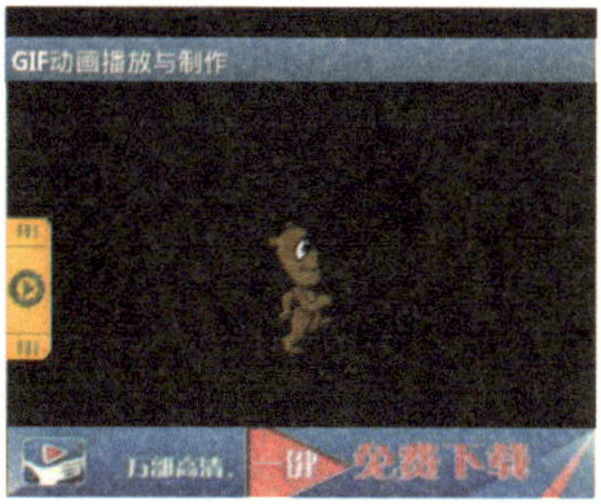

图3.18

小提示 GIF动画是由多个单独的图片组成的，每一张图片称为帧。一帧图片与下一帧图片之间必须有一定的变化。例如：第一帧图片中，某人的手抬起5cm，第二、三……帧抬起10cm、15cm…GIF的效果就是人的手慢慢抬高。

3.1.7 涂鸦高手

软件版本： 1.3.2。
操作系统要求： Android 1.6以上的手机或平板电脑。
主要功能： 绘制图片。

该软件有两大基本功能，即对模板图片填色和随手绘制图片。

1. 填色

运行该软件后，点击“Paint it”并选择一个软件自带的模板文件，接着，在界面顶部点击一种颜色后再点击要填充的地方即可（图3.19）。点击调色板按钮（第1个图标）还可自定义出各种颜色。

2. 手绘

运行该软件后，点击“Finger Paint”就能手动绘制图片了（图3.20）。点击工具栏上的铅笔按钮可改变笔迹的粗细。

图3.19

图3.20

3.2 音乐播放

在智能手机或平板电脑上，除接打电话、收发短信外，用得最多的就是欣赏音乐。由于能安装各种播放器，无论什么格式的音乐几乎都能播放。

3.2.1 天天动听

软件版本： 2.4.1。
操作系统要求： Android 1.6以上的手机或平板电脑。
主要功能： 播放音乐。

该播放器主要用于播放本地及网络上的MP3音乐，能同时显示歌词、歌手图片。能按歌手、专辑、流派等元数据进行分类，也能按文件夹、播放列表等方式对歌曲进行有效的管理。

1. 创建播放列表

图3.21

无论手机或平板电脑上有多少音乐文件，也无论它们分布在哪些文件夹之下，我们都可通过播放列表对其进行分类——这是组织好、管理好音乐文件的最简单有效的方法。

运行“天天动听”后，点击“本地音乐→播放列表→点击添加播放列表”，再输入一个文件名（例如“课间音乐”）。接着，点击“课音音乐→点击添加歌曲→浏览文件夹”，打开存放有音乐的文件夹并选中要添加的音乐，点击“开始扫描”，播放列表即可创建成功（图3.21）。

2. 播放音乐

图3.22

默认情况下，“天天动听”在播放音乐时会自动到网上搜索对应的歌词和歌手图片，实现听音、图片、歌词的“三同步”（图3.22）。

另外，“天天动听”还有一个特色功能。运行它以后，按一下手机上的选项键，选择“工具→系统设置→迷你歌词设置”，选中“迷你歌词开关”。这样在运行其他程序（例如图片浏览）时也能一边欣赏“天天动听”播放的歌曲，一边观看到歌词。

3.2.2 酷我听听

软件版本： 1.6.0.6。
操作系统要求： Android 1.6以上的手机或平板电脑。
主要功能： 播放网络歌曲。

这一软件主要用于欣赏网络歌曲，运行后点击“酷听曲库”即可按歌手、音乐分类库等形式找出网络上的歌曲（图3.23）。点击“搜索”后，还能手动输入关键词进行搜索。播放时，仍然可实现歌声、歌手图片、歌词的同步呈现（图3.24）。

图3.23

图3.24

3.2.3 andLess

软件版本： 1.3.3。

操作系统要求： Android 1.5以上的手机或平板电脑。

主要功能： 播放无损音乐。

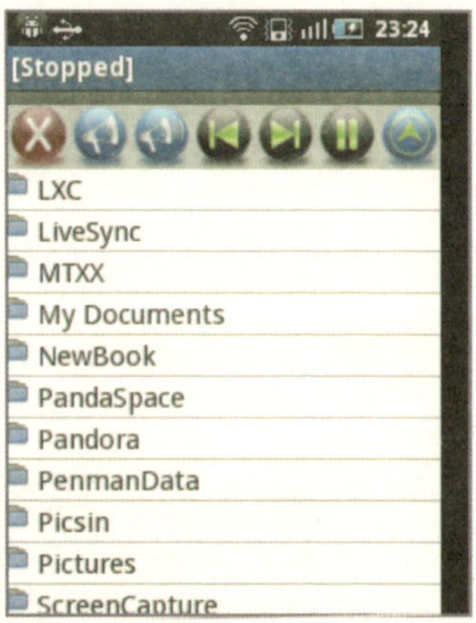

图3.25

这一播放器的最大特色在于能播放APE、FLAC等无损音乐，支持cue列表文件播放，当然也能播放MP3歌曲。

运行该软件后，它会在主界面上列出手机内、外存储卡中的文件夹（图3.25），打开存放了APE音乐的文件夹后，直接点击APE文件即可播放（图3.26）。点击CUE文件后，能观察到它所包含的歌曲名，可单曲播放，此时，单击工具栏中的向上按钮即可返回。

图3.26

总结 听本地MP3歌曲，“天天静听”是首选。在歌词显示上，它既能单行显示，也能全屏多行显示，还能在其他程序界面上显示。另一方面，它显示的歌手图片是最大的。在线收听MP3歌曲，用“酷我听听”准没错。听APE歌曲，简捷实用的andless不会让你失望。

3.3 收音电台

收音机，似乎已过时，但在及时新闻、最新歌曲等特定的环境里它却自有存在的理由。下面就推荐几款收音软件。

3.3.1 Any Radio收音机

软件版本： 1.3.3。
操作系统要求： Android 1.5及上的手机或平板电脑。
主要功能： 取代传统的收音机。

运行该软件后，请点击“主页”，再选择一个分类，例如“按类型分类”，可观察到很多频道（图3.27），点击任一频道即可收听到真正直播的节目。如果要点名收听还可通过搜索来查找（图3.28）。

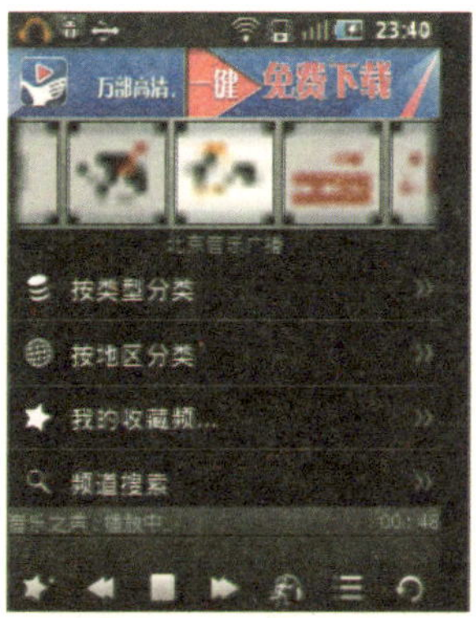

图3.27

如果觉得某电台比较好，可点击工具栏上的五星形状按钮来对其进行收藏，今后可通过“频道收藏”来打开。一般情况下，电台会在每天的同一时段播放同一频道节目，为此，可在该软件里设置定时播放或定时停止，只要点击工具栏上的选项按钮即可设置，在这里，还能启动录音功能。

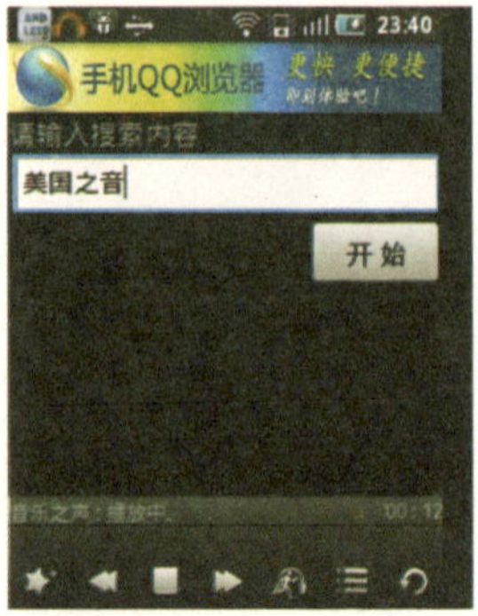

图3.28

3.3.2 天籁听书

软件版本：3.2。
操作系统要求：Android 1.5及上的手机或平板电脑。
主要功能：网上听有声读物。

该软件主要用于听网上的有声读物，内容比较丰富，包括小说、曲艺、诗词、国学、英文原著等（图3.29），而且很多内容是免费的。不但可以在线听，还可下载（图3.30）后再听。下载后再听时，同样能观察到已缓冲到手机中的图片信息，但却可大大地节约手机流量。

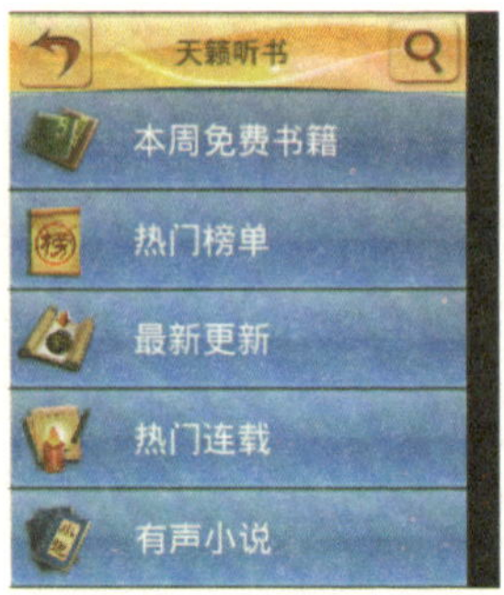

图3.29

图3.30

总结 Any Radio收听广播电台，取代传统的收音机，时效性很强。而“天籁听书”仅是有声读物，内容上更新比较慢。

3.4 曼妙铃声

手机，可能与同事的相同，但铃声却能彰显个性。

3.4.1 铃声编辑 Ringdroid

软件版本： 3.2。
操作系统要求： Android 1.6及上的手机。
主要功能： 编辑铃声。

该软件能对已有的音乐文件、现场录音进行裁剪并作为铃声。运行Ringdroid后，它会扫描出手机外部存储卡中的音乐文件，点击任意一首即可进行试听。点击音乐文件右边的选项按钮，选择“编辑”即可进入铃声编辑界面（图3.31）。在此，滑动起始、终止滑块可指定用哪一段音乐来作铃声，由于波形图的振幅越大表示声音越大，为此，就尽量选择振幅大的部分。为保证效果，可点击下面的播放按钮进行试听。满意后，请点击“保存”按钮，再选择用于铃声、通知声、闹铃声就行了（图3.32）。

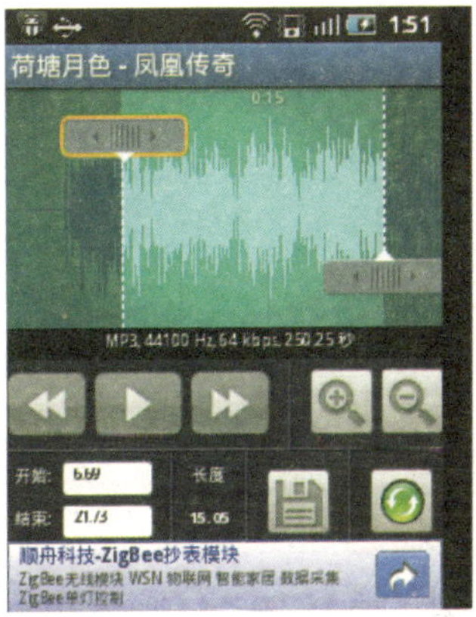

图3.31

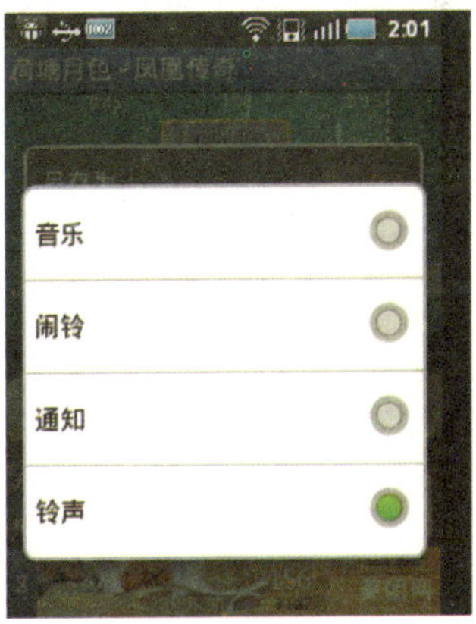

图3.32

3.4.2 手机铃声大全Ring

软件版本：1.3.2。
操作系统要求：Android 1.5及上的手机。
主要功能：搜索下载铃声。

该软件不需要我们自己编辑，直接在它提供的网站下载就行了，各种铃声多达20000多首。运行Ring后，首先选择一个分类，例如“搞笑铃声”，再进行试听、设置即可（图3.33）。

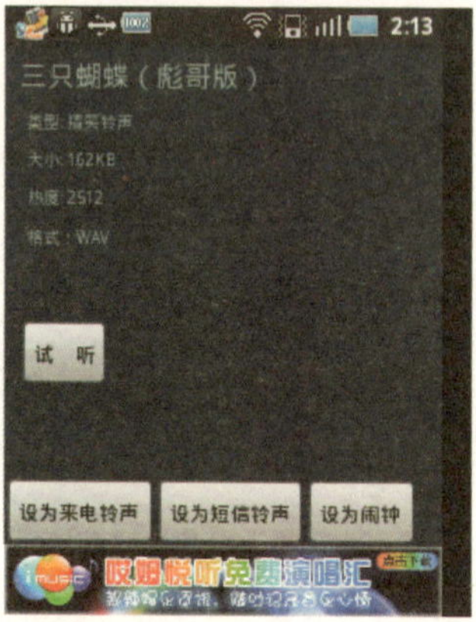

图3.33

3.4.3 我的声音 My Sounds

软件版本：1.03。
操作系统要求：Android 1.1及上的手机。
主要功能：将录音设置为铃声。

图3.34

要录制声音并设置为铃声，请运行该软件，点击“Start”，接着选择一个空的存储项目“Empty”，然后点击下一步中“Ready to Record”下的话筒图标，当界面变为红色且显示“Recording(Speak Now)”提示时（图3.34），就能对着手机的话筒说话了。说完后请再次点击话筒图标即可保存，默认的保存的声音文件名为

“Sound 1”、“Sound 1”…点住任意一个声音文件，从弹出的快捷菜单里选择“Save as Ringtone”即可将其设置为手机铃声。

要注意的是，空的存储项目只有6个且不能添加。但可按住录制好的声音文件“Sound x”并选择“Delete”来删除，删除后就能再次出现空存储项目。

总结 这三款软件用不同的方法来解决大家所关心的铃声问题，个人需求不同，选择也就不同。其中“铃声编辑 Ringdroid”能对已有的音乐文件进行剪裁，只留取精华部分为铃声，效果比较好。“手机铃声大全Ring”则从网上下载铃声，方便但个性化不强。“我的声音 My Sounds”最具个性化，特别适合于非主流人士使用。

3.5 乐器模拟

喜欢音乐的朋友，可以在自己的平板电脑或手机中安装了模拟架子鼓、电子琴、吉他等的软件。下面提供的几款软件同样能达到目的，而且可用于Android手机，只不过由于手机的屏幕偏小，操作起来没那么方便。

3.5.1 我的钢琴 My Piano

软件版本： 2.5。
操作系统要求： Android 2.1及上的平板电脑或手机。
主要功能： 模拟出电子琴效果而且能够录音。

1. 弹奏

运行“My Piano”后直接弹奏就行了（图3.35），默认情况下，能显示出来的键位并不多，无法应付音域比较广的曲子。要显示出更多的键位，请按手机上的选项键，从弹出快捷菜单的“Settings”下选中“Show 2 Full Octaves”。

图3.35

2. 录音

按主界面右上角的 按钮，可切换到录音状态。此时，左上角出现录音、播放、停止等按钮（图3.36）。点击录音按钮再弹奏即可录制，完成后点击停止按钮，再点击播放按钮可试听效果。

图3.36

3.5.2 吉他软件 Guitar Solo full

软件版本：1.39。
操作系统要求：Android 1.5及上的平板电脑或手机。
主要功能：吉他模拟软件。

“Guitar Solo full”软件的使用难度虽然最大，但是它的音乐模拟效果最好的，在分解和弦伴奏上几乎可替换真实的吉他。

下面，我们以弹奏《常回家看看》为例进行说明。

1. 配置和弦

步骤1 网上搜索下载《常回家看看》的吉他谱（图3.37），用到的和弦有C、G、Dm7…

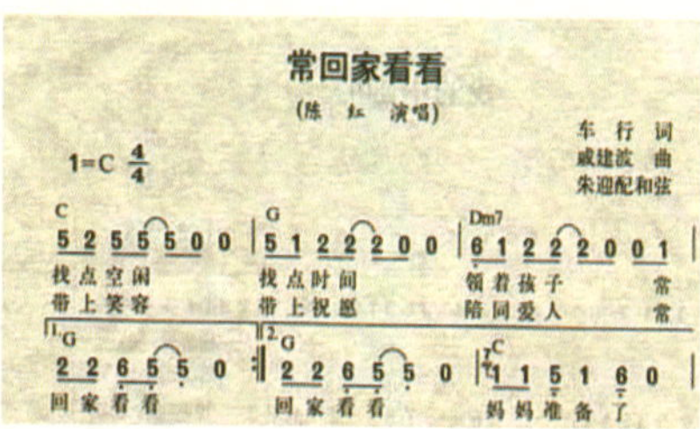

图3.37

步骤2 在手机上运行“Guitar Solo full”，按手机的选项键后选择“和弦库”进入和弦配置界面（如图3.38所示）。再按手机的选项键，选择“清除布局”以便为配置和弦做好准备，此时，和弦按钮将全部呈现空白状态。

步骤3 点击第一个按钮并从下面的和弦面板中选择C，此时，第一个和弦按钮里将标注为C。接着，按第二个和弦按钮并选择G…如此重复下去，直到所有的和弦全部添加完成。然后，按手机的选项键，选择“保存布局”并按提示输入布局名称为“常回家看看”。

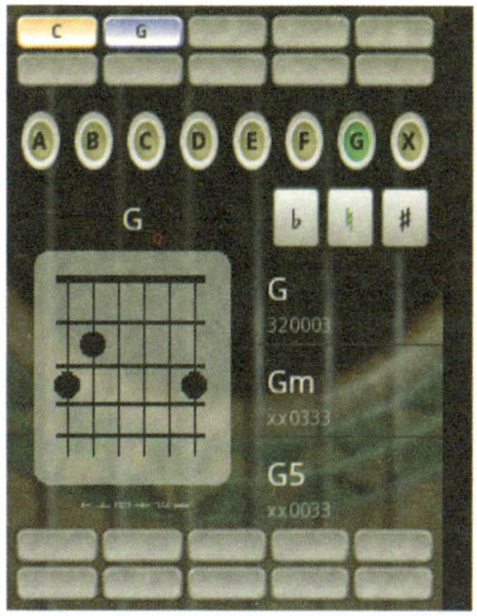

图3.38

2. 自弹自唱

运行“Guitar Solo full”，当主界面出现时按手机的选项键，选择“和弦库”。接着，再按手机的选项键并选择“载入布局→常回家看看”。然后，按手机的返回键退回到“Guitar Solo full”的主界面（图3.39）就能对《常回家看看》进行伴奏了——左手按和弦、右手弹分解和弦、张开嘴演唱，这三个动作是同步进行的。

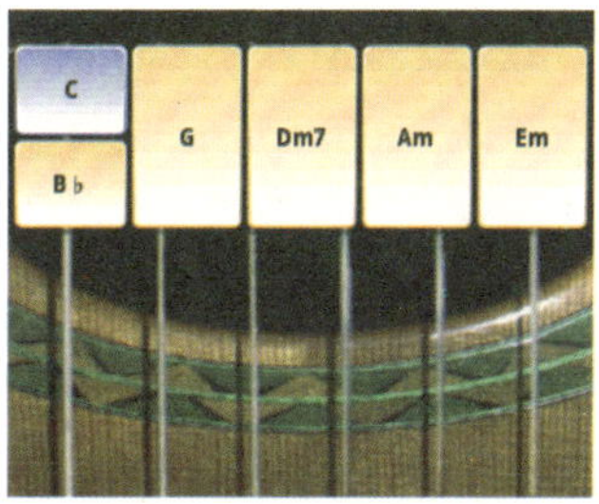

图3.39

3. 为已录制好的歌曲进行伴奏

运行“Guitar Solo full”，当主界面出现时按手机的选项键，选择“播放音乐”，可将已录制到手机的清唱导入进来并播放。这时，只要“一心二用”就行了——左手按和弦、右手弹分解和弦。

总的看来，“Guitar Solo full”在分解和弦方面的表现非常好。但与真实的吉他比，无法扫弦，无法弹奏单音，无法实现柔弦效果。另外，在手机上运行该软件时，由于各弦间距离较小不利于弹奏，设置为横屏显示可缓解这一问题：运行“Guitar Solo full”，按手机的选项键，选择“设置”并选中“横屏模式”即可。

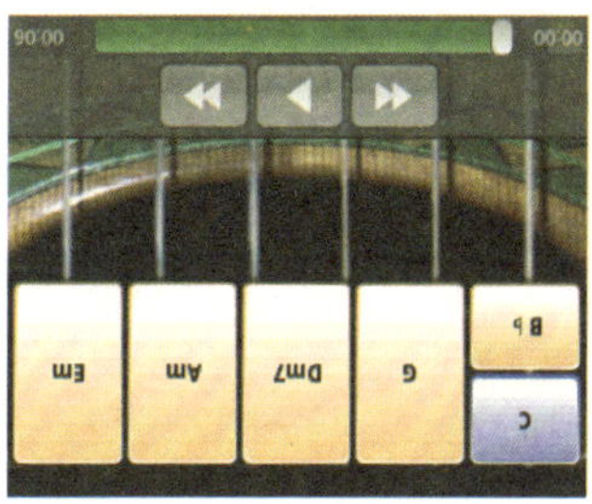
图3.40

3.5.3 架子鼓

软件版本：1.0。
操作系统要求：Android 1.6及上的平板电脑或手机。
主要功能：模拟架子鼓。

图3.41

这一软件的功能单一，操作简单，运行它即可弹出架子鼓界面，只要用手指在鼓上点击就行了（图3.41）。

3.5.4 节奏器

软件版本：1.0。
操作系统要求：Android 2.2及上的平板电脑或手机。
主要功能：模拟节拍器。

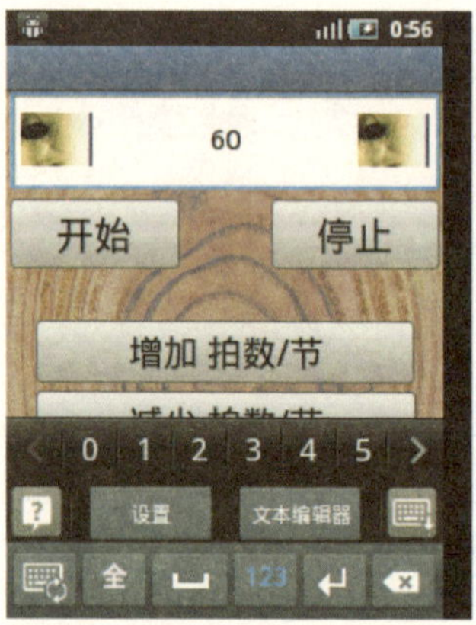

图3.42

无论是唱歌还是演奏乐器，都得有节奏，那么，每分钟120拍或200拍究竟有多快呢？“节奏器”一定能解决这一问题。

运行该软件后，在文本框时输入一个数字就能对照检查了（图3.42）。

总结 这些软件能模拟多种乐器的声音，如果要用手机或平板电脑来组建乐队那是非常有用的。建议在平板电脑上运行，因为平板电脑屏幕比较大，操作起来比较方便。

3.6 在线视频

随着手机屏幕的越来越大、WiFi的普及，用手机在线看视频已成为手机或平板电脑的娱乐应用之一。很多视频门户网站都推出了手机客户端，让我们脱离PC而用手机或平板电脑观看。目前，比较流行的有酷6视频、腾讯视频、乐视影视、万花筒高清影音播放器等。

但要注意的是，如果没有WiFi，在线观看会产生很大的流量。

3.6.1 酷6视频

软件版本：2.0.3。
操作系统要求：Android 1.5及上的平板电脑或手机。
主要功能：在线播放或下载酷6网站的视频节目。

休息时，我们常在电脑上通过互联网观看土豆、酷6等视频类门户网站的节目。如果手机或平板电脑在无线热点覆盖的范围之内，也可用它们来观看。

运行“酷6视频”后，它会以精选、频道、排行等方式列出很多视频节目，找出节目后，既可自由下载（图3.43），也可在线播放(图3.44)。

图3.43

图3.44

3.6.2 腾讯视频

软件版本：1.0.1。
操作系统要求：Android 2.0及上的平板电脑或手机。
主要功能：在线播放腾讯视频网站的节目。

该软件是为Android 手机、平板电脑用户量身打造的网络视频播放客户端。采用轻量级的界面设计，播放流畅、节目内容也比较丰富（图3.45）。具体播放方法相信任何人都能一看就懂，一用即会。

图3.45

总结 “腾讯视频”推出的时间虽然不长，但凭着人气极旺，“酷6视频”中的内容中娱乐成分较多。

3.7 手机电视

WiFi时代，通过手机或平板电脑在线看电视直播已不再是梦想。目前，比较流行的软件有DopoolPlayer、W.TV等。

3.7.1 手机电视DopoolPlayer

软件版本：2.4。
操作系统要求：Android 1.5及上的平板电脑或手机。
主要功能：在线观看很多电视台的直播节目。

运行后点击“所有频道”，再点击下面的分类，例如教育类，这样层层向下找即可找到要看的电视节目（图3.46）。找到后点击即可播放。实测表明，如果使用WiFi网络，播放的画面相当流畅，声音也十分清晰。

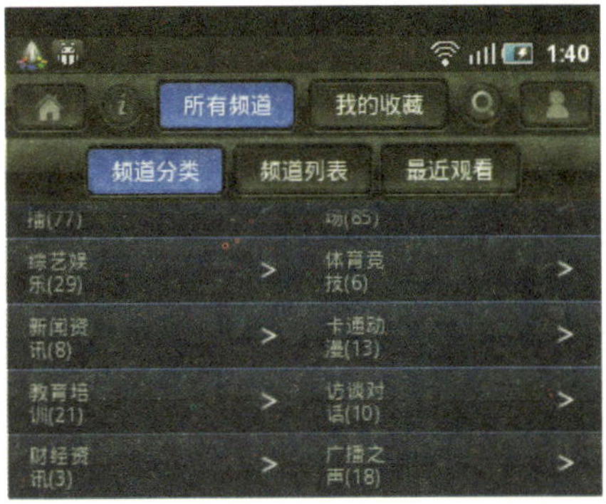

图3.46

3.7.2 手机电视W.TV

软件版本：3.1.5。
操作系统要求：Android 2.1及上的平板电脑或手机
主要功能：直播电视台节目、下载已有视频。

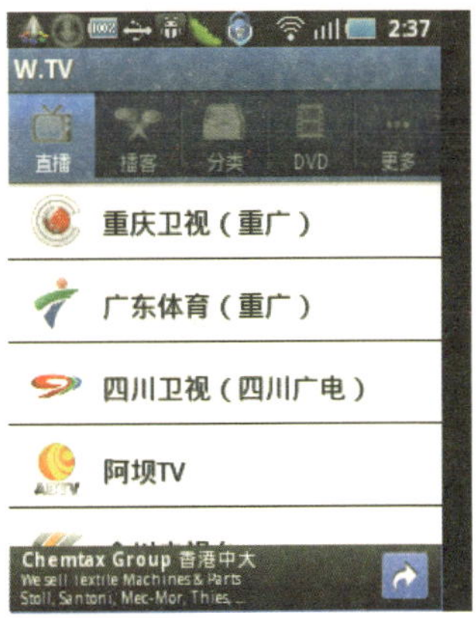

图3.47

这一软件有两大功能：在线直播和下载视频节目。

点击“直播”，再点击下面的频道即可在线播放（图3.47）。这一软件收录的电视频道比较少。

点击“播客”或“DVD”可搜索到软件开发者网站上已有的视频节目，可在线观看也可下载后观看。

总结 看TV直播，DopoolPlayer才是首选，能观看的频道近300个。W.TV收录的频道数偏少，而且有的频道连接不上。

3.8 本地视频

在手机或平板电脑上播放本地视频节目，不必担心流量耗费，也不必担心带宽不够而卡带。但由于视频的文件格式太多，视频播放器的选择也是有点麻烦。在此，我们特意介绍了一些能够支持多种视频格式的软件。

3.8.1 暴风影音

软件版本： 1.0 Beta6。
操作系统要求： Android 1.0及上的平板电脑或手机。
主要功能： 播放影音文件。

用过电脑的朋友可能没有人不知暴风影音是用于播放视频或音乐的。其实，它的Android版也非常出色，具体使用方法就不必赘述了。为克服手机或平板电脑屏幕小的弊端，播放进度条一般处于隐藏状态，只有手指在屏幕上滑动时才出现（图3.48）。视频播放时耗电量大，为此，还可在播放界面上观察到电量指示。

虽然，该软件号称万能播放器，但仍有少部分影音格式无法支持，例如rmvb、rm视频，ape格式的无损音频等。

图3.48

3.8.2 全能播放器MoboPlay

软件版本： 1.2。
操作系统要求： Android 1.6及上的平板电脑或手机。
主要功能： 高效流畅的视频播放器。

这一软件的主要功能是播放已存放在手机或平板电脑上的视频文件。它的最大特色在于能通过下载软件包来提升手机播放效果。

1. 专用解码包

首次运行该软件，它会提示我们下载专门针对本手机或平板电脑视频解码包，请点击“从Mobo下载”。接着，软件会扫描出当前的手机型号及对应的解码包名称（图3.50）。请点击“下载”，下载完成后该解码包即可自动安装。

今后再运行该播放器，能直接进入播放界面。

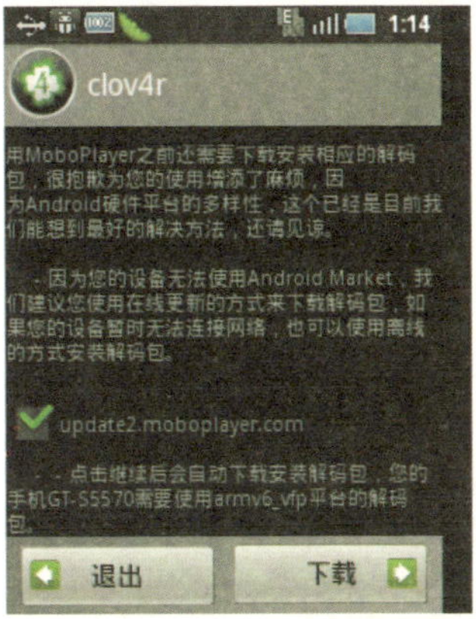

图3.50

2. 视频缩略图

运行已安装了解码包的该软件，点击界面左下角的文件夹按钮，选中存放了视频文件的文件夹。接着，按手机的选项键，点击“确定”，其下的视频文件即可以缩略图的形式显示出媒体库列表（图3.51）。

图3.51

3. 解码方式及播放模式

在媒体库列表界面上点击右下角的“更多”按钮，再点击“设置”，选中“默认使用软解码播放”则使用软解码方式播放，否则采用硬解码方式。

播放时，如果发现画面有竖直或水平失真，请点击左下角的播放模式按钮，再选择16:9或4:3模式来进行校正（图3.52）。

图3.52

小提示 在DVD影碟机上播放视频文件时，使用的是DVD影碟机内部的解码电路对视频文件进行解码，这种方式称为“硬解码”。在PC、手机或平板电脑上播放视频文件进，我们用的是各种播放软件，靠的软件中的程序进行解码，这种方式称为“软解码”，这种解码方式可省下配置硬解码电路的成本，但播放效果没有硬解码好。

3.8.3 手机文件锁

软件版本： 2.1。
操作系统要求： Android 1.5及上的平板电脑或手机。
主要功能： 对私密视频进行加锁处理。

该软件能对手机或平板电脑中的文件加锁，当然包括视频文件、图片文件等。

首次运行时，软件会提示我们设置一个密码，请输入密码后点击“SET”，今后，必须凭此密码才能运行该软件。

进入软件后，点击要上锁的视频文件（也可为其他文件），再点击“Lock”，程序图标将变为锁的样子即表示锁定成功（图3.53）。

锁定后，打开手机的文件夹，可观察到被锁定的程序在原来基础上多出了扩展名lck，点击时无法打开（图3.54），就算将扩展名修改回来也无法打开。

要解锁，请再次运行“手机文件锁”，点击已锁定程序，再点击“Unlock”即可。

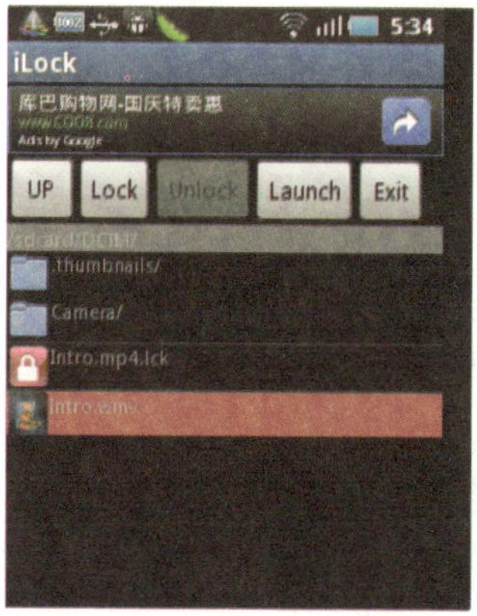

图3.53

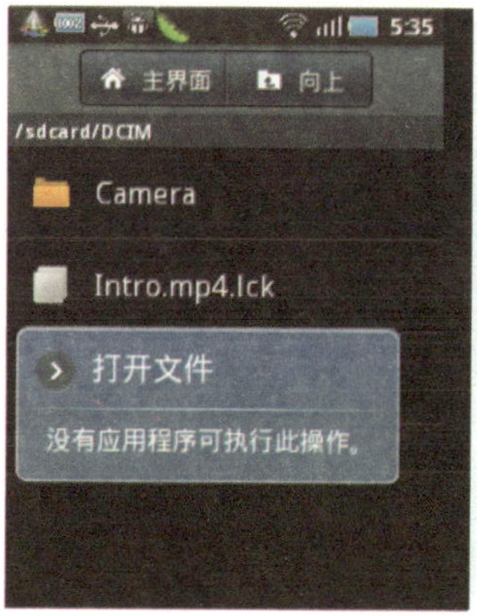

图3.54

总结 这里列出的两款播放软件中，Moboplay效果比较好，只是设置比较麻烦，适合老机友使用。而“暴风影音”使用简单，推荐给初学者使用。

读书笔记

第4章

常用工具

拥有Android手机或平板电脑的同时，还需要一些常用工具才能发挥手机和平板电脑的作用。

- 计时工具
- 日历工具
- 计算工具
- 测量工具

4.1 时钟秒表

手机上都有时钟，但不一定能满足我们的生活所需。也正因为如此，才有安卓爱好者编辑出了各种时钟秒表工具。相信这些工具对我们任何人都有一定的适用性。

4.1.1 定时器 Timer

软件版本： 1.1.4。
操作系统要求： Android 1.6及以上的手机或平板电脑。
主要功能： 到时提醒。

该软件以倒计时的方式计时。运行后，点击“新建”并输入标题（图4.1），接着点击界面下部的圆心位置切换到时、分、秒状态，然后按住三角形按钮转动即可设置离现在多长时间后提醒我们。完成后点击“保存”按钮。

要运行刚才设置的定时事件，请在“Timer”主界面上点击“存档”，找到刚才创建的定时事件并点击一下即可。事件运行时，可观察倒计时器，设定的时间到了后有铃声提醒（图4.2）。

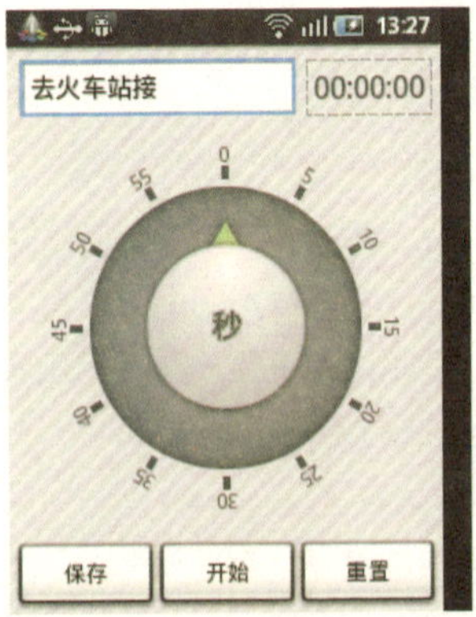

图4.1

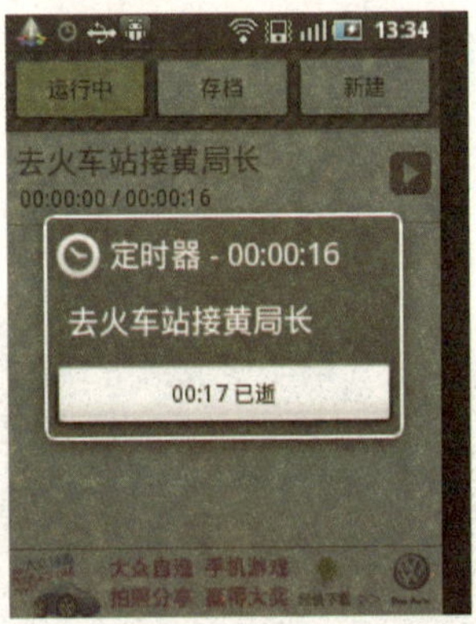

图4.2

4.1.2 迷你小秒表 Mini StopWatc

软件版本： 1.92。
操作系统要求： Android 1.5及以上的手机或平板电脑。
主要功能： 计时秒表。

该软件可单次计时也可连续计时，还能计算平均值、差值等。

图4.3

1. 单次计时

运行“Mini StopWatc”，点击第一个五星按钮表示需要单次计时，此时，第一个五星将呈现出绿色。接着，点击“启动”，秒表会自动走时，点击“停止”即可完成该次计时（图4.3）。这次计时将显示在下面的列表中，例如“08-30 14:12=>0:03.68”，表示于8月30日下午两点12分记录了一次时间，该次计时为03.68s。

再将点击“启动”，又可完成一次计时且显示在下面的列表中。选中列表中的两次或多次计时，再点击“平均”按钮可求出平均值（图4.4）。

图4.4

这种方式主要用于分别计时的场合，例如先测某人的100m跑速度，再测另一人。

2. 连续计时

该软件可连续计时，最多可连续5次计

时。下面以3次为例进行说明。点击第三个五星，此时前三个五星变为蓝色。接着，先后点击 “启动”、“停止”……直到计时结束就能记录下3个时间（图4.5）。

这种方式测同一对象在不同时段的变化情况，例如：参加100m赛的运动员在前50m、中30m、后20m的速度。

总结 这两款软件中，定时器侧重于定时。而秒表则侧重于测量时间。

图4.5

4.2 日历记事

出门在外，不可能带上挂历吧。就算你到家里查，但传统的挂历一般只记一年的时间。以下介绍的软件都可上下查阅几十年甚至上万年，还可查阅农历。

4.2.1 家庭农民历

软件版本： 1.6。
操作系统要求： Android 1.6及以上的手机或平板电脑。
主要功能： 万年历、吉凶、节气、备忘录。

运行该软件后，它能在同一界面显示公历、农历和当日的吉凶祸福、二十四节气等信息，适合于农村家庭使用（图4.6）。该软件还能直接调用Android手机自带的日历程序，创建出包括时间、地点、事件等元素的备忘录。要创建日历，按住某一日子即可。

图4.6

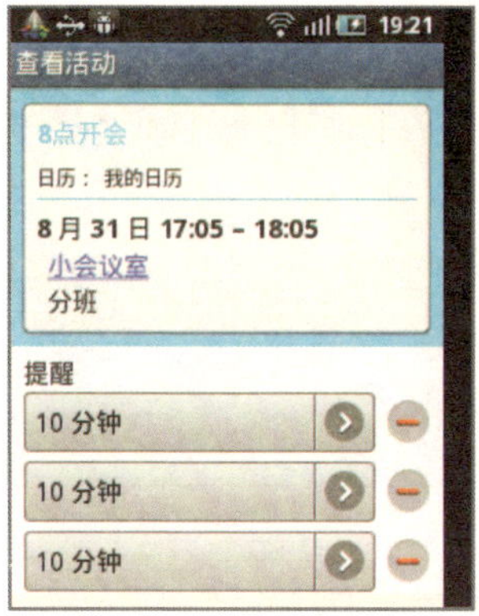

图4.7

4.2.2 中华万年历eCalar

软件版本： 2.1.2。

操作系统要求： Android 1.6及以上的手机或平板电脑。

主要功能： 万年历、吉凶、节气、备忘录。

该软件界面清新悦目（图4.8），点击其中的一天，能从弹出的界面中查看到当天的宜忌事件。长按某一天，能创建出当天的任务以便日后提醒（图4.9），与前一软件相比，eCalar创建的日历无法与手机自带的日历相互通用。

图4.8

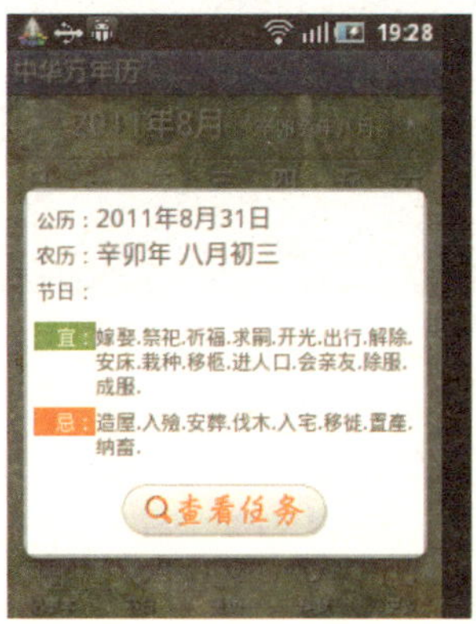

图4.9

4.2.3 小蜂生日提醒

软件版本： 1.2。
操作系统要求： Android 1.6及以上的手机或平板电脑。
主要功能： 生日提醒。

对生日提醒而言，这款软件的功能非常给力。只要手机不坏、设置未删，几乎能一经创建，终身有效。

运行该软件后，按手机上的“选项”键，选择“新增记录”，即可按提示输入好友的姓名、出生日期、生日时是否自动发送祝福短信、是否提前提醒等（图4.10）。该软件可创建多个记录（图4.11），能将所有好友的生日信息添加进去。

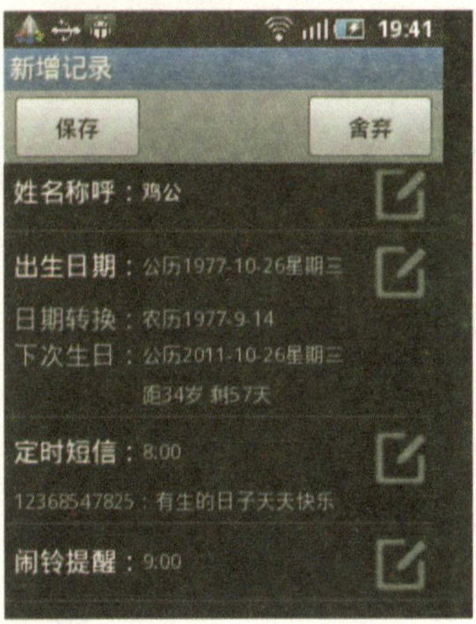

图4.10

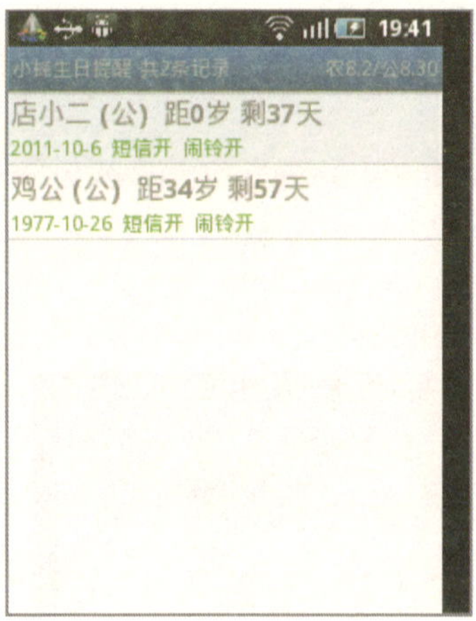

图4.11

总结 “家庭农民历”适合于农民朋友，“中华万年历eCalar”适合于办公人员，而“小蜂生日提醒”专攻生日提醒。

4.3 闹钟计时

闹钟，最基本的功能就是到时提醒，一般的手机都自带了这一功能，但大多功能比较弱，例如无法自定义提醒铃声、无法进行倒计时等。能实现这些功能的第三方软件很多。

4.3.1 正点闹钟

软件版本：1.8.83。
操作系统要求：Android 1.5及以上的手机或平板电脑。
主要功能：各种提醒。

这一软件内置了很多模板，例如生日提醒、起床闹钟（图4.12）等。不同的模板有不同的提醒方式，例如在生日提醒下可选择农历或阳历，在正点报时下用不着设置提示信息而且可选择语音播报等。下面以设置生日提醒为例进行说明。

图4.12

运行“正点闹钟”后，请点击“添加新提醒→生日提醒”。接着，选中“农历”。然后，分别设置响铃时间、闹钟排期（即提前多少时间提醒）、闹钟标题、注意事项。最后点击“保存闹钟”即可。

设定的时间一到就能提醒我们注意（图4.13），向右滑动“推迟提醒”，可选择推迟多长的时间后再次提醒。

图4.13

4.3.2 倒数日桌面插件 Days Matter Widget

软件版本：1.409。
操作系统要求：Android 1.5及以上的手机或平板电脑。
主要功能：各种提醒且直接显示在桌面上。

这一软件的特色在于能将要提醒的事件以插件的形式放置于桌面之上。

运行该软件后，点击主界面右上角的+号按钮即可创建提醒事件（图4.14）。请在“事件”后输入名称，在“日期”后选择该事件的到期时间，再选中“置顶”，最后单击“保存”，事件即可创建成功。默认情况下，事件无铃声提醒功能，要添加，请点击主界面左上角的设置按钮，点击“闹铃提醒”，再按提示操作即可。

图4.14

要将事件添加到桌面之上，请按手机上的返回键直到桌面出现。接着，按手机上的选项键，点击“添加→窗口小部件”，再选择“Day Matter(3×)”，事件即可出现在桌面之上（图4.15）随时提醒我们注意。

图4.15

总结 “正点闹钟”功能强大，但“倒数日桌面插件”在提醒上更加醒目。

4.4 计算工具

手机都已自带了计算器功能，但在日常生活中，我们所面对的计算却多种多样，需要专业工具支持。

4.4.1 汇率计算

软件版本： 1.409。
操作系统要求： Android 1.5及以上的手机或平板电脑。
主要功能： 各种汇率计算。

该软件首次运行时会从网上下载数据库，以后就能离线运行了。但为了保证汇率与国际行情同步，请按手机上的选项键，选择“数据更新”。

要进行汇率计算，请点击一种货币，再输入金额即可观察到它相当于其他货币多少元（图4.16）。

要进行更多货币金额之间的互换，请按手机上的选项键，再点击“增加货币”并进行选择即可。对已增加的币种，按住它可从弹出的快捷菜单中选择“删除行”来清除它。

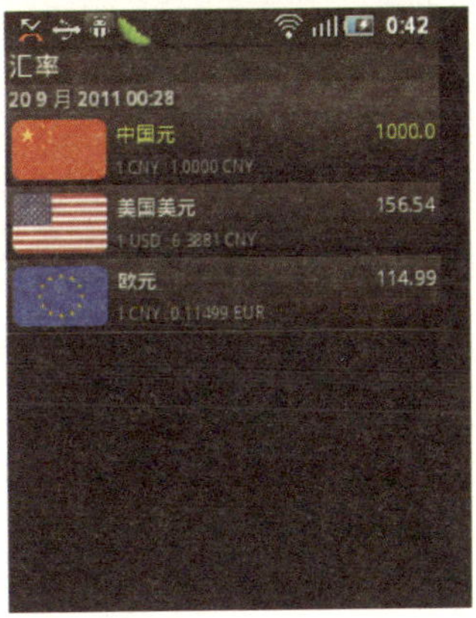

图4.16

4.4.2 打折计算器

软件版本： 1.3.1。
操作系统要求： Android 1.5及以上的手机或平板电脑。
主要功能： 打折计算。

运行该软件后，请在最上部的总金额输入框中输入原价。接着，拖动下面的滑块输入折扣率，点击下面的加百分数进行微调。然后点击“计算”。应给的钱，节省了多少就能一目了然（图4.17）。

这一软件的另一优点在于，点击总金额输入框后，弹出的实际是是一个计算器窗口，在此，可对多种商品的价格进行计算。

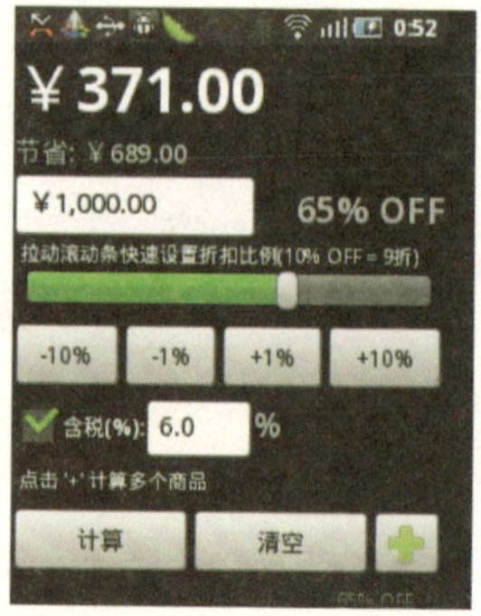

图4.17

4.4.3 万能换算器

软件版本： 1.4.1。

操作系统要求： Android 1.6及以上的手机或平板电脑。

主要功能： 单位换算。

看国外影片，常听说英里这一单位，那么它与千米是如何转换的呢？找“万能换算器”吧，它支持长度、温度、速度、质量、长度、面积、体积、功率、能量、力等单位的换算。该软件的使用非常方便，在主界面上点击要转换的单位类型后，选择其中的一种例如“英里”，下面就会显示出相当于多少米、多少千米（图4.18）。不仅如此，该软件还可用于计算，本例中“英里”后的默认数字是1，如果输入一个具体的值，就能计算出相当于多少千米、多少米（图4.19）。

图4.18

图4.19

4.4.4 办公计算器 Office Calculator Pro

软件版本：2.1.1。
操作系统要求：Android 1.6及以上的手机或平板电脑。
主要功能：计算器。

这一计算器的最大特点在于能显示出运算的过程。它的界面底部是数字键和运行符号键区；顶部显示运算过程，中间显示最终结果（图4.20）。要更清楚地查看运算过程，请点击顶端的过程显示区，无论进行了多少步都能显示出来（图4.21），一屏显示不完还可上下翻滚动显示。如果要检查运算过程有无错误，这一设计一定能帮我们大忙。

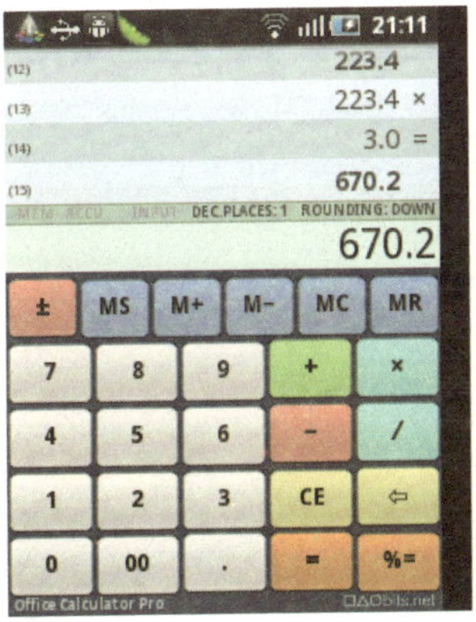

图4.20

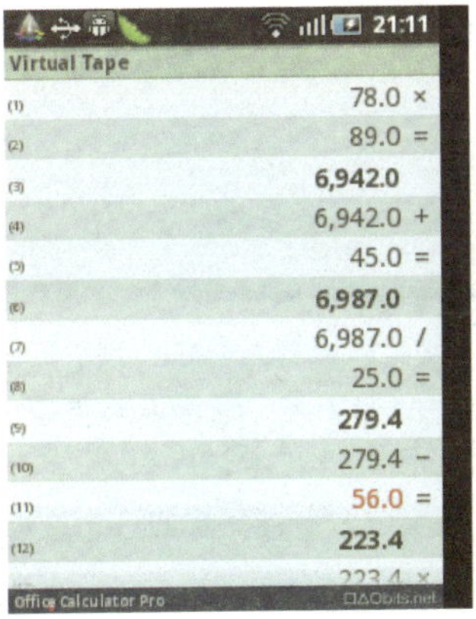

图4.21

4.4.5 新版个税计算器（增强版）

软件版本：1.1。
操作系统要求：Android 1.5及以上的手机或平板电脑。
主要功能：计算个人所得税。

2011年，个人所得税的计算方式发生了改变，究竟交多少税呢？计算一下就行了。运行该软件后，输入月工资、五险一金的百分比，再点击“计算”即可（图4.22）。如果还想了解新版个税的计算方法及相关知识，请点击“帮助”。

图4.22

4.4.6 房贷计算器

软件版本： 2.1。
操作系统要求： Android 1.0及以上的手机或平板电脑。
主要功能： 计算房贷月供。

要贷款先看看月供，预计一下自己的承受力。运行该软件后，选择贷款类别、计息方法、金额及其他条件后（图4.23），点击“计算”就能查看到结果（图4.24）。

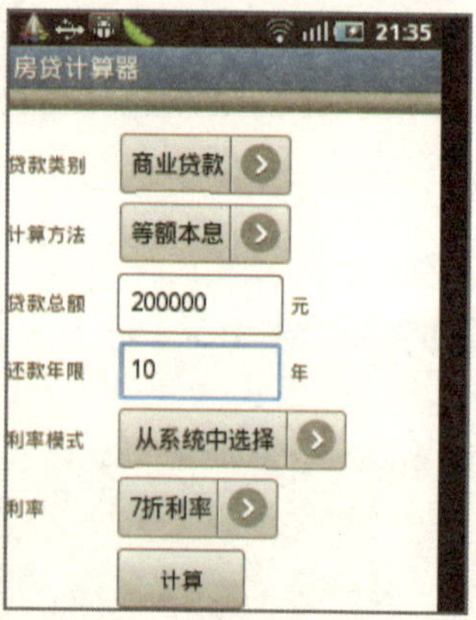

图4.23

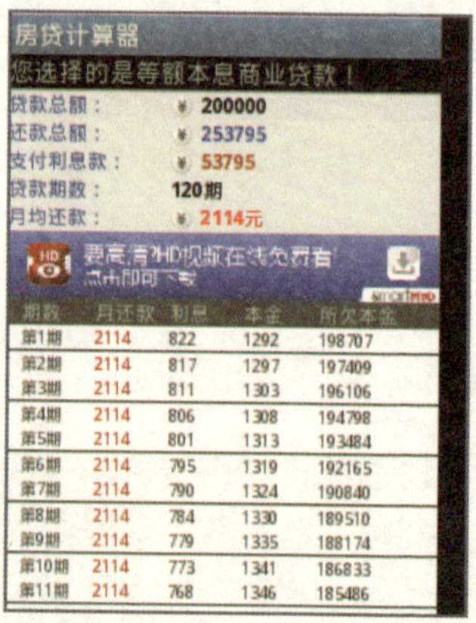

图4.24

4.4.7 方差计算

软件版本： 5.0。
操作系统要求： Android 2.1及以上的手机或平板电脑。
主要功能： 统计运算。

进行数据统计时，平均值、总和很好办，难办的是方差、标准差等。“方差计算”正是解决这一问题的，运行后，输入样本数据，每个数据之间用逗号分隔。输入完成后，点击“计算”就能得出结果（图4.25）。

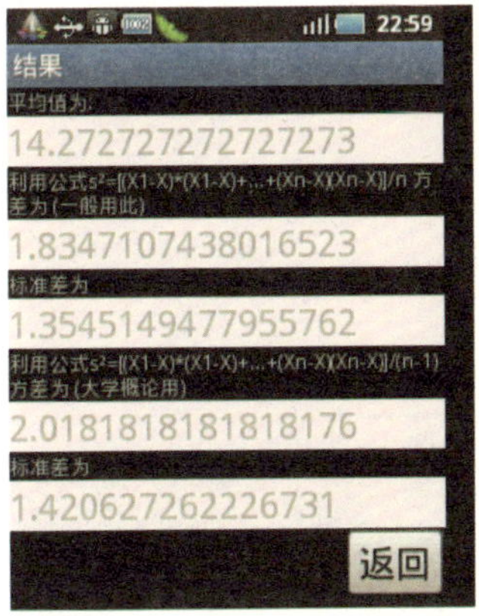

图4.25

总结 这些计算工具各有自己的功能，相信能给我们的生活带来方便。

4.5 测量工具

估计，终究不准确，得测量。本节介绍一些测量工具，想测什么就测什么。

4.5.1 噪声测量

软件版本： 0.6.5。
操作系统要求： Android 1.5及以上的手机或平板电脑。
主要功能： 测量声音的大小。

噪声测量，可测试环境噪声对我们的危害有多深。运行该软件后，只要将手机的话筒对着要测试之处，声音的分贝值即可以数字和波形图的形式同时显示出来（图4.26）。

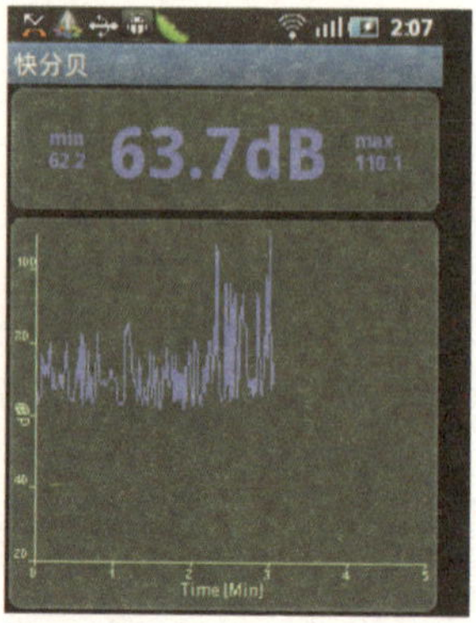

图4.26

4.5.2 心机温度计

软件版本： 1.0。
操作系统要求： Android 1.0及以上的手机或平板电脑。
主要功能： 测量温度并报警。

运行该软件后，一支模拟的温度计就显示出来了，能直接读出温度，单位是摄氏度（图4.27）。这一软件的另一作用是报警。将“OFF”后的滑向左边，此处将显示为“ON”表示报警启动。接着，点击“设置”，从弹出的界面中设定一个临界温度，例如40℃。今后，只要温度等于高于40℃，手机就会发出报警声。

图4.27

其实，这一软件更准确的是测量手机本身的温度。一般情况下，手机或平板电脑运行的程序（特别是占用资源大的程序）越多，所在的环境温度越高，手机或平板电脑就会升温。温度越高，对手机的影响就越大。为此，该软件还能在一定程度保护我们的手机或平板电脑。

4.5.3 流量检测器

软件版本： 1.1.1。
操作系统要求： Android 2.1及以上的手机或平板电脑。
主要功能： 测试流量、监测不明流量。

手机上网，究竟用了多少流量呢？可对流量进行检测。一方面，可为我们选择套餐提供参考，做到不多不少，够用就好，既省钱又不影响使用。另一方面，有的软件会偷偷连接网络，窃取隐私信息，如果发现有不明流量且安装过新软件，基本能确定该软件有嫌疑。

运行“流量检测器”，它就会对网络流量进行监测，并对其进行统计，既能统计WiFi流量，又能统计Mobile流量。总计时既能按以天为单位，也能以月为单位进行统计。总之，使用的流量一目了然（图4.28）。

图4.28

4.5.4 测量罩杯

软件版本： 1.1.1。
操作系统要求： Android 2.1及以上的手机或平板电脑。
主要功能： 估算内衣罩杯大小。

买内衣要多大罩杯，估计有的女性朋友也是凭经验办事。要是男人帮自己老婆买那就更是难上加难。“测量罩杯”正是为解决这一问题而生的。运行后，只要输入“上围”与“下围”两个数字（单位是cm），它就能马上计算出来（图4.29）。

图4.29

总结 类似的测量工具还多，网上一搜，随便找出一大把，只要你能想到的几乎都能找到。但要注意其准确性，最好先试用，如果误差小再正式使用。

第5章

男女部落

爱美之心，男女皆有之。男女隐私，也各有之。本章介绍的软件能帮助我们学会如何保养自己，如何在有限的条件下将自己打扮得更有范，更有型。

- 男人所需
- 女人爱美

5.1 男人部落

只要是男人，都会自觉不自觉地将自己放在“栋梁”位置，在家庭中上养老人下顾子女，在工作中力争精明能干。试问，谁来照顾男人自己呢？只有自己了。

5.1.1 男人补阳食疗

软件版本： 1.2。
系统要求： Android 1.5及以上的手机或平板电脑。
主要功能： 补阳食疗。

食疗，能通过饮食达到调理身体，强壮体魄的目的。更重要的是它将养生健体融入到日常生活之中，不需要专门的护理、不需要专业的医生，用量变促质变，是一种长远的养生行为。该软件包括的栏目比较多，包括冬季补肾、健康饮食、营养搭配等10多个栏目（图5.1），运行后，点击即可阅读。

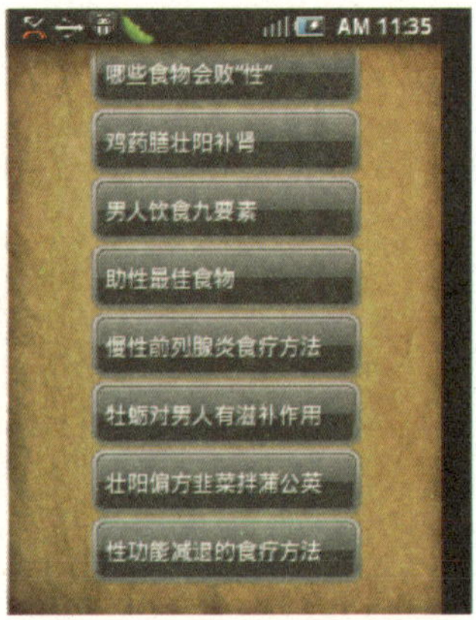

图5.1

5.1.2 宅男帝国

软件版本： 1.3。
系统要求： Android 1.6及以上的手机或平板电脑。
主要功能： 宅男必备的知识讲解。

长期呆在家里不出门称为“宅”，这样的男人自然被冠名为“宅男”了。宅在家里，又少被外人看见，有的急需要精神食粮，当然得找自己感兴趣的话题。

小软件“宅男帝国”界面有两个标签：本地和网络。在本地标签下，有写真欣赏、精选笑话、情感知识和各种相关知识（图5.2）。软件是分期更新的，在网络标签下，可看到它更新到第几期了，点击即可下载。

首次运行该软件时，它会要求我们创建一个密码，只有密码持有者才能使用，避免了不必要的麻烦。

图5.2

5.1.3　口水蛙美女秀

软件版本： 1.5。
系统要求： Android 1.6及以上的手机或平板电脑。
主要功能： 美图欣赏。

听其名就知其义，该软件就是多位明星、车模等美女的写真集（图5.3）。运行后观看写真时，手指在屏幕上左右滑过即可翻页，浏览到好的图片，只要按住它便可从弹出的快捷菜单里选择收藏或设置为桌面壁纸。

图5.3

5.1.4　系领带

软件版本： 1.1。
系统要求： Android 1.5及以上的手机或平板电脑。
主要功能： 展示领带的系法。

优秀男人离不开好领带。运行该软件后，能观察到“Simple knot”（简单结）、“Neoclassical knot”（典型结）、“Cross knot”（交叉结）等10多种领带结名称。单击其中一种就能以图片的形式分步展示它们的系法（图5.4）。要整体浏览，请点击“Play”按钮让它自动播放。如果要逐步学习，请点击“Back”或“Next”以向后或向前翻页查看。

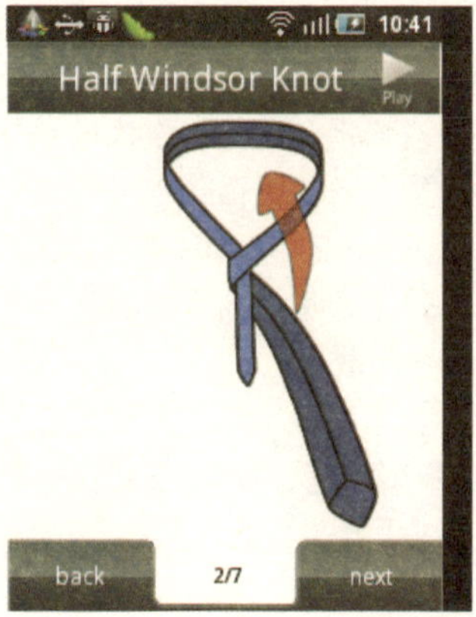

图5.4

总结 以上几款软件中的图片都美而不色，是男人就用艺术的眼光去欣赏。

5.2 女系氏族

5.2.1 女性课堂

软件版本：2.4.0。
系统要求：Android 1.6及以上的手机或平板电脑。
主要功能：介绍女性常识。

这是一个比较全面地介绍女性知识的小软件，主要包括美容、养生等（图5.5）。每一项介绍都比较简单，但都切中要害，适合尚无固定收入的学生阅读。

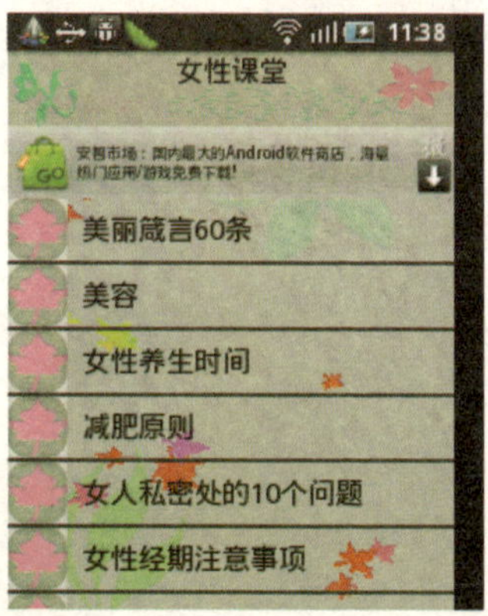

图5.5

5.2.2 美妆达人

软件版本： 1.0。
系统要求： Android 1.6及以上的手机或平板电脑。
主要功能： 讲解化妆知识。

爱美之心，人皆有之，女性尤甚，而且很多都有进美容院的习惯。其实，任何人在美容院呆的时间并不多，更多的是在工作与生活中。将美容融于生活才是真正的长久之道。“美妆达人”对保温、去痘、控油、毛孔、洁面等进行了很详细的介绍（图5.6），还对各种美容品牌进行了客观评价，让女性朋友对美容有更进一步的认识，能更加有效地用好正在使用的美容护肤产品。

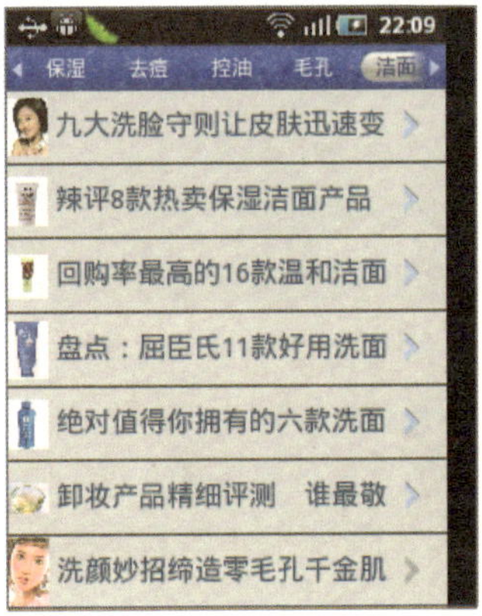

图5.6

5.2.3 黑头拜拜

软件版本： 1.0。
系统要求： Android 1.6及以上的手机或平板电脑。
主要功能： 讲解如何防止黑头。

据资深美容师讲，黑头是净白肌肤天敌。一般出现在如鼻头及周围部分，常去专业美容院对鼻子部位的皮肤和毛孔都有不小的伤害，毕竟是药三分毒。为此，除黑头重在日常护理。该软件讲的正是这一方面的知识（图5.7）。

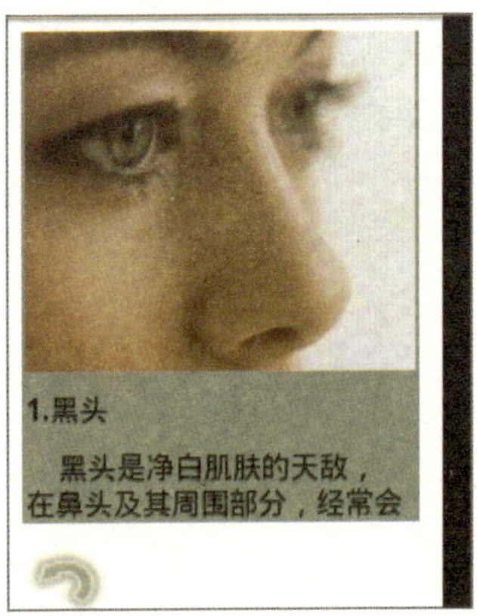

图5.7

5.2.4 护肤物语

软件版本： 2.4。

系统要求： Android 2.1及以上的手机或平板电脑。

主要功能： 讲解如何保养皮肤。

自古以来，东方女性都以白作为美的基础，只要皮肤白皙那便是美人胚子。美白并不是美容院的事，而是在日常生活中。“护肤物语”名副其实，图文并茂地讲了很多美白知识而且语言轻松活泼、读来不累（图5.8）。

图5.8

5.2.5 夏日防晒

软件版本： 1.0。

系统要求： Android 2.1及以上的手机或平板电脑。

主要功能： 讲解如果防晒。

夏天，是女性朋友展示身材、以露勾人的季节，但露就意味着晒，晒不仅是黑，而且可能灼伤肌肤。小软件“夏日防晒”系统地讲解了如何防晒，如果不小心被晒又该如何处理（图5.9）。

图5.9

5.2.6 面膜DIY

软件版本： 2.4。
系统要求： Android 2.1及以上的手机或平板电脑。
主要功能： 讲解面膜的制作方法。

图5.10

敷面膜，美容的措施之一。其独到之处在于面膜将肌肤与外界隔绝，皮肤温度高，毛孔张开大，能让皮肤细胞充分地吸收水分与药物成分。武林高手之所以高，是因为他们能以草木为兵，美容达人之所以高，当然应自己动手制作面膜。小软件“面膜DIY”正是讲解如何制作面膜的（图5.10），而且所需的原料都源自于身边的水果、蜂蜜、鸡蛋、牛奶等，非常方便。

5.2.7 清纯搭配

软件版本： 1.0。
系统要求： Android 1.6及以上的手机或平板电脑。
主要功能： 讲解如何通过服饰搭配来让自己清纯起来。

图5.11

熟女时代已悄然退场，萌、清纯才是目前的潮流。如何通过服装搭配让熟女变“萝莉”呢？运行“清纯搭配”，点击欢迎界面上的“进入”，它将以图片加文字的形式向我们介绍各种“扮嫩”的方法。（图5.11）。

5.2.8 穿衣显瘦

软件版本： 1.0。
系统要求： Android 1.6及以上的手机或平板电脑。
主要功能： 讲解如果穿衣才显瘦。

我们都知道胖人要穿竖纹上衣，而瘦子则相反。其实，这里面的学问远不止这些。还有哪些胖瘦互换技巧呢？“穿衣显瘦”与前面介绍过的“清纯搭配”都是同一系列的软件，用法基本相同，运行后点击“开始”，它就会告诉大家的。例如：如何借助太阳帽、长裙、连体裤来将自己打扮得清瘦、高挑等。

图5.12

5.2.9 服饰搭配

软件版本： 1.0。
系统要求： Android 2.1及以上的手机或平板电脑。
主要功能： 综合讲解服饰的搭配技巧。

这是一款综合地讲解服饰搭配技巧的小软件，能实现胖瘦互换、熟幼互换。运行后能在其主界面上观察到长腿芭比女孩、潮流教主、欧美显瘦搭配等共12个栏目。点击任一栏目即可阅读。该软件主要以图片的形式进行展示，让我们在看中学、观中悟，非常直观易懂（图5.13）。

图5.13

5.2.10 时尚发型

软件版本： 1.0。
系统要求： Android 2.1及以上的手机或平板电脑。
主要功能： 讲解各种发型及特点。

对普通人而言，要改变自身形象的最经济手段可能要数“顶上功夫”了。

运行该软件后，手指在屏上上下滑动可选择自己感兴趣的发型，点击即可观看到放大的图片及该种发型的特点（图5.14）。该软件推荐的发型中，有的并不需要请美发师打理，自己就能通过定型液、梳子等常用原料及工具进行加工。

图5.14

5.2.11 编织艺术

软件版本： 1.3。
系统要求： Android 1.6及以上的手机或平板电脑。
主要功能： 讲解如何系鞋带。

如果你觉得你小时候就已经会系鞋带，那就大错特错了，事无巨细，系鞋带是一门艺术。运行该软件后，它会以图片的形式向我们展示各种鞋带的系法（图5.15）。

图5.15

5.2.12 美容打扮

软件版本：1.5。
系统要求：Android 2.1及以上的手机或平板电脑。
主要功能：介绍美容知识。

这是一款综合性的软件而且随时都在更新，男女老少、美容穿衣、食物美体都有涉及。运行后，点击自己感兴趣的内容即可阅读（图5.16）。

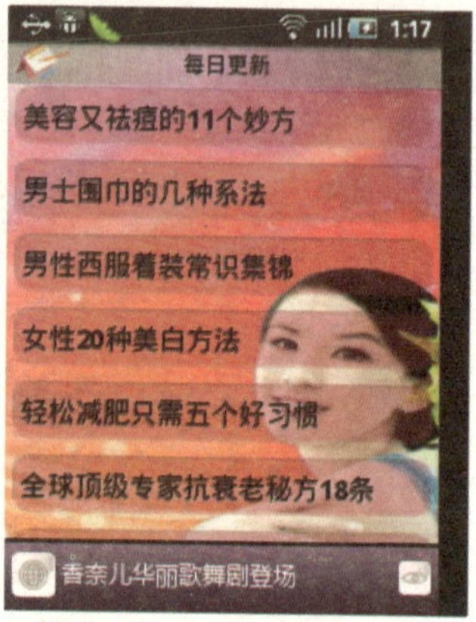

图5.16

第6章

家政理财

也许你与同事工资相差无几，但人家买车又买房而自己却不能，为什么呢？先检查一下自己会不会居家理财吧。

- 彩票圣手
- 家政理财
- 低价购物

6.1 彩票圣手

彩票，不需要专业知识，不需要大额投资，老少皆宜，更有中几百万的机会。当我们面对自认为比较好的号码而无从选择、苦苦纠结时，让手机来决定吧。

6.1.1 彩票百科

软件版本：1.3。
系统要求：Android 1.5及以上的手机或平板电脑。
主要功能：讲解彩票基本知识。

该软件的主要功能是介绍各种彩票知识，包括福利彩票（双色球、福彩3D等）、体育彩票（七星彩、排列3、排列5等）和足球彩票。本软件还介绍了其他彩票玩家的心得体会，自己也能提问或回答问题（图6.1）。

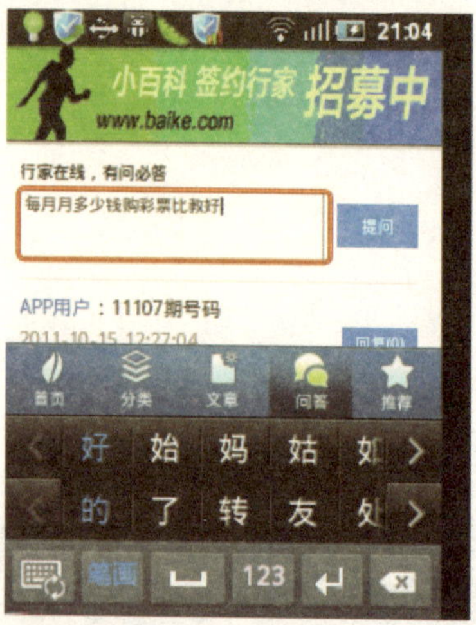

图6.1

运行后该软件后，从列表中点击任一文章即可阅读，阅读时能对字符进行放大或缩小，适合于即将进入彩民大军的朋友。

如果要提问，请点击“问答”，在“行家在线，有问必答”下输入问题，并点击“提问”即可。如果要回答他人问题，请在问题后点击“回复”，再输入文字并点击“发布”。

6.1.2 网易彩票

软件版本： 1.7。
系统要求： Android 1.6及以上的手机或平板电脑。
主要功能： 彩票投注、查询，单买、合买。

该软件是网易彩票(caipiao.163.com)官方专为手机用户推出的彩票客户端。可用于购买彩票、查看开奖信息、统计自己购买过的彩票等。

1. 购买彩票

运行后，点击“彩票大厅”，选择一种彩票例如“七星彩”。接着，可自己编辑号码或摇一下手机让程序自动产生号码。然后，选中“我同意并阅读《委托投注规则》”，再点击“提交订单”就能购买了（图6.2）——当然，前提条件是你在支付中心里还有充足的余额。

向支付中心充值的方式比较多，例如：手机充值卡、支付宝、中国工商银行等。

通过“彩票大厅”，能购买的彩票种类包括：双色球、大乐透、十一运、快乐8、3D、七乐彩、排列三、排列五等。

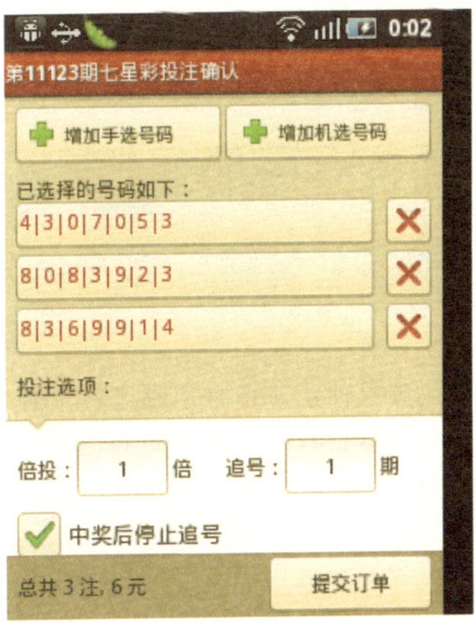

图6.2

2. 查看开奖信息

运行该软件后，点击“开奖信息”就能查看了。如果要统计自己的购买及中奖情况，请点击“我的彩票”。

6.1.3 好运双色球

软件版本：1.0。
系统要求：Android 1.5及以上的手机或平板电脑。
主要功能：生成双色球号码。

运行后点击“生成投注号”再点击“生成”即可（图6.3）。如果觉得某号码比较好，请点击“保存”，保存后的号码会自动出现在下面的列表中。对已保存过的号码，可按住它并从弹出的快捷菜单中选择“删除此投注号码”来清除。

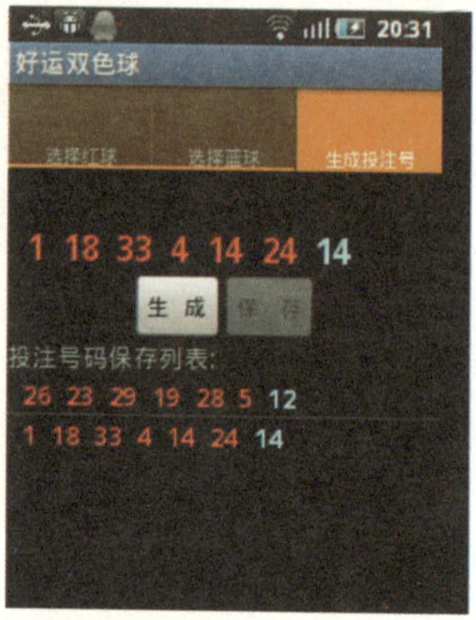

图6.3

6.1.4 万能彩票预测系统

软件版本：1.2。
系统要求：Android 1.0及以上的手机或平板电脑。
主要功能：彩票预测。

该软件能对多种彩票进行预测，包括双色球、3D、七乐彩、排列三、排列五等。下面以排列三为例进行说明。运行该软件后，在主界面上选择“排列三”，软件会自动进入排列三的管理界面（图6.4）。在此，可选中用户认为比较好的号码，再点击“保存选中”，对保存过的号码可在“历史记录”中找到它们。

图6.4

总结 要了解彩票知识，请选择“彩票百科”。要上网购买、查询，请选择“网易彩票”。要自动产生号码，可考虑“好运双色球”或“万能彩票预测系统”。其中，“网易彩票”的工作必须在网络畅通的前提下进行，其他软件都工作于离线状态。

6.2 家政理财

任何家庭，收入支出都很频繁，大至买车买房，小至油盐酱醋。大账易记小账易忘，而且很多不必要的开支都在小账中，长此以往，很多人都会纠结于钱不知用到什么地方去了。以下几款小软件能很好地管理日常账务。

6.2.1 蚂蚁记账

软件版本： 1.0.0。
系统要求： Android 1.5及以上的手机或平板电脑。
主要功能： 简单的家庭记账。

该软件使用简单，运行即可进入记账界面。首先，请点击“选择账目”后的文本输入框，选择收入或支出及其下的小项目。接着，选择记账的时间和金额，记账类型为个人还是公司（一般为个人，对公司，该软件难于胜任），再填写备注信息。最后点击“保存”即可。

要查看明细账，请按手机上的选项键，再选择“账目明细”即可，默认地只有本月的明细账才能显示出来（图6.5），要查看其他月份，请按手机上的选项键再选择其他月份。

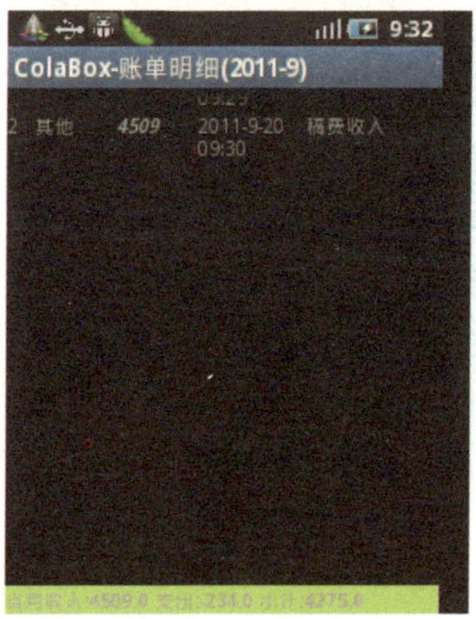

图6.5

在明细账界面底部，有当月的总收入、总支出统计和小计。美中不足在于该栏的字体颜色与背景色对比度太低，不容易看清楚。

6.2.2 挖财记账

软件版本： 3.0.0。
系统要求： Android 2.1及以上的手机或平板电脑。
主要功能： 家庭记账并分享。

一款好的账务管理软件应具备以下功能：除收支两条线、统计和导出到Excel表格等功能外。还必须有固定的科目，例如：工资、奖金、教育投入等。由于科目无法囊括任何人的实际情况，还必须支持自定义科目功能。科目不能太多，也不能由用户随便输入，否则可能因用户的输入不一致而不便于统计。针对同一科目下又会包括其他明细这一情况，例如奖金又分为年终奖、全勤奖、安全奖等，可用备注或说明来表示。

以上这些功能，“挖财记账”都已具备。

1. 记账

运行该软件后，点击“记账”，接着选择收入或支出，输入金额、记账时间等。在此，可选择类别即日常会计事务中的科目，如果预设的中没有我们所需，请点击“类别管理→新增”即可自定义适合于自己的类别，类别一旦创建成功，今后就能直接选取了。

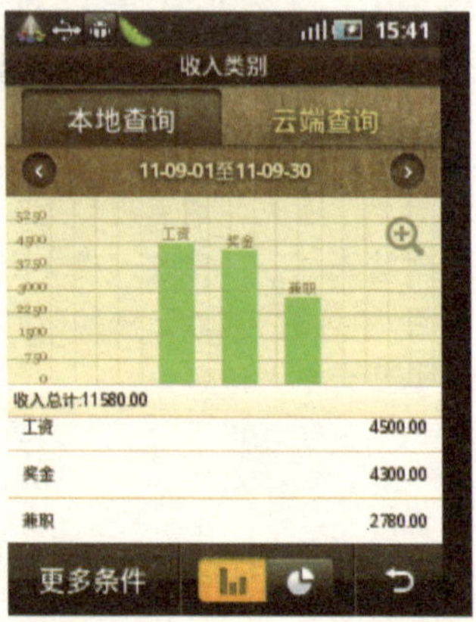

图6.6

2. 查看

运行该软件后，点击“报表”即可查看，查看的方式很多，包括收入、支出、汇总、按科目查询等。本例，我们点击了“收入类别”，可查看到统计图和具体的数据（图6.6）。在此，点击“奖金”这一类别，还可观察到关于奖金的具体说明（图6.7）。

另外，这一软件还可将所记账目备份到软件开发公司的服务器上。一方面，可在手机维护前将数据上传到云端以备今后下载使用。另一方面，还可让多台手机同时使用同一账号实现数据的多人共享或同步。

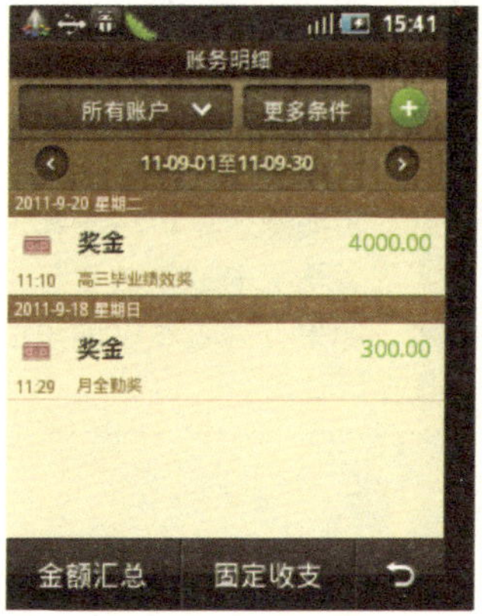

图6.7

6.2.3 超级理财

软件版本： 1.1。
系统要求： Android 1.5及以上的手机或平板电脑。
主要功能： 短信记账。

在记账、管理、查询上，这一软件与前面介绍过的“挖财记账”不相上下，但“超级理财”却能自动对手机接收的短信内容进行检测，如果发现有数字出现，则将数字提取出来并提醒我们记账。

收到包含数字的短信后，手机的任务栏会出现提示图标，按住任务栏向下滑动，能观察到“短信记账”的通知（图6.8），点击它再按提示操作就能记到收入或支出账里了（图6.9）。

图6.8

总结 这三款软件各具特色，“蚂蚁记账”简单实用，适合于简易记账。“挖财记账”和“超级理财”功能强大，适用于复杂记账，如果要实现多手机的数据共享与同步，请考虑前者，如果办理过银行的短信通知服务，请选择后者。

图6.9

6.3 汽车保险

有车一族越来越多了，玩这玩意没保险那可不行。手机，同样能协助我们对保险进行管理。

6.3.1 汽车保险

软件版本： 1.2。
系统要求： Android 1.6及以上的手机或平板电脑。
主要功能： 介绍各种汽车保险知识。

该软件是百科软件系列之一，主要介绍了汽车保险常识（图6.10），对刚买了汽车但尚未办理保险业务的朋友非常有用。运行该软件后，点击“分类”即可找出自己感兴趣的话题来阅读。

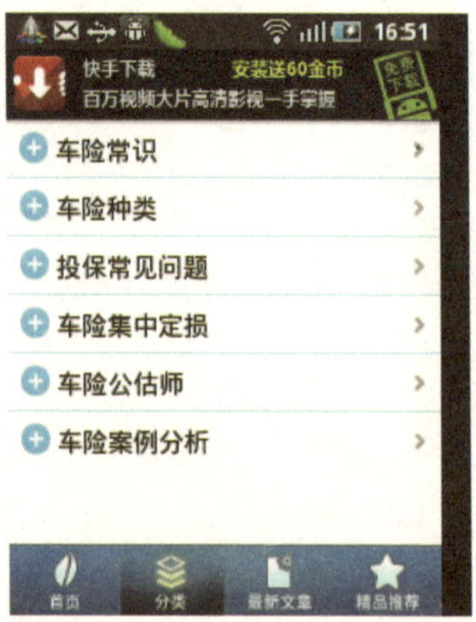

图6.10

6.3.2　安邦自助宝典

软件版本： 1.1.1。
系统要求： Android 2.0及以上的手机或平板电脑。
主要功能： 出事后快速报险。

出车险后，第一要事是报险，再办理赔偿业务。只要在手机上运行“安邦自助宝典”，它就能帮我们搞定一切。

1. 报案

出险后，第一要务是报案。运行该软件后，点击“我撞车了我要报案”，再按提示拨打电话并用自助通道创建出险事件即可（图6.11）。在这一过程中，可拍照、上传图片以提供佐证。

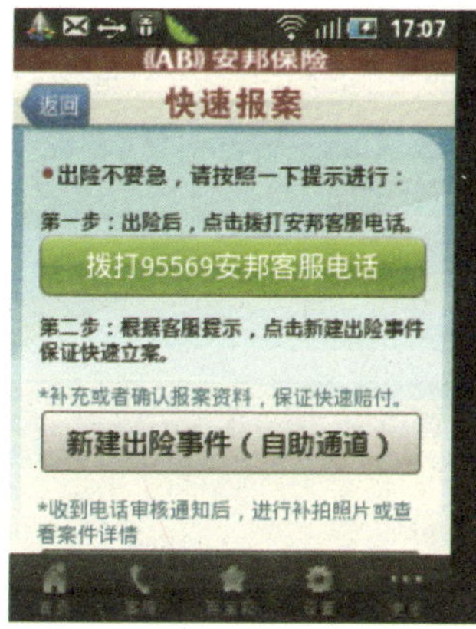

图6.11

2. 其他功能

运行该软件后点击“安邦保险服务区”，可对与保险相关的多种服务进行查询或办理（图6.12）。

图6.12

总结 “汽车保险”适用于尚未办理保险服务的朋友学习相关知识。而“安邦自助宝典”适用于已办理该险种的朋友在出险时报险。

6.4 掌上网购

用手机进行网上购物，能随时下单、随时了解发货情况，比电脑方便多了。

6.4.1 淘宝

软件版本：2.4.2。
系统要求：Android 1.6及以上的手机或平板电脑。
主要功能：在手机或平板电脑上完成淘宝购物。

淘宝购物，一般在电脑上进行。随着智能手机的兴起，淘宝推出了手机客户端，通过这一小软件，购物也可在手机或平板电脑上完成。借用手机自带摄像头这一特色，淘宝购物也能玩出新体验。

1. 条形码购物

运行该软件后，点击“条形码”。接着，将手机的摄像头对准已购过的商品的条形码（图6.13），如果淘宝网上有该商品就能立即被搜索出来。

这一方式充分利用了手机的摄像头和被称为商品身份证的条形码，既方便又能在一定程度上保证商品的货真价实。如果搜索出来的商品在外观上与自己已经有的货物有差距，那就最好别买。

图6.13

在实际应用中，已有商品外包装上的条形码可能因破损或手机的摄像头质量太差而无法识别。也可直接以条形码下面的数字为关键词来搜索。

2. 安全键盘

在手机淘宝上，输入账户密码使用的是安全键盘（图6.14），安全性更高。

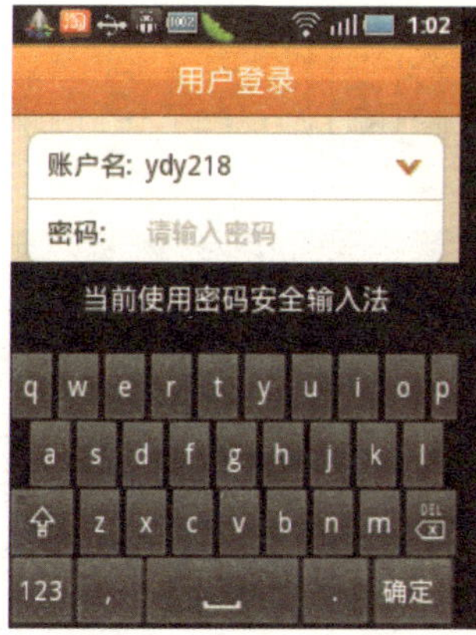

图6.14

6.4.2 京东商城

软件版本： 1.0.7。
系统要求： Android 2.1及以上的手机或平板电脑。
主要功能： 在手机或平板电脑上完成京东购物。

淘宝网虽然已深入人心，但那都是个人对个人的交易，要找满意的商品有时只能靠运气。京东商城是公司对个人出售商品，利用京东网站购物，相当于实体店的对个人开放的另一窗口——网站。而手机版京东商城仅是将人们的购物平台由电脑转移到了手机而已。

通过手机版京东商城购物时，搜索、下单等操作都与淘宝差不多，也支持条形码扫描（图6.15）。手机版京东商城无类似阿里旺旺工具的支持，在交流功能上没有淘宝好。

图6.15

6.4.3 掌上1号店

软件版本：1.0.30。
系统要求：Android 1.5及以上的手机或平板电脑。
主要功能：在手机或平板电脑上完成1号店购物。

1号店是我国知名的综合性网上购物中心之一，其经营模式也为公司对个人销售。“掌上1号店”的作用就是通过手机或平板电脑登录购物中心再对商品进行搜索或购买，使用方法与淘宝购物类似（图6.16）。

图6.16

总结 就软件本身来看，三者的功能类似。从经营模式上看，淘宝是个人对个人交易，而另两家则是公司对个人。

6.5 网上单购

在实体店购物，我们都喜欢专卖店。例如找西装当然得雅戈尔、罗蒙等，买电脑那就找联想、华硕，而不是进杂货店。网购，作为新兴的购物方式也应该如此。

6.5.1 凡客诚品

软件版本：1.6.1。
系统要求：Android 1.6及以上的手机或平板电脑。
主要功能：到凡客诚品购物。

凡客诚品，以服装为主，性价比较高。要进行凡客购物，一般通过电脑联网进行。本软件则是凡客的手机客户端，运行后，可通过分类浏览或搜索等方式来查找自己需要的商品。对找到的商品，请先点击“加入购物车”。选择完成后请点击“去购物车”即可结算（图6.17）。在支付方式上包括货到付款、在线支付等。

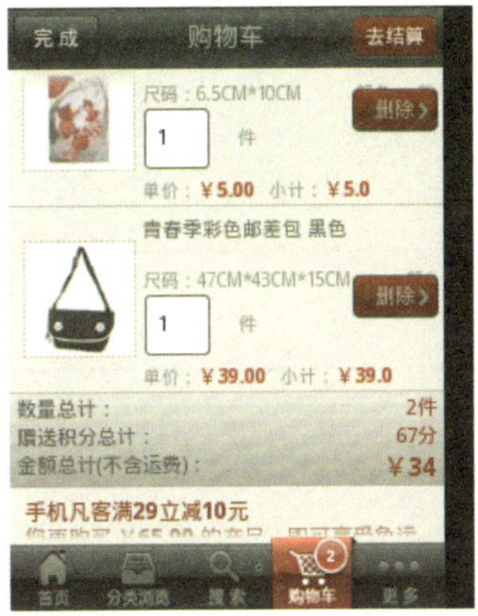

图6.17

6.5.2 李宁商城

软件版本： 1.1。
系统要求： Android 1.5及以上的手机或平板电脑。
主要功能： 网购李宁牌运行服饰、器材。

不用介绍也知，这里以运动物件为主，主要包括运行服装、运动鞋及球类器材（图6.18）。该软件在用法上与同类软件类似，无外就搜索、谈价、下单、付款等几步。

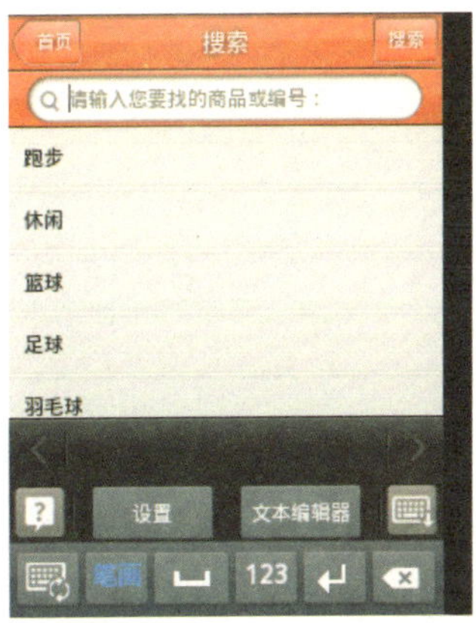

图6.18

总结 这两款软件都有专卖性质，比淘宝、1号店等网购类软件有更明确的指向性，适合于对某品牌情有独钟的朋友。这类专卖性质的手机软件还多，请自己到网上搜索。

读书笔记

第7章

育儿教育

对于儿女教育，我们都寄予了很大希望，方法对路才能事半功倍。

- 胎教幼教
- 亲子互动

7.1 育儿宝典

谁都希望自己的宝宝能健康成长，那么，身为父母应该做些什么呢？

7.1.1 胎教音乐集

软件版本： 1.5。
操作系统要求： Android 1.6以上的手机或平板电脑。
主要功能： 播放胎教音乐。

听胎教音乐，既能促进宝宝的发育，又能愉悦妈妈的心情。软件“胎教音乐集”免费提供了5首经典的胎教音乐（图7.1），点击即可播放。但要注意的是，手机有一定的辐射，建议不要长时间连续听。好在该软件提供了定时功能——点击界面左上角的时钟图标再进行设置即可（图7.2）。

图7.1

图7.2

7.1.2 育婴指南

软件版本：2.0。

操作系统要求：Android 1.0以上的平板电脑或手机。

主要功能：介绍育婴知识。

图7.3

任何父母都希望自己的宝宝能健康成长，但却苦于无这方面的专业知识，“育婴指南”能在一定程度上缓解这一问题，其上涉及到的知识分为“成长篇”、“识字篇”、“故事篇”等（图7.3），方便了我们的查看。

在“识字篇”中有很多图片，能帮助宝宝看图识字，建议用平板电脑观看。

7.1.3 幼儿教育

软件版本：1.3。

操作系统要求：Android 1.5以上的平板电脑或手机。

主要功能：介绍与幼儿相关的小知识。

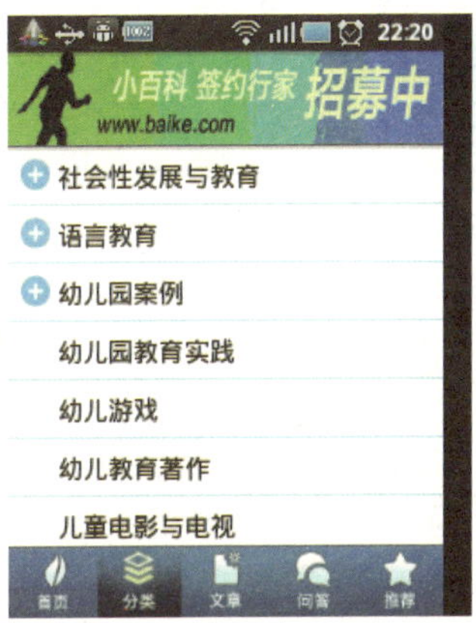

图7.4

经过婴儿阶段后，宝宝将进入幼儿时期。在这一时期，宝宝的智力开始明显提升、各种习惯也慢慢地形成。“幼儿教育”能从多方面为我们提供帮助。运行该软件后，点击自己感兴趣的话题即可慢慢阅读（图7.4）。

7.1.4 育儿问答

软件版本：1.5。
操作系统要求：Android 1.6以上的手机或平板电脑。
主要功能：学习、分享育儿方法。

在培育宝宝的过程中，难免会遇到各种疑难问题。在“育儿问答”里，我们既可浏览别人遇到的问题或答案（图7.5），又能免费注册一个账号提出问题让其他人回答。

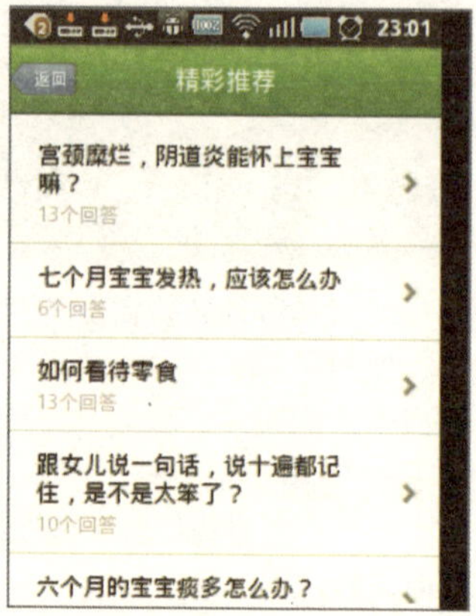

图7.5

7.1.5 IQ测试专家

软件版本：1.7.1。
操作系统要求：Android 1.6以上的手机或平板电脑。
主要功能：测试宝宝的智商。

谁都想知道自己宝宝的智商如何，那就用“IQ测试专家”测一下吧。运行该软件后做完39道题（图7.6），它会给出成绩的。

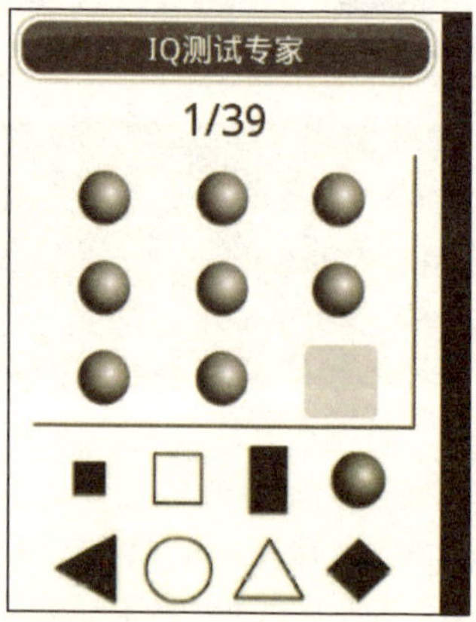

图7.6

总结 这些软件都对宝宝教育有帮助，适合准爸准妈使用。在使用的过程中请注意年龄段的选择，切忌拔苗助长。

7.2 亲子互动

父母是孩子的第一任老师，家长的一举一动都将对孩子产生深远的影响。如何与孩子互动、交流呢？心理学研究表明，与孩子一起玩游戏、讲故事是最好的方法之一。

7.2.1 童谣儿歌

软件版本： 1.3。
操作系统要求： Android 1.6以上的平板电脑或手机。
主要功能： 播放儿歌。

运行该软件后，它会列出儿歌曲目（图7.7），点击即可下载，完成后就能图曲并茂地播放了（图7.8）。

图7.7

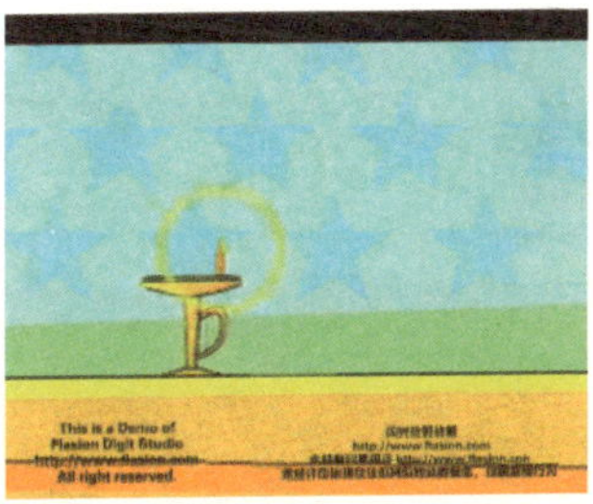

图7.8

7.2.2 宝宝睡前故事（有声版）

软件版本： 1.0。
操作系统要求： Android 1.6以上的手机或平板电脑。
主要功能： 播放儿童故事。

睡前给宝宝讲讲故事，可如果普通话不标准或担心自己感情不够丰富，那就用“宝宝睡前故事（有声版）”吧。该软件收集了很多有声故事（图7.9），美中不足在于每个故事集都需要激活，好在不需要人民币。只要点击“更多”，再从弹出的界面中免费下载并安装它推荐的软件即可获得积分，下载1～2个软件就能激活一个故事集。对于已激活的故事集，点击“进入”即可欣赏（图7.10）。

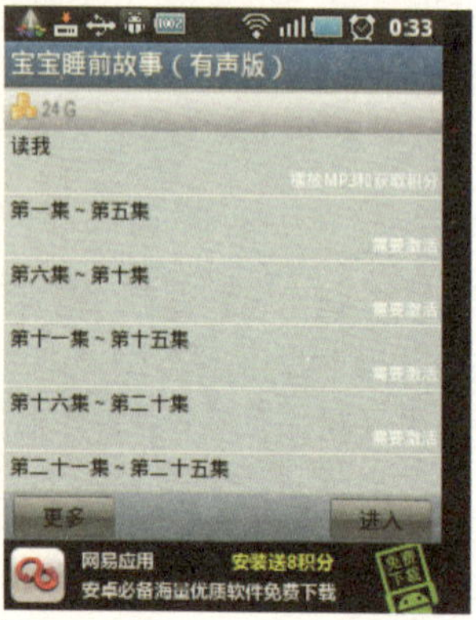

图7.9

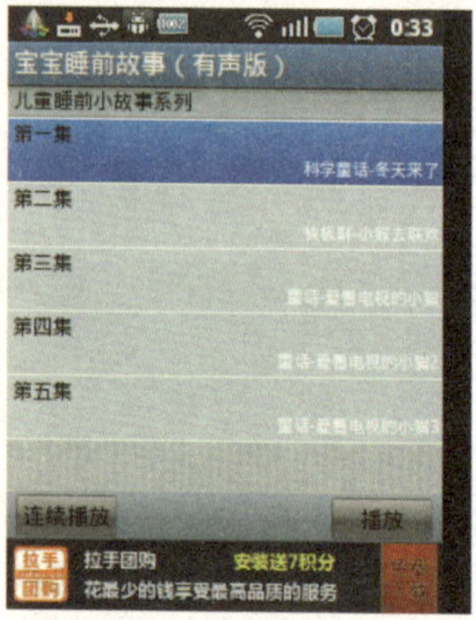

图7.10

7.2.3 童话精选

软件版本：1.2。

操作系统要求：Android 1.5以上的手机或平板电脑。

主要功能：阅读童话故事。

该软件操作简单，运行后点击故事标题即可进入阅读，只是字符偏小且无法放大（图7.11），建议阅读一小段时间后休息一会儿。

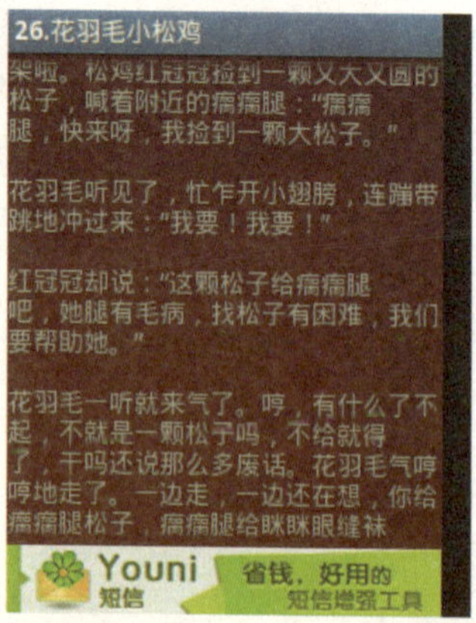

图7.11

7.2.4 快乐诗词

软件版本：2.0。
操作系统要求：Android 1.6以上的手机或平板电脑。
主要功能：诗词学习。

该软件生动有趣，适合于儿童学习。它有朗读、跟读、问答等模式（图7.12）。选择其中一项即可进入欣赏（图7.13）、学习、思考快乐书娃娃（软件中的虚拟小孩）提出的问题。

图7.12

图7.13

7.2.5 幼儿拼图

软件版本：6.0。
操作系统要求：Android 1.6以上的平板电脑或手机。
主要功能：拼图小游戏。

心理学研究表明，幼儿拼图识物不仅可以锻炼孩子的观察力、耐性、记忆力，而且还可以了解更多的事物。如果将宝宝们最熟知的喜羊羊与灰太狼形象设计为拼图游戏一定会让他们爱不释手。

运行“幼儿拼图”后，点击“下一张”可切换图片，包括灰太狼、多只小羊形象（图7.14）。点击“打散”图片会自动分成多个小块（图7.15）。按住打散后的图块并拖动到正确的位置……最后即可将图块拼接成完整的图片。

图7.14

图7.15

7.2.6 少儿拼图

软件版本： 1.0。
操作系统要求： Android 1.5以上的平板电脑或手机。
主要功能： 拼图游戏。

运行该游戏后，点击首界面上的“图片”选择更多的图片，包括身着各种职业装卡通图片。接着，点击其中一张，图片会被分解为多个图块。然后就等着大家将图块拼接成完整图片了，完成后它会记录你拼图所花的时间（图7.16）。与上一款拼图游戏不同的是，这款游戏是通过交换图块的方式来移动图块的，即先点击一个图块再点击另一相邻的图块，它们之间位置即可相互交换。

另外，这款拼图游戏能用自己喜好的图片来拼图：运行游戏后，点击首界面右下角的设置（两个小齿轮）按钮，再点击“添加美图”就行了（图7.17）。

图7.16

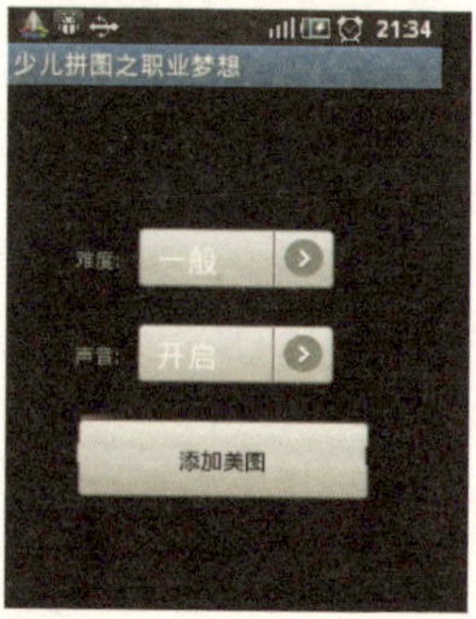

图7.17

7.2.7 儿童手指绘画

软件版本： 1.41。
操作系统要求： Android 1.5以上的平板电脑或手机。
主要功能： 趣味绘画。

该软件功能比较强，我们将以绘制一个五环（图7.18）为例来说明，该实例几乎能展示出软件的所有工具及功能。

软件的工具栏位于上部。点击第三个按钮，选择其下的工具为圆（图7.19）。

图7.18

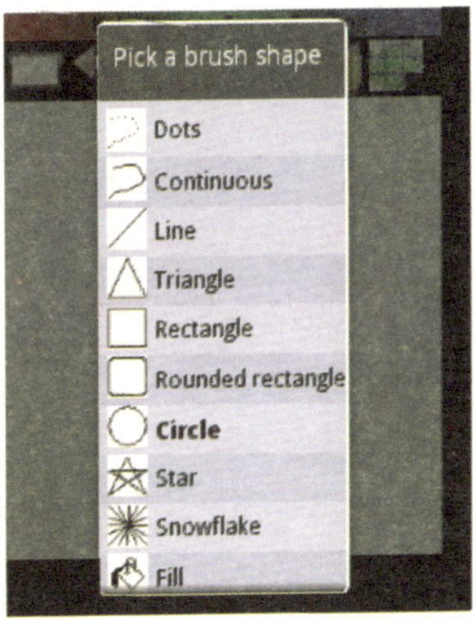

图7.19

接着，点击第四个按钮，在其下按住滑块拖动，将“Brush/Shape Thickness”即笔迹的精细设置为7，将“Shape Size”即圆的大小设置为103（图7.20）。

然后，点击第五个按钮，选择其下的颜色为蓝色（图7.21）。最后，在绘画区中点击一下即可绘制出第一个圆（图7.21）。同时，类似地在不同位置画出其他四个圆即可。

这一绘画工具的最大特色在于能设置渐变颜色，点击第六个按钮就行了。另外，点击第一个按钮，可保存、打开图形或者打开软件自带的苹果、鱼等图案进行填色处理。点击第七个工具按钮，可将画好的图形分解成小块再进行拼图游戏。

图7.20

图7.21

7.2.8 儿童照片相框

软件版本： 1.0。
操作系统要求： Android 1.5以上的平板电脑或手机。
主要功能： 相框制作。

正如其名，该软件能为照片制作出精美的相框，能对导入的照片进行大小、位置等的调节——很多运行于PC的同类工具也就这些功能了。除此之外，“儿童照片相框”还能对照片进行变焦、旋转、饱和度、亮度、对比度、色调、阴影等操作。下面用实例来说明它的用法。

运行该软件，在首界面上点击“Get Picture”打开一张照片。接着，选择一个相框模板（图7.22），默认情况下，软件将处于变焦状态，此时，可对照片进行大小、位置的调节（图7.23）。

图7.22

图7.23

然后，按手机上的选项键，点击“Effects”，就能选择要对照片进行什么处理了（图7.24），例如Rotate（旋转）、Saturation（饱和度）等。最后，点击编辑界面上的√按钮即可保存。保存后，还能通过底部的工具栏将加框后的图片设置为桌面、以邮件方式分享给亲友等（图7.25）。

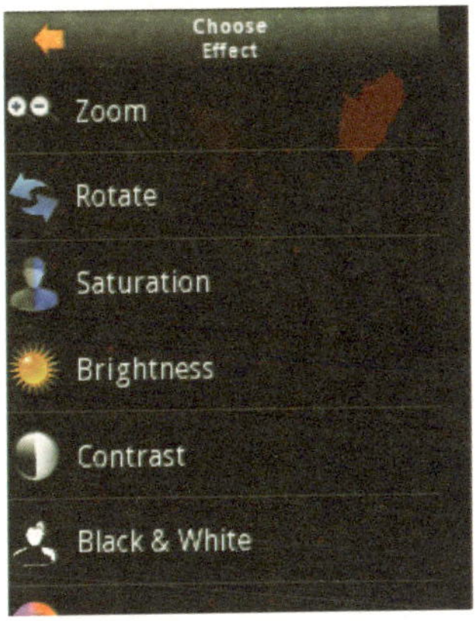

图7.24

图7.25

7.2.9 看图识动物

软件版本： 1.0。
操作系统要求： Android 1.5以上的平板电脑或手机。
主要功能： 认识动物。

该软件操作简单，但对需要识字的儿童而言相当有用。运行后能同步呈现出来的有图片、汉字及拼音、动物叫声等（图7.26）。

图7.26

7.2.10 拖拖乐

软件版本： 1.0。
操作系统要求： Android 1.6以上的平板电脑或手机。
主要功能： 认识颜色、形状。

对早期儿童而言，这款小游戏非常有用，能有效地促进儿童对颜色、形状的认知（图7.27、图7.28），启发儿童的想象力和创造力。游戏的玩法也很简单，将上方的图片拖到下面对应位置，只要全部正确即可过关。

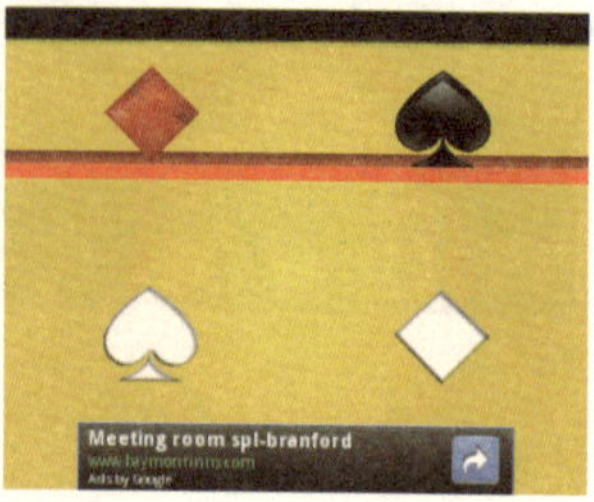

图7.27

图7.28

7.2.11 乐幼儿识字卡

软件版本： 1.1.383。
操作系统要求： Android 1.6以上的平板电脑或手机。
主要功能： 围棋及识字卡。

该软件有两大功能，围棋和识字（图7.29）。点击“围棋”可玩一玩围棋游戏。点击“乐幼儿识字卡”可展示出汉字让宝宝认一认（图7.29）。在识字状态下，软件不提供汉字拼音，可以考一考宝宝是否认识这些汉字。

图7.29

7.2.12 宝贝手影

软件版本： 1.0。
操作系统要求： Android 1.5以上的平板电脑或手机。
主要功能： 认识动物。

玩手影，老少皆宜，只要在灯光下调整好手的造型，墙上就会出现各种动物形状。既然老少皆宜，那就陪着宝宝玩以加深亲子联系吧。另外，该软件还提供了对应动物的谜语（图7.30），非常有趣。

玩时一定要注意灯光对宝宝眼睛的刺激。

图7.30

7.2.13 儿童字母发音学习

软件版本： 1.1。
操作系统要求： Android 1.0以上的平板电脑或手机。
主要功能： 字母练习。

围绕儿童的英语字母发音练习，该软件提供了及时雨式的功能，即听唱字母歌（图7.31）和单个字母发音（图7.32），还可观察到字母的标准写法，例如运笔方向、笔划顺序等。

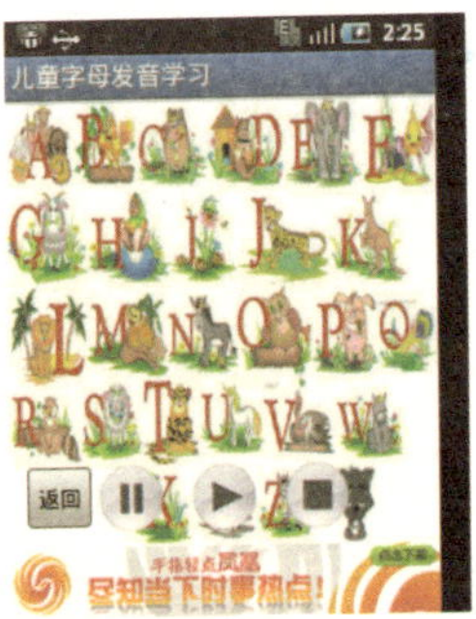

图7.31

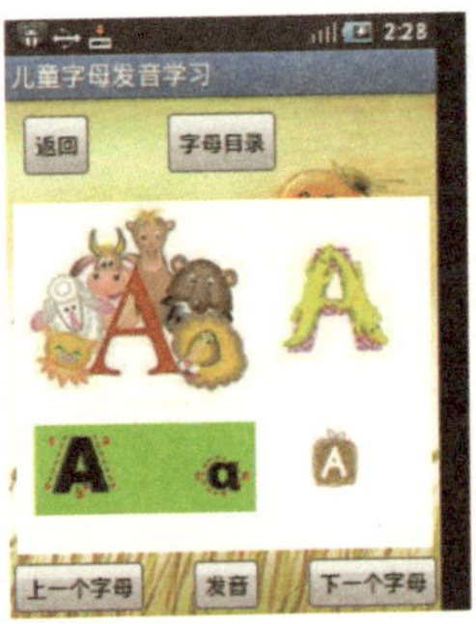

图7.32

7.2.14 幼儿算数学习

软件版本： 1.0

操作系统要求： Android 1.0以上的平板电脑或手机。

主要功能： 加减法基本训练。

上幼儿园前后，父母教过我们做加减法。今天，我们又要如法炮制地教自己的小宝宝了。这款软件既能进行加法练习（图7.33）又能进行减法练习，答对后还有语言鼓励（图7.34）。

图7.33

图7.34

总结 这些软件都注重亲子互动。但要注意的是，手机不能代替父母——任何事物都无法替代，亲子交流贵在真实，而不是科技手段。

第8章

美食健康

对任何人而言，身体才是革命的本钱。与其明天花钱买健康，还不如今天保健康。

- 运行保健
- 饮食保健
- 饮酒品茶
- 有病先防

8.1 强身健体

生命在于运动，运行在于科学。

8.1.1 瑜伽宝典

软件版本： 1.0。

操作系统要求： Android 1.0及以上的手机或平板电脑。

主要功能： 介绍瑜伽知识，瑜伽练习。

运行“瑜伽宝典”后点击“瑜伽课堂”，再选择你感兴趣的内容，例如：办公室减压瑜伽、孕妇瑜伽、基本体式等，就能阅读到图文并茂的教程（图8.1）。

要了解瑜伽的基本知识，请先运行“瑜伽宝典”，接着点击“走进瑜伽”，可阅读与瑜伽相关的知识，包括瑜伽的发展、瑜伽病的流行（图8.2）、瑜伽与身体能量等。

图8.1

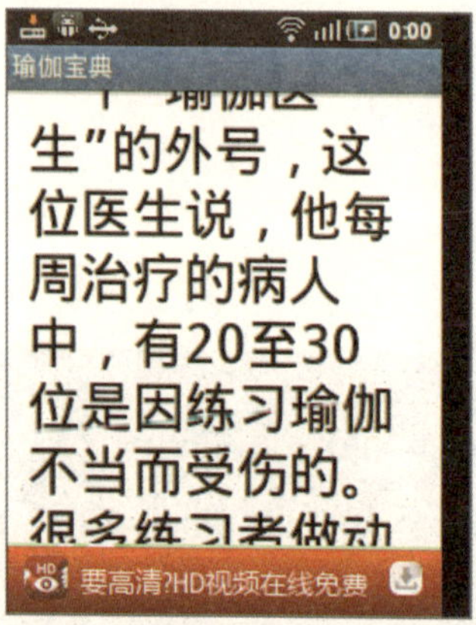

图8.2

8.1.2 年轻十岁

软件版本：1.0。
操作系统要求：Android 1.6及以上的手机或平板电脑。
主要功能：让我们都处于年轻态。

年轻是金钱换不来的资本，时间不可能倒流。软件“年轻十岁”将告诉男人们年轻十岁的10大秘诀。运行该软件后，点击“开始”就能看到了（图8.3）。

图8.3

8.1.3 游泳教练

软件版本：2.9.1。
操作系统要求：Android 1.6及以上的手机或平板电脑。
主要功能：介绍游戏基本知识。

学会游泳，既能健身，又能救生。其实学会游泳也不难，例如蛙泳，只要掌握了动作要领就绝对不会沉水而且能前进。“游泳教练”将用动画的形式演示蛙泳、自由泳、仰泳、蝶泳（图8.4）等基本姿势。

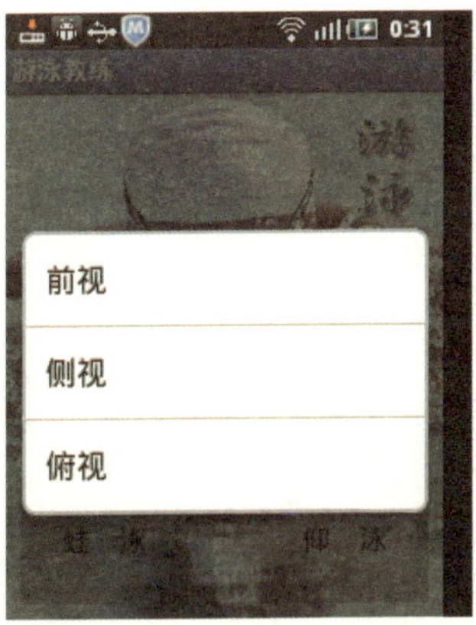

图8.4

该软件还能选择前视、侧视、俯视等视角（图8.5），对我们进行全方位的演示。

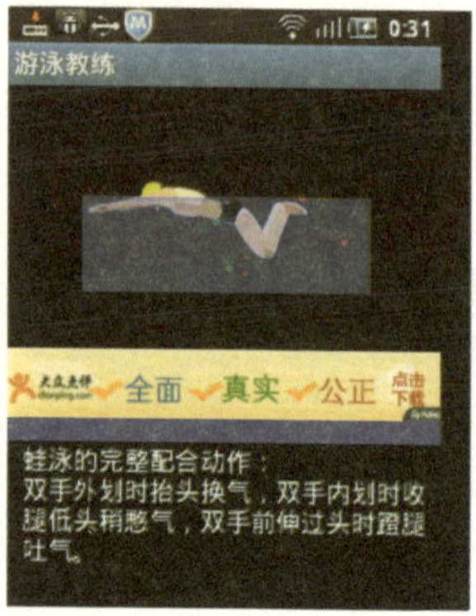

图8.5

8.1.4 随身按摩

软件版本： 1.0。

操作系统要求： Android 2.1及以上的手机或平板电脑。

主要功能： 将手机变身按摩器。

原理上讲，手机变身按摩器很简单，将其调成震动就行了，哪里有痛就按哪里。不过，如果没有软件支持，你就只能在别人打电话时或试铃声时享受。有了“随身按摩”，只要点击“按摩开始”即可（图8.6），而且还能选择按摩的模式，例如强弱、时间等。

图8.6

8.1.5 催眠音乐

软件版本： 1.0.0

操作系统要求： Android 2.1及以上的手机或平板电脑。

主要功能： 播放催眠音乐。

现代人压力大，失眠是常有的事。“催眠音乐”能定时播放我们喜欢的音乐，伴着我们入眠。

运行“催眠音乐”后，按手机上的选项键，选择“添加音乐”，将自己喜爱的音乐添加进来。接着，选择“播放模式”为“单曲循环”或“全部循环”。然后，返回“催眠音乐”的主界面，通过时间滑块选择播放的总时间。一切设置好后，点击“Start”就能播放了（图8.7），到达设定的总时间后能自动停止。

图8.7

要注意的是手机对人体有辐射，建议将手机调节为飞行模式以缓解影响。

总结 在这几款软件中，“瑜伽宝典”适合于女性朋友，而“年轻十岁”则专为男性而设。其余的软件，男女通用。

8.2 美食健康

民以食为天，温饱思吃好。在此，我们收集了通用的食谱也有单食的做法。

8.2.1 美食王菜谱

软件版本： 3.0.1
操作系统要求： Android 1.6及以上的手机或平板电脑。
主要功能： 全能菜谱。

该软件汇集了川菜、湘菜、鲁菜、粤菜、沪菜、浙菜、苏菜、闽菜八种菜系的菜肴（图8.8）。选择一种菜系后再选择菜名，软件就能图文并茂的展现它的烹饪过程（图8.9）。

图8.8

图8.9

8.2.2 泡面三十六种吃法

软件版本： 1.0

操作系统要求： Android 1.5及以上的手机或平板电脑。

主要功能： 展示方便面的多种吃法。

图8.10

泡面也称方便面，最常见的是用开水泡来吃，也有人放锅里煮并顺便加些小菜。哪知高手都在民间，居然有人研究出了三十六种吃法，不但能泡、能煮，还能凉拌（图8.10）。对长期吃方便面度日的朋友而言，换换花样一定能让你吃得更好。邀亲朋聚会时，上一道别出心裁的方便面，点缀一下餐桌也未尚不可。

8.2.3 不能生吃的蔬菜

软件版本： 1.0

操作系统要求： Android 1.5及以上的手机或平板电脑。

主要功能： 介绍不能生吃的蔬菜。

大家都知道西红柿、胡萝卜等能生吃，其实，不是所有的蔬菜都能生吃，有些蔬菜生吃会浪费营养，有些不容易消化，还有的生吃会导致食物中毒。软件“不能生吃的蔬菜”将会比较全面地告诉我们哪些不能生吃（图8.11），吃后有什么不良反应和及时应对的方法。

图8.11

8.2.4 药粥大全

软件版本：1.2
操作系统要求：Android 2.1及以上的手机或平板电脑。
主要功能：介绍药粥的做法及效果。

药粥，一般以谷类为主，配合水果、蔬菜、鱼肉蛋奶、药物等熬制而成，长期食用能强身延年、防治疾病。

“药粥大全”共分200章（图8.12），每一章下包括几十种粥名，点击即可观看到具体的原料、熬制方法、食用方法及疗效等（图8.13）。

图8.12

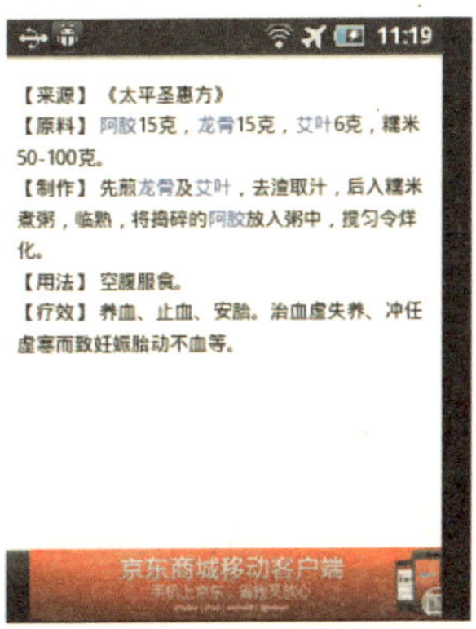

图8.13

8.2.5 食物相克大全

软件版本：1.2
操作系统要求：Android 2.1及以上的手机或平板电脑。
主要功能：介绍相克的食物。

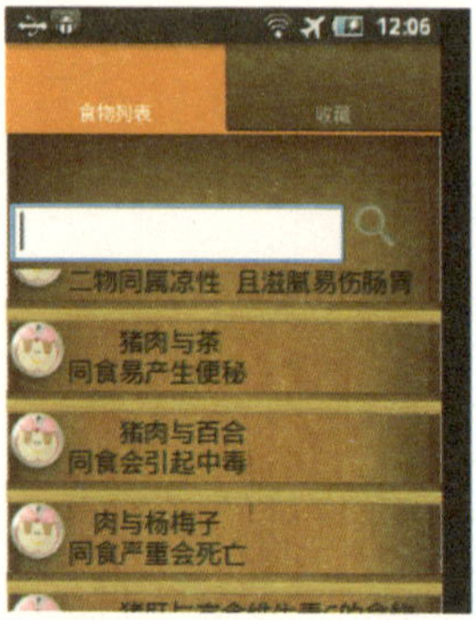

图8.14

在我国东汉时代的大医学家张仲景的《金匮要略》一书中，提到有48对食物不能放在一起吃，如螃蟹与柿子、葱与蜂蜜、甲鱼与苋菜等。现代，医学工作者对食物成份的生化性质、配对等进行了研究和临床试验，提出了更加科学有效的相克理论。对我等普通食客，只要知道哪些不能和在一块吃就行了。“食物相克大全”收集了很多不能和在一块吃的食物（图8.14）。

为方便查找，软件还设计了搜索功能，只要输入某种食物名就能查看到该食物不能与哪些混合食用。对自己感兴趣的食物，还可按住显示出来的条目，从弹出的快捷菜单中选择收藏（图8.15）。今后，只要点击“收藏”即可查看。

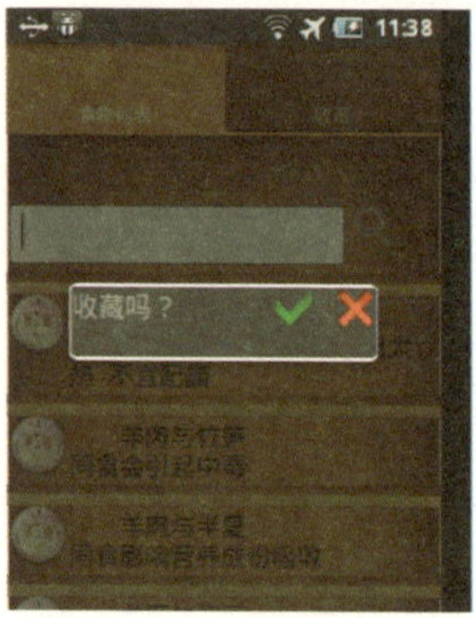

图8.15

8.2.6 美味面食烹饪

软件版本：1.2
操作系统要求：Android 2.1及以上的手机或平板电脑。
主要功能：简介面食烹饪法。

在我国，北方以面食为主而南方则以米饭为主。北方人做出的面食千变万化、种类繁多，而南方朋友对此就没那么研究了。软件“美味面食烹饪”收集了很多面食的做法，运行后点击“分类”即可查看到中式面点、西式面点、酥饼面条等分类（图8.16）。进一步点击即可查看到具体的做法（图8.17）。

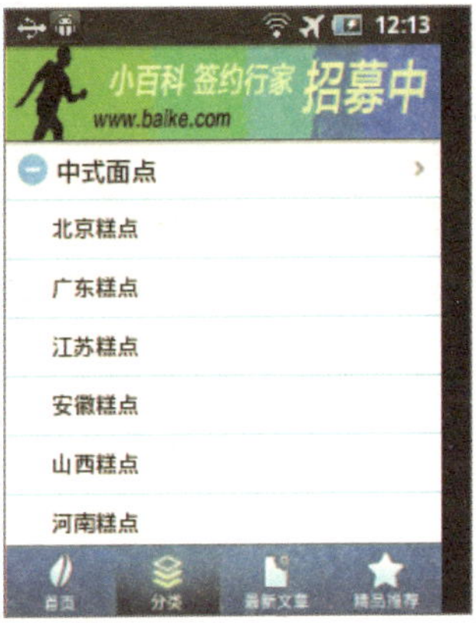

图8.16

图8.17

8.2.7　Nimy快乐晚餐

软件版本： 1.2
操作系统要求： Android 2.1及以上的手机或平板电脑。
主要功能： 介绍晚餐的相关知识。

常言道，早上吃饱、中午吃好、晚上吃少。晚上吃少并不意味着随便应付了事，关键在于精。

运行Nimy快乐晚餐后，首先会弹出菜单要求我们选择荤菜还是素菜（图8.18），接着选择要吃几个菜，它就会为我们推荐了。在此，点击其中之一能观看到具体的制作方法。如果点击旁边的五星按钮还可对其进行收藏，今后，在主界面上点击“喜爱”，收藏过的菜便会自动显示出来。

软件本身推荐的菜再多，也无法满足众人的需求，为此，本软件特地加入了自定义功能。在主界面上点击“添加”，接着就能在弹出的页面里输入菜名、原料、特色及烹饪方法了（图8.19）。

图8.18

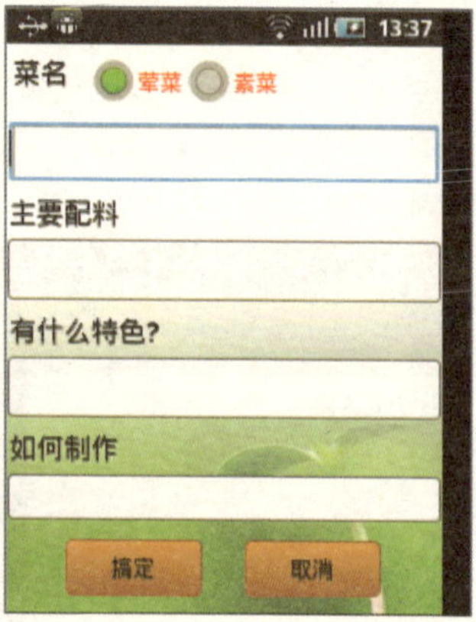

图8.19

8.3 知性饮酒

饭局，总少不了酒。那么，关于酒，你的认识有多深呢?

8.3.1 葡萄酒

软件版本：1.1
操作系统要求：Android 1.5及以上的手机或平板电脑。
主要功能：对葡萄酒进行简介。

图8.20

本软件很全面地介绍了葡萄酒的相关知识，包括酿制、品鉴、酒杯、酒标、侍酒法、收藏和投资等。软件的使用很简单，运行后逐级点击即可阅读（图8.20）。

8.3.2 海王金樽

软件版本： 1.0
操作系统要求： Android 1.0及以上的手机或平板电脑。
主要功能： 简介喝酒技巧。

现实生活中，很多难办的事或许能在酒桌上解决，正所谓“筷子一举可以可以，酒杯一端快签快签”。要知道，会喝的人拼的是技术而不是酒量。

“海王金樽”讲了酒前、酒中、酒后的诸多注意事项（图8.21），通过学习相信大家都能以较少的酒量陪好自己的客人。

图8.21

总结 这两款软件中，一个介绍了葡萄酒相关知识，学习它可彰显你的高雅。另一款则介绍了很多饮酒技巧及注意事项。

8.4 高雅品茶

在中国，茶文化由来已久。文人雅士常聚友人品茶作文，土老肥则常买名茶以附风作雅，我等凡夫俗子，了解一点茶道文化，作为“茶中饭后”的谈资也不失好事一件。

8.4.1 花茶养生

软件版本： 1.0
操作系统要求： Android 1.0及以上的手机或平板电脑。
主要功能： 介绍花茶知识。

该软件对花茶相关知识进行了比较全面的介绍，包括冲泡工艺、花茶养生、花茶文化、著名茶楼、选购保存等（图8.22）。逐级点击即可阅读（图8.23），非常方便。

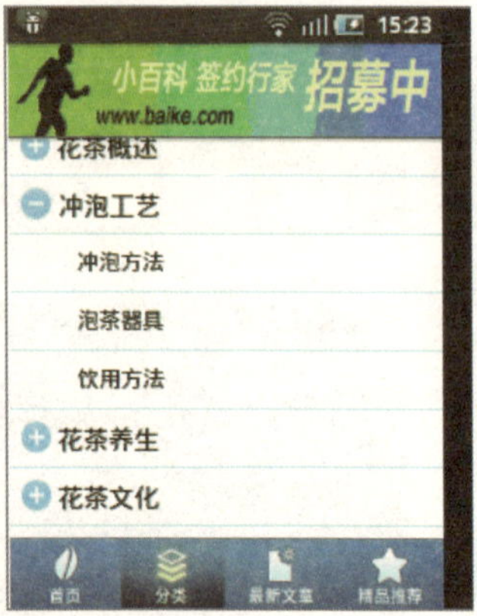

图8.22

图8.23

8.4.2 中国名茶

软件版本： 1.0
操作系统要求： Android 1.0及以上的手机或平板电脑。
主要功能： 介绍茶叶知识。

该软件对中国的名茶进行了简单介绍（图8.24），对增加我们茶道文化是比较有用的。

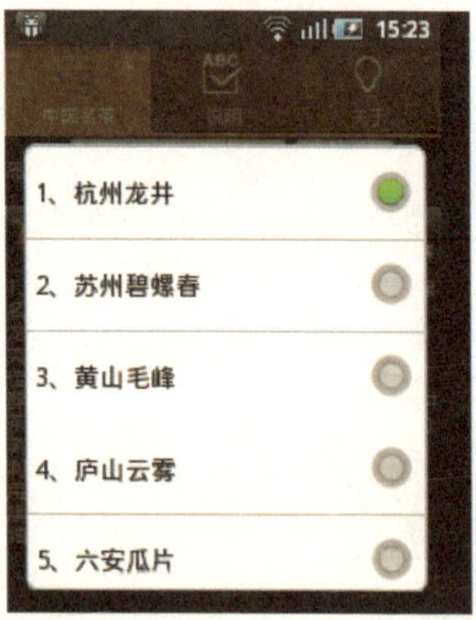

图8.24

总结 目前，与茶相关的软件并不多，这两款各有侧重。“花茶养生”比较全面地介绍了花茶的相关知识，值得一读。而“中国名茶”仅是只言片语的简介，内容偏少。

8.5 健康指南

健康，只有放在生活中才真正有效，绝不能全靠医生来解决。

8.5.1 急救手册

软件版本： 1.0.0
操作系统要求： Android 1.0及以上的手机或平板电脑。
主要功能： 介绍急救知识。

现实生活中，我们都免不了受到意外伤害。看医生固然重要，但在医生到来之前如果能采取适当的措施也非常必要。

“急救手册”是一本难得的好资料，所介绍的内容很全面、详细，包括了常见急救、户外急救、内科外科等（图8.25）。

如果遇到朋友电话求救，请按手机上的选项键，选择“邮件分享”还可将正在阅读的急救内容通过邮件发送出去（图8.26）。

图8.25

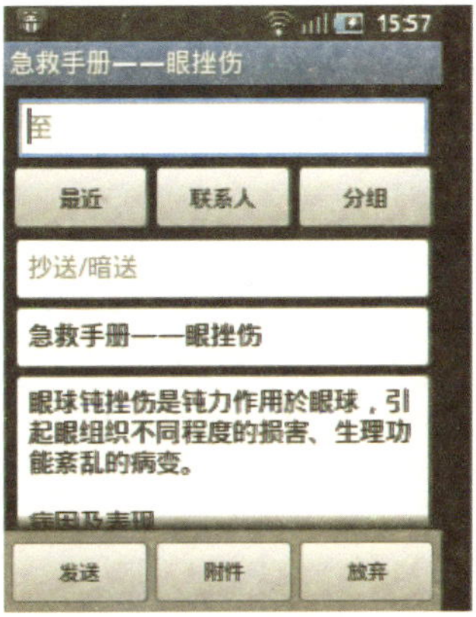

图8.26

8.5.2 症状与疾病

软件版本： 1.2.2
操作系统要求： Android 1.0及以上的手机或平板电脑。
主要功能： 介绍常见病的表现。

很多疾病都有先兆，只不过没引起我们的注意而已。等到病发之时，有的就已非常严重甚至无法医治了。

“症状与疾病”简介了常见的表现与该表现可能有关的疾病（图8.27），提醒我们及时就诊以免贻误治疗。

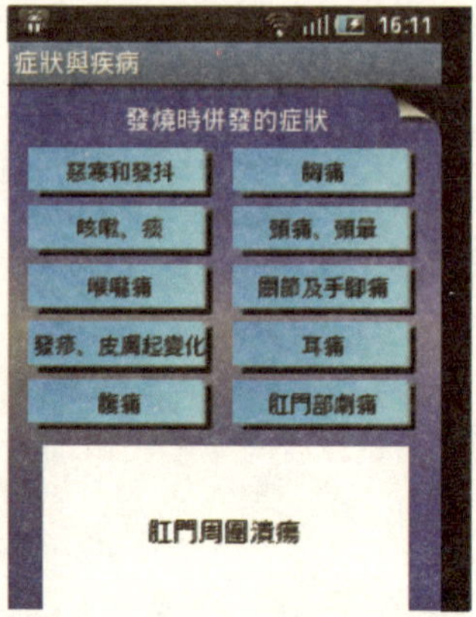

图8.27

总结 在这两款软件中，“急救手册”非常适用，适用于任何人。“症状与疾病”容易让人对号入座，请谨慎使用。

第9章

休闲娱乐

笑一笑，十年少。尤其在老朋友面前，事无忌惮、口无遮拦，那才是真正的放松与休闲。

- 传统算命法
- 流行算命法
- 搞笑与整蛊

9.1 命理玄学

关于命理玄学，国有传统的易经八卦、四柱推算、手相面相等，洋有星座算法。这些内容虽有一定的地理、天文依据，但其中不乏唯心成分，希望读者取其精华，去其糟粕。

9.1.1 橄榄星座

软件版本： 1.0。
操作系统要求： Android 1.0及以上的手机或平板电脑。
主要功能： 星座算命。

谁都希望每天都有好的运势，还想知道未来一周、一月会怎么样。与其找算命师，还不如自己算算。“橄榄星座”提供了星座预测、情侣速配和星座运势几种算法（图9.1）。按自己的要求选择后就能显示出详细的内容（图9.2）。

图9.1

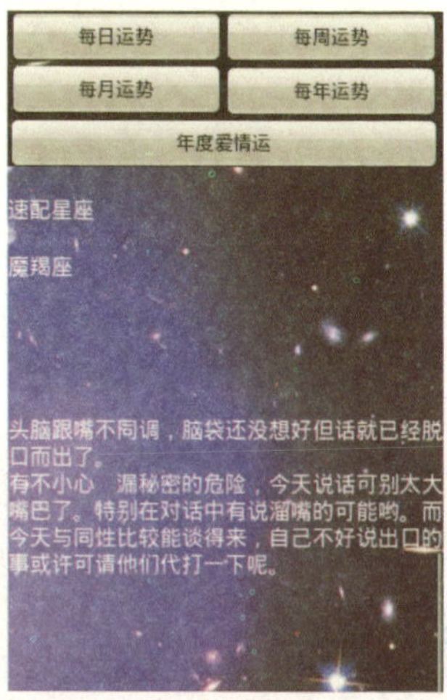

图9.2

9.1.2 星座配对

软件版本： 1.0。
操作系统要求： Android 1.5及以上的手机或平板电脑。
主要功能： 星座配对。

要约会，对不对？只要知道双方的星座就能先算一算了。运行“星座配对”后，先选择自己的星座，再选择配对星座（图9.3），对还是不对即可一目了然（图9.4）。

图9.3

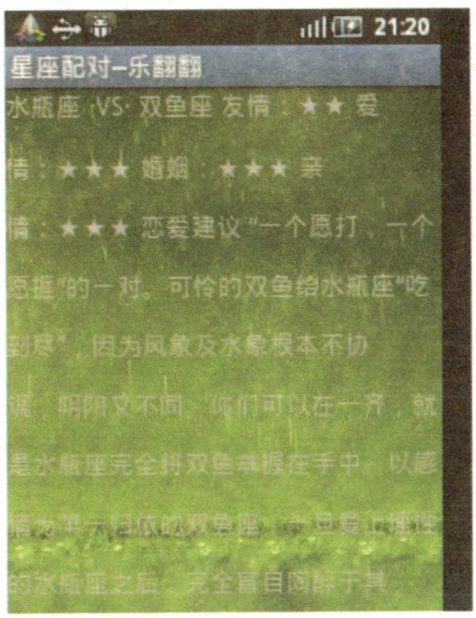

图9.4

9.1.3 八字排盘

软件版本： 1.2。
操作系统要求： Android 1.5及以上的手机或平板电脑。
主要功能： 比较专业的八字算法。

在中国，八字几乎成了算命的代名词。从原理上讲，它以一个人的出生年、月、日、时四项指标为依据，每一项指标用天干（甲、乙、丙……共10个）和地支（子、丑、寅……共12个）各取一个字来表示，例如“甲寅”，于是，该人的命由八个字组成，俗称“八字”。

运行“八字排盘”后，点击“排盘”，再选择公历或阴历，然后输入年、月、日、时（图9.5），就能查看到结果（图9.6）。该软件的运行结果很“专业”，只有懂行的人才能明白其中的含义。如果算命者以该软件为噱头，相信能吸引众多眼球。

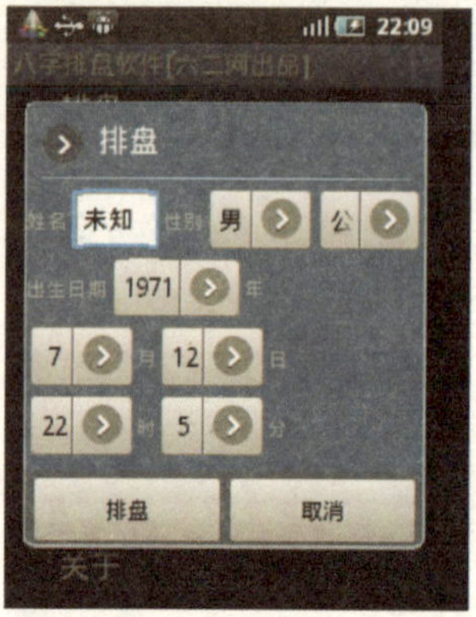

图9.5

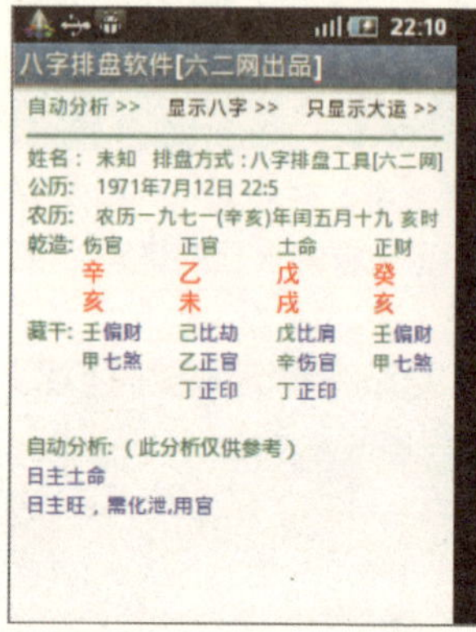

图9.6

9.1.4 称骨命运

软件版本：1.0。

操作系统要求：Android 1.0及以上的手机或平板电脑。

主要功能：通过称骨来算命。

称骨也是以某人的年、月、日、时为基础来算命，将每一项指标的骨重加起来，再根据骨重之和进行批示——这些都是原理。对要算命的人而言，只要输入年、月、日、时，再点击“开始称骨”就行了（图9.7）。

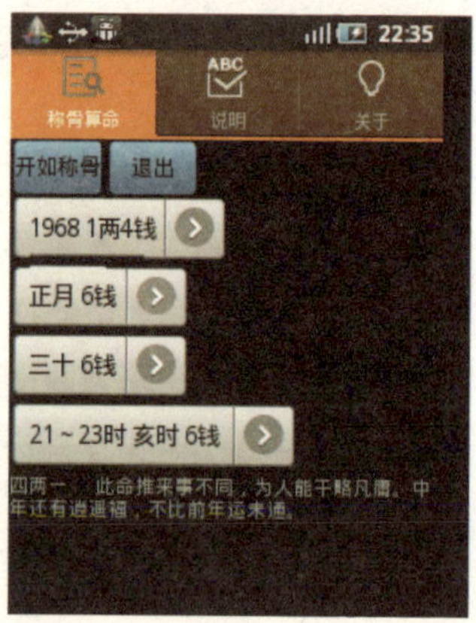

图9.7

普通人也能看懂批示内容，为此，该软件适合于无任何算命基础的但能看懂中文的人。

9.1.5 手相算命

软件版本： 1.0.0。

操作系统要求： Android 1.6及以上的手机或平板电脑。

主要功能： 看手机，识命运。

看手相，一般也得由“专业”人士来完成，有了这款小软件，就能自己看了。运行“手相”后，它会给出图案和解释，当然这款软件给出的提示仅仅是参考作用，不能过于当真（图9.8）。该软件能单独查看，情感线、生命线、事业线等。要注意的是，这几项指标都隐藏在界面的顶部，只有将手指放在界面顶部才会出现。

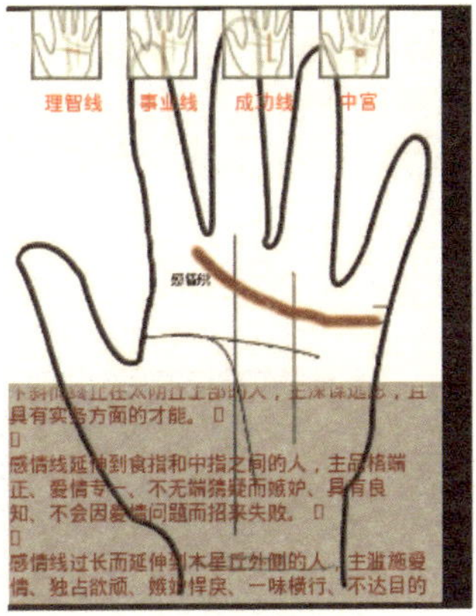

图9.8

9.1.6 灵机妙算

软件版本： 4.8.7。

操作系统要求： Android 1.5及以上的手机或平板电脑。

主要功能： 综合算命。

这是一款综合性的合理推算软件，包括抽签卜卦、情侣配对、心理测试、周公解梦、命理八字、星座运程等（图9.9），点击即可按提示进行各种推算。

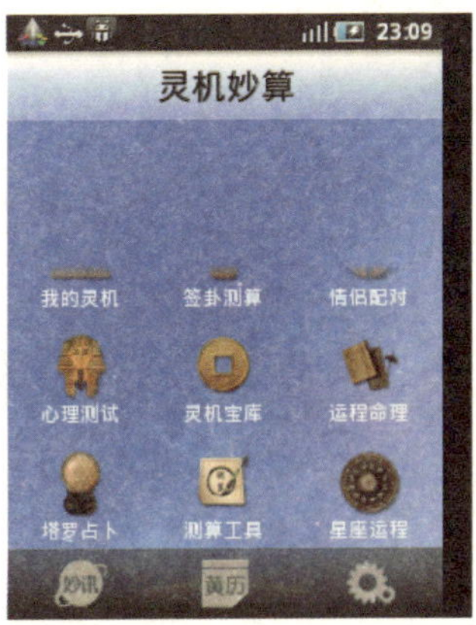

图9.9

9.1.7 周公解梦

软件版本： 1.2。
操作系统要求： Android 1.5及以上的手机或平板电脑。
主要功能： 专业解梦。

人人都会有梦，那每一个梦预示着什么呢？找周公一解不就行了。

运行“周公解梦”后，它会对梦见的事物进行分类（图9.10），找到自己梦见的场景就能解了（图9.11）。

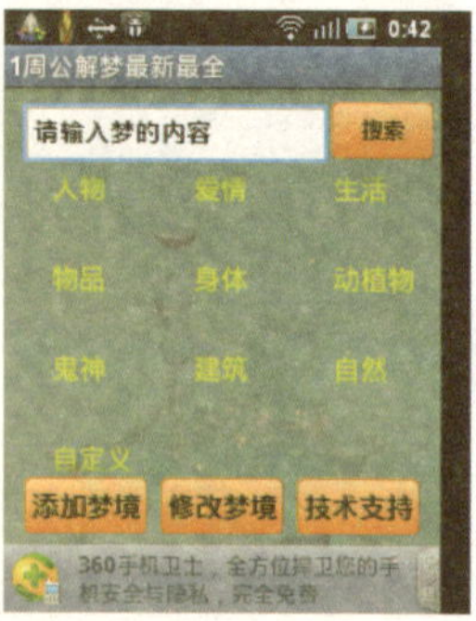

图9.10

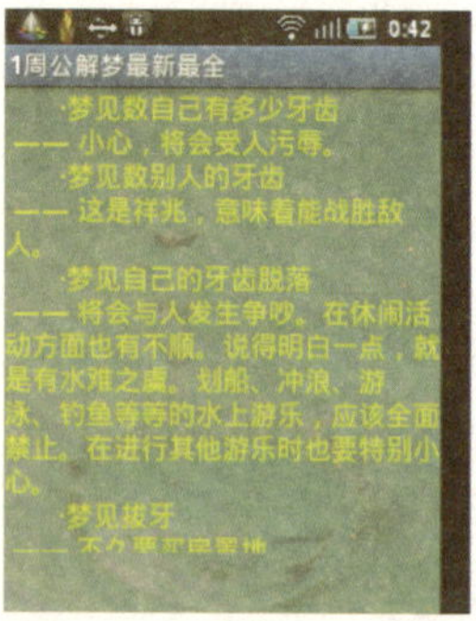

图9.11

9.1.8 指纹预测

软件版本： 1.2。
操作系统要求： Android 1.5及以上的手机或平板电脑。
主要功能： 指纹算命。

手指指头上的纹路分为“斗”和“簸箕”两种，相传分析它就能预知命运。运行“指纹预测”后，依次输入“斗”或“簸箕”就行了（图9.12）。

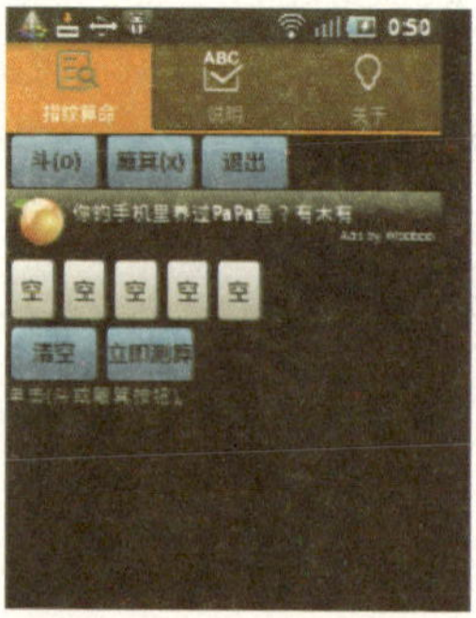

图9.12

9.1.9 周易六爻

软件版本： 1.0。
操作系统要求： Android 1.5及以上的手机或平板电脑。
主要功能： 简单的周易算命。

周易的应用之一就是卜卦。运行“周易六爻”后，点击八卦图案中间的阴阳鱼（图9.13），稍等几秒就能出现结果（图9.14）。虽然，有人穷毕生精力也难窥周易之奥妙，但本软件的解释却采用了白话文，任何人都能看懂。

图9.13

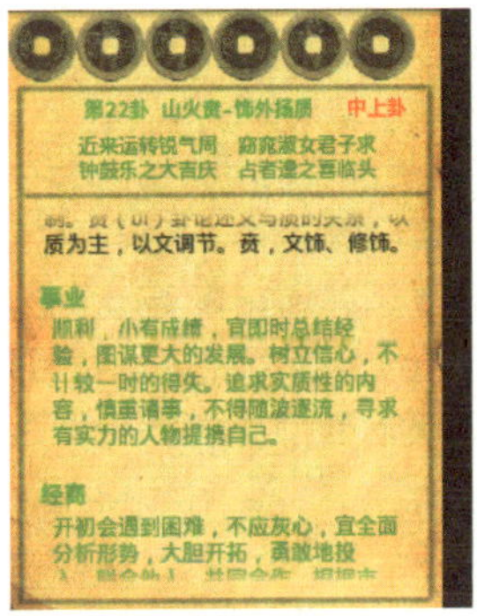

图9.14

9.1.10 住宅风水

软件版本： 1.0。
操作系统要求： Android 1.5及以上的手机或平板电脑。
主要功能： 简单讲解住宅与风水。

房屋装修，很多人还会考虑到风水问题，例如门向哪边开等。“住宅风水”会将这些问题解释得一清二楚（图9.15）。

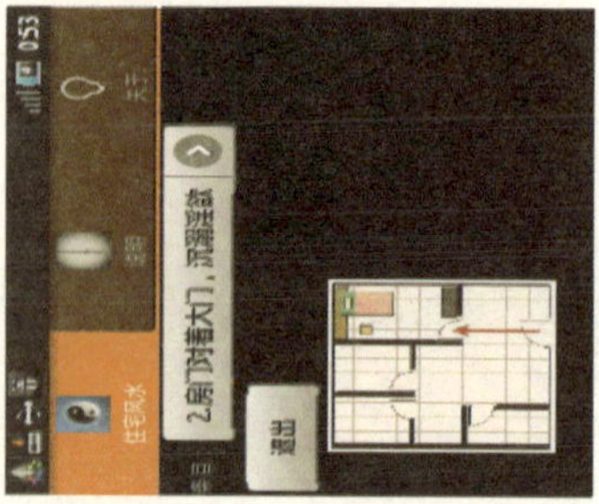

图9.15

9.1.11 测名起名

软件版本： 1.0。
操作系统要求： Android 1.5及以上的手机或平板电脑。
主要功能： 测名字好坏与起名。

为宝宝起名，很多人煞费苦心，翻遍了辞海后起出的名字还不一定满意。有人甚至在“威客”等网站花钱聘人起名。

“测名起名”，不但能起名，还能测试名字的好坏、提供更名参考（图9.16）。要起名，请点击“宝宝命名”，再输入姓氏，选择好字数并点击提交即可（图9.17）。

图9.16

图9.17

总结 以上软件中，除“八字排盘”难于理解外，其他的都不需要专业知识，一般人也能看懂。

9.2 忽悠整蛊

生活中，我们一方面要提防被别人忽悠，另一方面，偶然善意地忽悠一下他人也无可厚非。

9.2.1 忽悠专辑

软件版本： 1.4。
操作系统要求： Android 2.1及以上的手机或平板电脑。
主要功能： 以案揭骗。

该软件列举了很多骗人的方法、案例，让我们从中吸取教训，以免被别人所骗。运行该软件即可阅读（图9.18）。

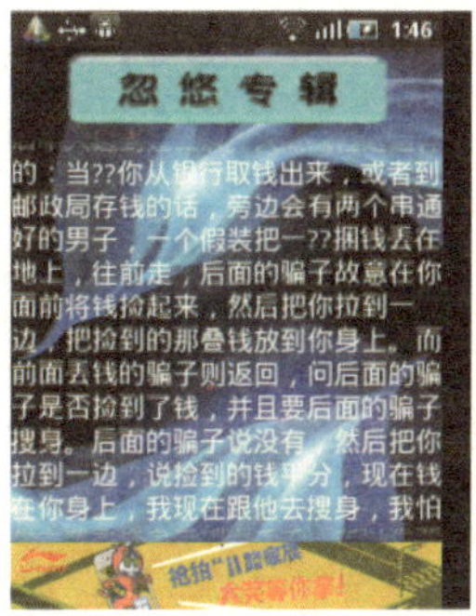

图9.18

9.2.2 整蛊机器

软件版本： 1.0。
操作系统要求： Android 1.0及以上的手机或平板电脑。
主要功能： 防止别人借手机。

别人要借用一下手机，赶快运行“整蛊机器”吧，只要设置好时间（图9.19），到时手机就会出现放屁声或极端恐怖的画面。有了这一招，相信不会有人再借你的手机了。

图9.19

总结 “忽悠专辑”教我们防骗。而“整蛊机器”则用于恶搞他人。

9.3 笑话大全

笑一笑，十年少，不过，独乐乐不如众乐乐。多多收集笑话并讲给大家听还能大大增加人脉，提升自己的亲和力。

9.3.1 英语笑话

软件版本：1.0。
操作系统要求：Android 1.6及以上的手机或平板电脑。
主要功能：在玩中学习英文口语。

该软件收集了很多笑话，而且是中英文对照的，在笑的同时还能学习英语——特别是口语。运行“9i英语笑话”后，点击即可看到笑话（图9.20）。

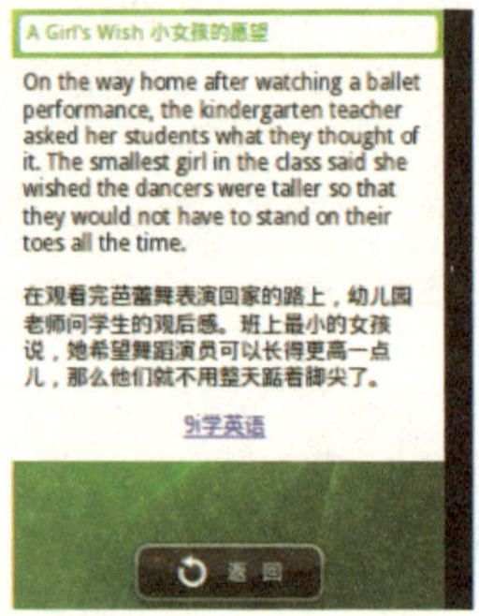

图9.20

9.3.2 儿童笑话

软件版本：1.0。
操作系统要求：Android 1.6及以上的手机或平板电脑。
主要功能：儿童笑话。

常言道，童言无忌，很多正常的话到了儿童口中都可成为笑话。运行“儿童笑话”后，点击标题就能观看到正文（图9.21）。

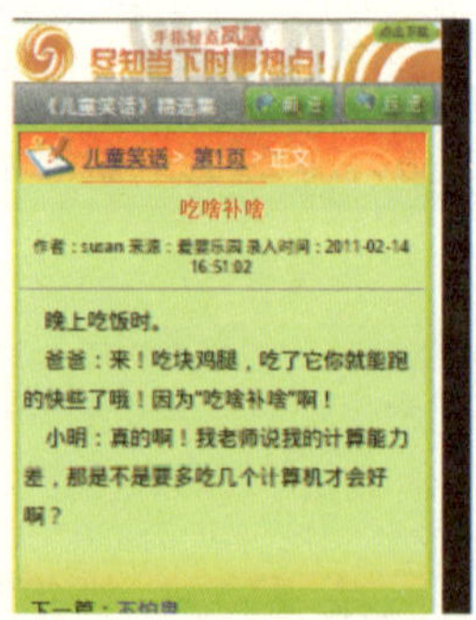

图9.21

9.3.3 笑话天地

软件版本： 2.5.7。
操作系统要求： Android 1.5及以上的手机或平板电脑。
主要功能： 笑话收集。

该软件的内容丰富，包括了短信笑话、哲理故事、益智故事等（图9.22），共收集了几千条笑话。首次选中其中的一个项目时它会自动通过网络进行下载，以后才能离线阅读。

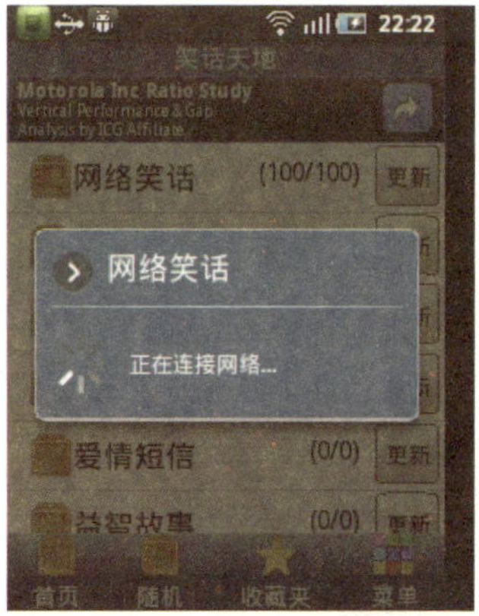

图9.22

总结 “笑话天地”收集的笑话最多，但首次使用前需要从网络下载，适合有WiFi连接的朋友。而“儿童笑话”适合于年轻的父母，通过讲笑话来增加亲子关系。要在笑中学英语，“9i英语笑话”是不错的选择。

9.4 糗事几桩

回忆儿时糗事、酒后糗事，其乐无比。一人独糗不是糗，百人齐糗糗满园。

9.4.1 糗事百科

软件版本： 1.7.1。
操作系统要求： Android 1.6及以上的手机或平板电脑。
主要功能： 糗事收集。

首先运行“糗事百科”，它会自动联网下载，以后才能离线阅读（图9.23）。这里收集的糗事都来自网络，内容丰富，毕竟高手都在民间。

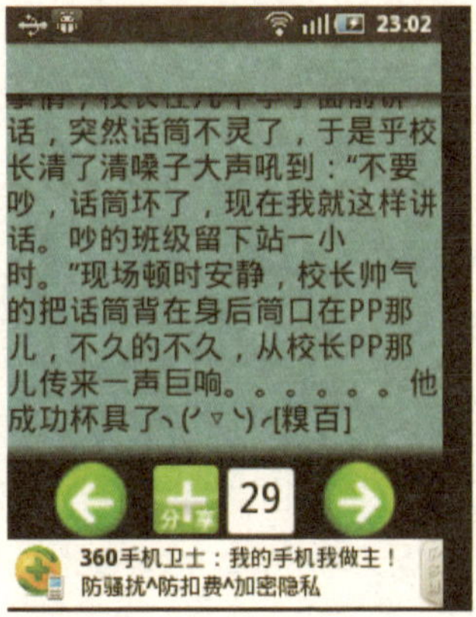

图9.23

9.4.2 囧事吧

软件版本：2.4。

操作系统要求：Android 1.6及以上的手机或平板电脑。

主要功能：囧事收集。

该软件收集了很多囧事，能博得大家开怀一笑（图9.24）。

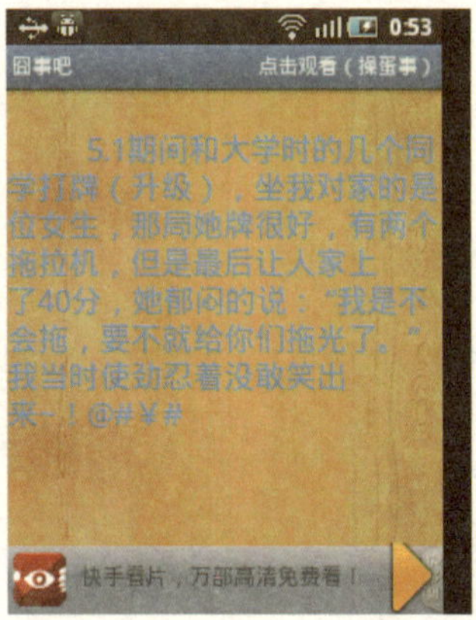

图9.24

总结 “囧事吧”收集的故事不如“糗事百科”多，且“囧事吧”的文字与背景色对比度不高，不利于阅读。

第10章

旅游出行

旅游，本是最好的节假日休闲好项目，但如果准备不充分，可能会适得其反甚至花钱买罪受。

- 游前准备
- 景点查询
- 天气查询
- 路线查询
- 食住查询
- 车票查询

10.1 游前准备

旅游，本是好事，但如果准备得不充分，可能受凉中暑甚至上当受骗。下面介绍的软件能让我们从多方面了解旅游常识，让我们在旅游中有备无患。

10.1.1 各月旅游好去处

软件版本： 1.0。
操作系统要求： Android 1.6及以上的手机或平板电脑。
主要功能： 哪一月该去哪旅游。

去哪里旅游，与季节有关。该软件推荐了每月应去的地方并简单地说明了理由（图10.1）。

图10.1

10.1.2 世界旅游名地精选

软件版本： 1.0。
操作系统要求： Android 1.0及以上的手机或平板电脑。
主要功能： 简介世界旅游名地。

这一软件设计十分简单，以图片的形式展示世界旅游名地，每景一图（图10.2），对很少旅游的朋友而言，可先浏览一下，基本锁定目的地后再通过其他方式详细了解。

图10.2

10.1.3 旅游攻略

软件版本： 1.0。
操作系统要求： Android 1.0及以上的手机或平板电脑。
主要功能： 介绍旅游及注意事项。

蚂蜂窝旅游网是我国著名的旅游网站之一，软件“旅游攻略”正是该网站的手机客户端——电子书。运行后，可看到电子书的目录，点击即可下载，由于电子书采用了图片格式，下载文件比较大，推荐采用WiFi方式，下载后能离线阅读。

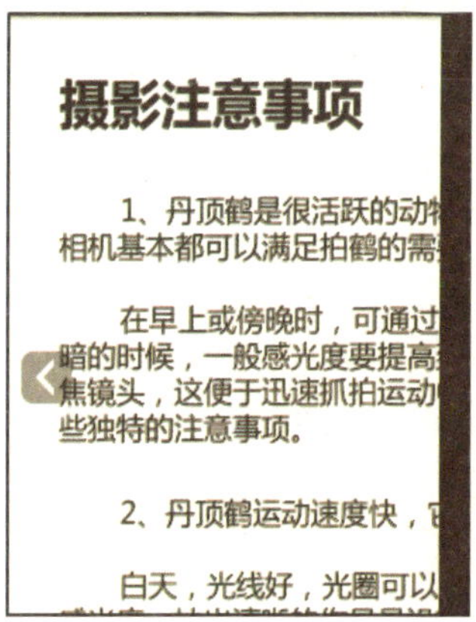

图10.3

每一本电子书介绍一个旅游景点，内容非常丰富，包括景点风土人情介绍，推荐路线，衣食住行注意事项等。为满足现代旅游需要还加入了摄影、录像的注意事项，例如应配备哪种镜头的相机，在哪里拍摄才能得到全景、特写等（图10.3）。如果你正准备前往某地，提前多多了解一定能让你受益非浅。

10.1.4 旅行翻译官

软件版本： 2.1。
操作系统要求： Android 2.1及以上的手机或平板电脑。
主要功能： 学习方言。

这是蚂蜂窝旅游网推出的另一手机端软件，能将标准的简体中文语句翻译为其他国家语言、我国的方言，都是真人发音。

1. 翻译为方言

运行该软件后，可观察到各种语言包目录，点击即可下载。未下载的后有“Free”字样，表示可免费下载，而已下载的语言包后有喇叭符号。点击已下载的语言包，接着点击“问候”、“交通”、“住宿”等分类即可观察到与旅游相关的语句，点击能听到真人发音（图10.4）。

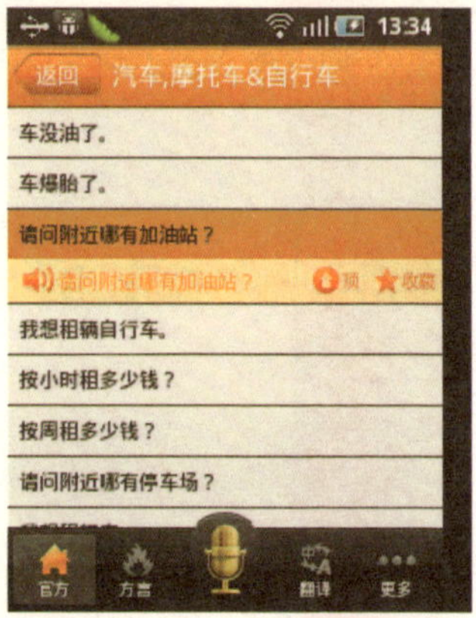

图10.4

2. 翻译为他国语言

在软件的主界面上点击“翻译”进入界面。在上部输入源语言文字。接着，选择中部的源语言，例如简体中文。然后，选择目标语言，例如英语。最后，点击翻译就行了（图10.5）。

图10.5

要去旅游前，先恶补一下各地方言，一方面可顺利交流，另一方面，也可冒充一下本地人以免被宰。

10.1.5 一起游吧

软件版本：1.1.0.0。
操作系统要求：Android 1.5及以上的手机或平板电脑。
主要功能：景点介绍。

这一软件能通过GPS定位，再写入旅行的足迹，本例我们主要介绍它的另一功能——景点介绍。

运行该软件后，点击“景点”，选择国内还是国外。如果选择了国内，可按省级行政单位查找各省的旅游景点。对每一景点的介绍都是十分详细的（图10.6）。

图10.6

10.1.6 旅游资讯

软件版本：3.3。
操作系统要求：Android 1.0及以上的手机或平板电脑。
主要功能：简介旅游资讯。

这一软件也是介绍旅游相关知识的（图10.7），能适时更新，对要外出的朋友而言，可在旅途中阅读以消磨时间。

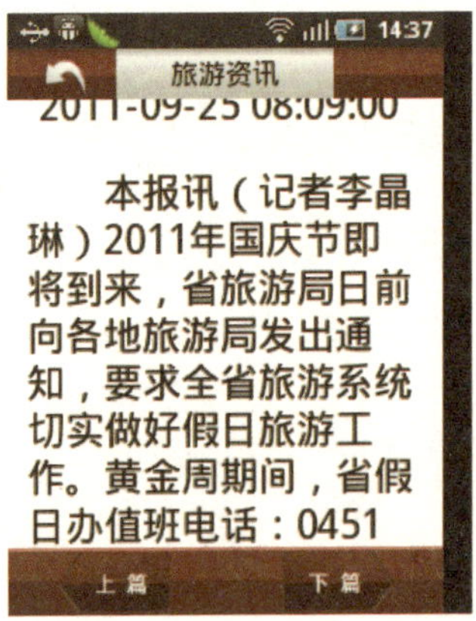

图10.7

10.1.7 生活百事通之旅游购物

软件版本：无。

操作系统要求：Android 1.0及以上的手机或平板电脑。

主要功能：简介旅游购物小常识。

这一软件主要介绍旅游购物的注意事项，好好阅读可少上当。

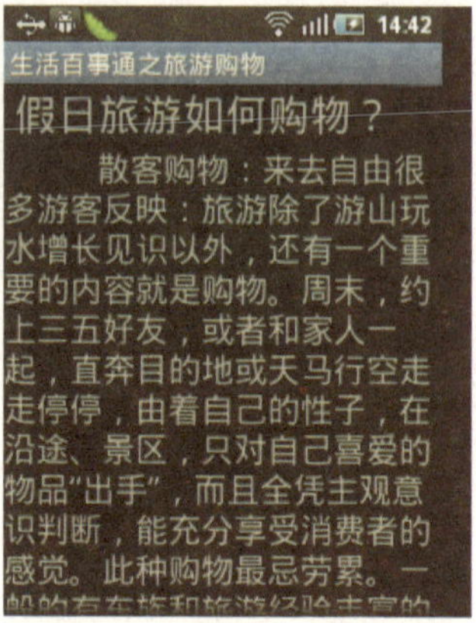

图10.8

10.1.8 驴妈妈旅游

软件版本：1.0。

操作系统要求：Android 1.0及以上的手机或平板电脑。

主要功能：提前了解要去的景点。

这一软件的定位指向很强，只要输入要去的目的地，就能查看到该地的景点推荐、酒店推荐及目的地指南了（图10.9）。

图10.9

10.1.9　新疆旅游

软件版本： 1.2。
操作系统要求： Android 1.6及以上的手机或平板电脑。
主要功能： 新疆旅游资源简介。

小百科手机软件，在本书中出现过多次，它以介绍各种知识为主。本例介绍的是关于新疆的旅游知识（图10.10）。网上还能搜索到同类软件，诸如四川旅游、海南旅游等。

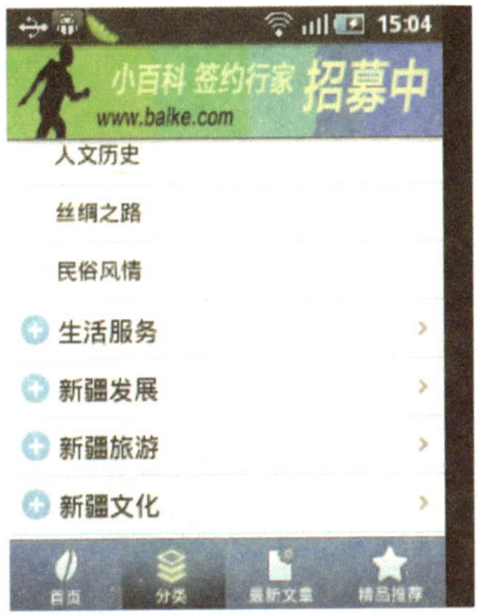

图10.10

总结　这几款小软件都侧重于旅游知识介绍，操作简单。仔细阅读后还能让我们为旅游做好充分的准备。

10.2　天气预报

俗话说：晴带雨伞饱带路粮。旅游，在外呆的时间比较长，首先要关注的就是天气。否则受凉中暑倒是小事，要是遇上大雪封山、泥石流等则可能无法全身而退。

10.2.1　气象频道

软件版本： 2.2.6。
操作系统要求： Android 1.5及以上的手机或平板电脑。
主要功能： 显示中国气象局的预报。

这一软件的来头很大——中国气象局华风影视集团，最大的特色在于数据非常权威。

运行该软件后，请点击“参数设置→网络及数据更新设置”，选择手机的上网方式，例如WiFi、GPRS等。接着，点击“城市设置→默认城市”，选择一个城市，例如“四川”下面的“凉山”。今后，只要再次运行该软件，在出现的欢迎界面点击即可观察到选取地三天之内的天气预报、实况、指数（图10.11）。

按手机的Home键，进入手机的桌面状态。接着，按手机上的选项键，选择“添加→窗口小部件→气象频道”，选择地的天气预报就会出现在手机的桌面之上（图10.12），这样，用不着运行“气象频道”也能查看。要删除此桌面插件，请用手指按住它向下拖动，屏幕下部会出现“删除”字样，持续向下拖动即可。

图10.11

图10.12

10.2.2 天气预报

软件版本： 1.6。
操作系统要求： Android 1.6及以上的手机或平板电脑。
主要功能： 适时天气预报。

这一软件的特色在于可同时查看到3个城市的天气预报，很适合出行用

——当我们要连续经过3个城市时。

运行该软件后，按手机上的选项键，点击“Manage Tab”。接着，分别在“First Tab”、“Second Tab”、“Third Tab”后输入3个城市名并点击“Accept”。3个城市的天气就会出现（图10.13），点击城市名即可切换查看。

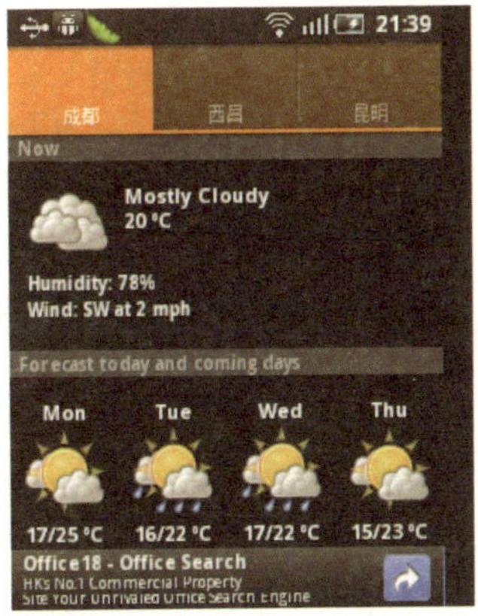

图10.13

为使预报更加准确，请按手机上的选项键，选择“Settings→Refresh interval”，将其下的刷新时间设置短一些即可，最短为1小时。

要将其显示到桌面之上，请按手机上的Home键使手机处于桌面状态。接着，按手机上的选项键，选择“添加→窗口小部件→Weather Forecast(4×1)”。然后，按提示输入城市名，选中“Use transparent background”，最后点击“Accept”。关于天气的桌面窗口即可出现在屏幕之上（图10.14）。这一桌面窗口除提供了天气查看功能外，还提供了锁屏、开启/关闭WiFi、开启/关闭蓝牙、开启/关闭3G功能等快捷方式，非常方便。

图10.14

由于运行软件后能同时查看3个城市的天气，而桌面窗口还能查看另一城市，该软件就能快捷地查看到4个城市的天气情况了。

10.2.3 GO天气

软件版本： 1.9.12。
操作系统要求： Android 2.2及以上的手机或平板电脑。
主要功能： 养眼的天气预报软件。

这一软件有两大特色：赏心悦目的界面和用GPS定位当前位置。

首次运行该软件，主界面上会弹出“添加城市”提示，请点击之。接着，可按软件给出的城市列表来添加，也可手动输入。

如果想使用GPS功能来添加，请按手机上的选项键，选择“编辑”。接着，按住“我的位置”按钮并从弹出的快捷菜单中选择“开启我的位置”，程序就会自动定位手机所在的位置，能定位到某某县，还是相当精确的。然后，按手机上的返回键就能查看到当地的天气情况了（图10.15）。在旅游的过程中，我们可能还会从一个城市转移到另一城市。请按手机上的选项键，选择“设置”，选中“跟踪我的位置”。这样，程序就会自动根据我们的行程来显示所在位置的天气。

图10.15

要将“GO天气”以插件的形式显示到桌面之上，请按手机上的Home键使手机处于桌面状态。接着，按手机上的选项键，选择“添加→窗口小部件→GO天气小插件4×2”。然后，选择城市为“我的位置”，桌面上就会出现当地的天气情况（图10.16）。

图10.16

10.2.4 HD旅行

软件版本： 1.5.6。

操作系统要求： Android 1.0及以上的手机或平板电脑。

主要功能： 天气查询。

这一软件也是用于天气查询的，它收集了很多天气网站的快捷方式，例如新浪天气、图说天气、灾害预警、雅虎天气等，点击其中之一即可登录并查看。

为方便使用，它设置了添加与收藏功能。在“HD旅行”主界面上点击“添加”，可输入该快捷方式的名称即对应的网址。添加成功后，新的快捷方式将会出现在软件主界面的列表中，同样能通过点击来登录并查看。

如果觉得某网站的天气预报信息很适合于自己，请按手机的选项键，再从弹出的快捷菜单中点击“添加书签”（图10.17）。今后，按手机的选项键，选择“书签”，就能很方便地打开收藏过的天气网站。

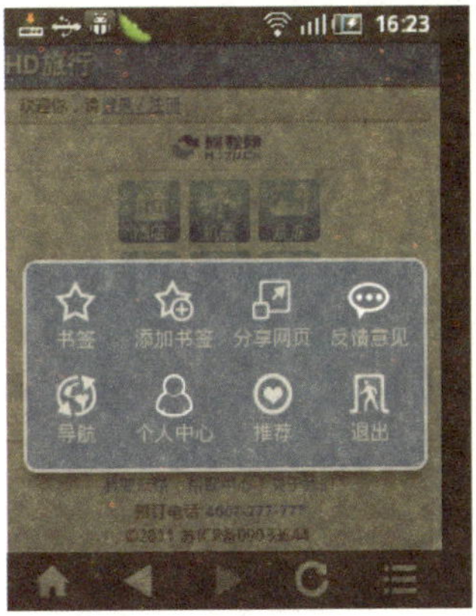

图10.17

总结 这四款软件都能及时刷新设置位置的天气情况，都需要网络的支持，会耗费一定的流量。当然，它们也各俱特色，“气象频道”的数据来自中国气象局，非常权威可靠。“天气预报”能让我们方便地查出多个城市的天气。“GO天气”能在GPS的作用下随着旅程更新天气情况。“HD旅行”能让我们很方便地登录多个与天气相关的网站，多家对比得出比较准确的信息。

10.3 旅游出行

就要上路了，我们能做些什么呢？查火车、查航班、查酒店、查车票真伪，写流行日记，这些都可由手机来搞定。

10.3.1 世界行

软件版本： 1.6.2。
操作系统要求： Android 2.0及以上的手机或平板电脑。
主要功能： 地图工具。

这一软件支持在线和离线两种模式的地图，而且能根据的行程创造电子书。

1. 当前位置

运行该软件后，按手机上的选项键，选择“我的位置”，软件自带的GPS定位功能就能将手机所在位置的地图下载回来，在此界面中，可对地图进行放大、缩小、旋转等操作以方便用户的查看。

要离线观看，请按以下方法操作：按手机上的选项键，选择“模式→下载地图模式→使用系统缓存”，此时，程序会自动返回地图界面。接着，用手指在地图下画一个方框并点击左下角的对钩（图10.18）。然后，选择需要放大的级数，例如2、4、8、16，再点击“开始下载”即可。

今后，按手机上的选项键，选择“模式→离线模式”就能观察到下载过的地图，而且能按下载时的设定进行放大处理。

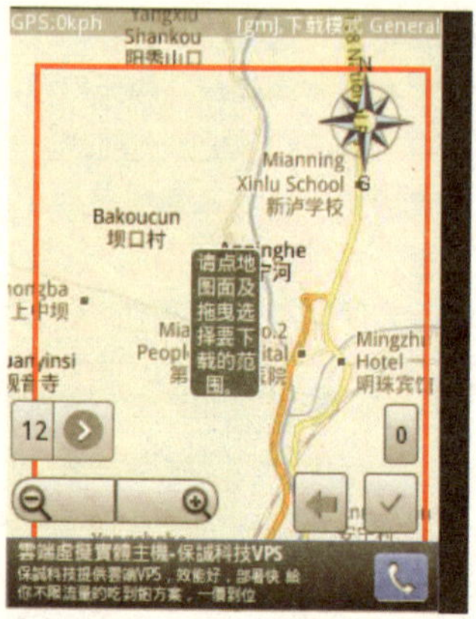

图10.18

2. 行程电子书

行程电子书是指：走到一个地方就写下日记，拍上照片、视频，再用以行程路线为线索来观看。

运行“世界行”，按手机上的选项键，选择“行程电子书→新地标”即可进入电子书的编辑界面。该界面分为详情、更多信息、照片、媒体等标签。

在“详情”标签下，请输入地标名，地标名可以是正在经过的城市或景点。选择一个组，例如“Geographical”，同时写下详细情况。

接着，点击“更多信息”进入该标签页。在此，可输入具体地址、电话、消费情况、交通情况等。

然后，点击“照片”进入该标签。在此，可点击“相机”来现场拍摄，也可点击“照片文件”将已存放到手机中的照片添加进来。最后，还可进入“媒体标签”来添加视频文件。

最后，按手机上的返回键，电子书制作向导会提示我们保存电子书，请点击“是”，表示要保存。

旅游到另一城市后，请重复上述操作，唯一要注意的是地标名一定不能与上次相同，但组名必须相同。

这样，我们每走到一个城市，都能创建出关于该城市的简介，包括文字、图片、视频等。

要观看电子书，请按手机的选项键，选择“行程电子书→寻找位置→地标”就行了。此电子书的目录就是我们刚才输入的“地标”，可逐屏向下翻看（图10.19）。点击任一目录，还可显示出对应的地图。

10.19

10.3.2 酒店搜索

软件版本： 1.0。

操作系统要求： Android 1.6及以上的手机或平板电脑。

主要功能： 搜索酒店。

这是一款专门查询、预定酒店的软件。运行后，首先弹出的是酒店搜索界面。如果在国内，请点击左上角的输入框，选择语言为简体中文，在“城市”后输入城市名，其他的不用修改，直接点击“搜索”，指定城市的酒店（要求酒店已上网）即可瞬间找到并以列表的形式显示出来（图10.20）。在此，可观察到酒店的基本价位、离手机所在位置有多远、是否已售完等简要信息。点击适合于自己的酒店，更详尽的信息就显示出来了，包括图片、描述、地图等（图10.21）。如果觉得合适了，请点击“预定网站”即可按房间、人数、预住时间进行预定。定好了，那就点击“地图”，在GPS导航的指引下驱车前往吧。

图10.20

图10.21

10.3.3 火车查询

软件版本： 1.8.20。
操作系统要求： Android 1.6及以上的手机或平板电脑。
主要功能： 辅助购买火车票。

这一软件以查询火车票为主，包括时刻表与票价查询、余票查询、正晚点查询、代售点查询等（图10.22）。点击其中一项后，能按起始站、车次等方式查询，无论你是否经常坐火车，相信都能很快预定到火车票。

图10.22

10.3.4 航班查询

软件版本： 4.1.2。
操作系统要求： Android 1.0及以上的手机或平板电脑。
主要功能： 辅助乘坐飞机。

对任何要乘飞机出行的人而言，该软件的功能都是十分贴心的，能以各种方式查询机票信息（图10.23）。点击“机场攻略→机场实用”，甚至还可看到登机口导航，引导你向左转、向右转等。

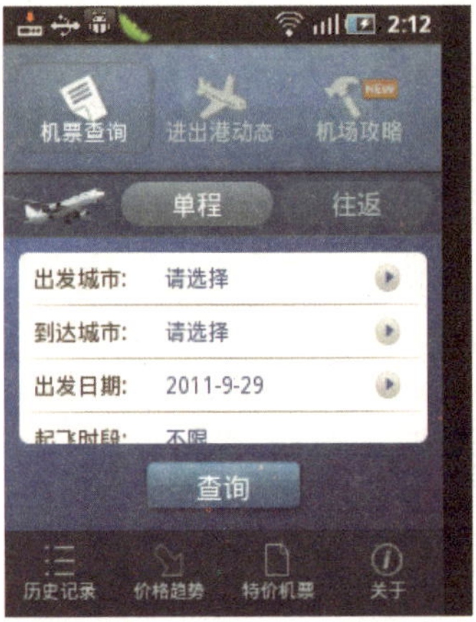

图10.23

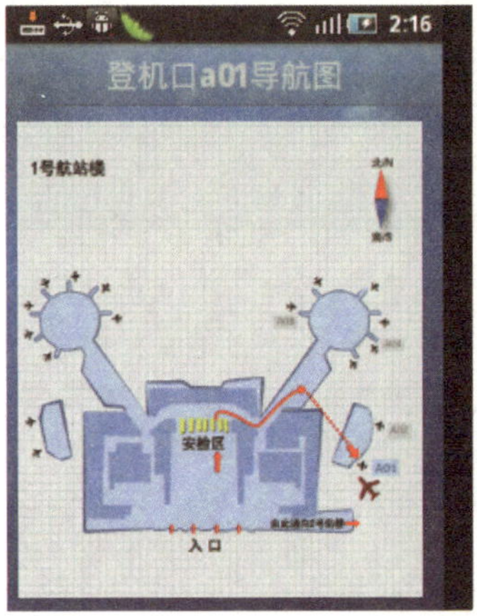

图10.24

10.3.5 精准指南针

软件版本：2.0。

操作系统要求：Android 2.1及以上的手机或平板电脑。

主要功能：指南针。

这一软件功能就一个指南针功能，好在界面比较大（图10.25），看得准。

图10.25

10.3.6 火车票真假识别

软件版本：1.16。
操作系统要求：Android 1.6及以上的手机或平板电脑。
主要功能：查询火车票真伪。

商品上的条形码大家都不陌生，它由“竖条”和“空白”相间而组成，能不重复地为全球所有商品贴上唯一的标识而且能便捷地通过扫描设备读取出来。条形码水平分布，也称为“一维码”。不难想象，如果水平方向与竖直方向都分布，那么，能表达的信息与条形码相比将成平方倍地增加——这就是所谓的二维码。

目前，二维码的应用尚不太普及，仅见于火车票、淘宝上识别商品、软件下载地址识别等。由于二维码的识别必须先扫描，自带摄像头的手机自然当开启应用之先河——只要在手机上安装扫描工具kuaipai即可。

1. 火车票识别

在手机上运行kuaipai，将摄像头准火车票上的二维码，如果是真票就能马上识别出以下信息（图10.26）：车票号、开车时间等。这些信息必须与车票上的显示一致，否则就是假票。

图10.26

2. 下载软件

在中国比较火的手机软件论坛“机锋市场”里，很多软件旁都有一个二维码图片（图10.27）。如果你的手机里安装了机锋市场客户端，那么，只要运行kuaipai同时将手机的摄像头对准二维码图片，它就能识别出软件的下载地址，单击“直接下载软件”即可（图10.28）。

图10.27

图10.28

总结 出行时，这些软件都能从不同的角度给我们提供帮助，需配合使用才能提高出行质量。

读书笔记

第11章

聊天交友

过去，聊天交友一般离不开PC上的QQ、MSN软件，手机上的电话、短信。Android智能手机的绝妙之处在于将聊天、电话、短信等神奇地集成在一块。平板电脑虽无通信模块，但却可用“飞信”等工具处理短信，为此，本章介绍的软件大部分也可用于平板电脑。

- 移动QQ
- 移动MSN
- 飞信

11.1 移动QQ

在手机或平板电脑上安装QQ软件后，既可与PC上的QQ交流，也能通过手机或平板电脑上的QQ交流，走到哪就能聊到哪。

11.1.1 共存版QQ

软件版本： 1.0。
系统要求： Android 1.5及以上的手机或平板电脑。
主要功能： 同时登录多个QQ。

智能手机或平板电脑一般都自带了QQ聊天软件，但无一例外地都只能登录1个QQ号，要登录第2个则必须先退出第1个，很不方便。为解决这一问题，网友们制作了所谓的共存版QQ。共存版QQ一般由多个文件组成，假设用户下载了3个文件，那么，加上手机或平板电脑自带的，就能同时登录4个QQ号。同时安装多个后能在手机或平板的主屏幕上观察到多个不同颜色或图标的快捷方式图标（图11.1），点击任意一个都可独立登录一个QQ号。

图11.1

11.1.2 WebQQ

软件版本： 2.0.6。
系统要求： Android 1.0及以上的手机或平板电脑。
主要功能： 不安装QQ聊天软件也能聊天。

腾讯WebQQ Mini是由腾讯开发的应用于Android平台上的在线即时聊天软件，让用户能在没有QQ聊天软件的条件下也能通过QQ聊天。本软件只是调用浏览器直接访问腾讯公司的WebQQ Mini页面，以方便QQ用户使用而已。运行后弹出的就是腾讯WebQQ Mini的登录界面（图11.2），登录后即可和QQ好友聊天。

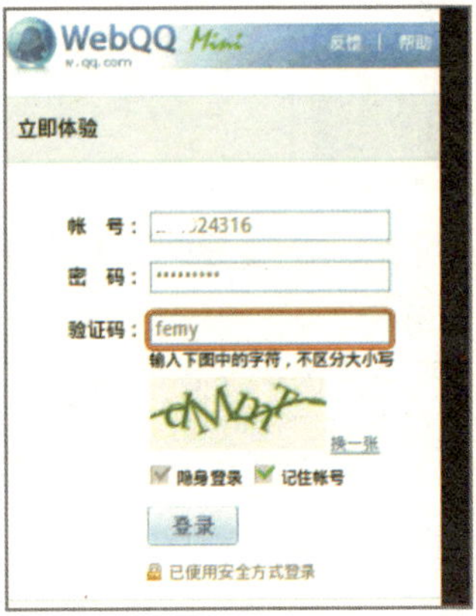

图11.2

11.1.3 QQ空间

软件版本： 2.2。
系统要求： Android 1.6及以上的手机或平板电脑。
主要功能： 登录、使用QQ空间。

在该软件底部排列着好友动态、我的空间、Mini主页、我的关注、我的应用等功能按钮。PC版QQ空间有的功能，移动版全有，而且还多了拍照功能，利用它能拍照并配文再发表到QQ空间（图11.3），下面重点介绍这一功能。

图11.3

右击手机上的选项键，选择“写日记”弹出日记撰写窗口，输入标题、正文再点击“发送”即可。输入正文时，请点击编辑界面上的照相机图标以便现场拍照并上传，如果点击图库图标，还可将已保存在手机中的图片找出来并上传。

11.1.4 腾讯微博

软件版本： 3.2.1。
系统要求： Android 1.6及以上的手机或平板电脑。
主要功能： 管理腾讯微博

运行该软件后，输入自己的QQ号及密码即可登录。用手机或平板电脑登录后仍然有大厅、名人、搜索……等链接，与通过PC登录的微博功能差不多。

与通过PC登录的微博相比，移动微博的优势在于能走到哪里就玩到哪里。另外，插入图片更加方便，只要用手机或平板电脑拍一张就行了（图11.4）。

图11.4

总结 这几款软件都是PC版的另一形式，每一软件都与PC版的功能类似，强在可利用手机或平板电脑的摄像头现场拍照。与固定的好友交流，首选“共存版QQ”。与固定好友聊天但又不想安装QQ聊天软件，请选择“WebQQ”。如果只想发表自己的见解或评论他人见解，可考虑“QQ空间”或“腾讯微博”。

11.2 移动MSN

即时通信工具，国人用得最多的除QQ外就非MSN莫属了。MSN由微软开发，其功能与QQ类似，也能进行文字、视频、语音聊天，发送或接收文件。

11.2.1 MSN Talk Pro

软件版本：2.40.2。
系统要求：Android 1.5及以上的手机或平板电脑。
主要功能：通过MSN聊天及传送文件。

1. 聊天

运行该软件后，输入自己的MSN账号及密码即可登录。它会将在线好友列在Online目录之下，而将不在线好友排在Offline里。按手机上的选项键，选择“更多→设置→联系人编组方式”，选中其下的“根据群组”，联系人就能以用户自定义的方式进行排列了。另外，其他很多个性化的设置都可在此进行。

点击其中一个好友，在下面的文字输入框里输入要说的话，然后点击“发送”即可（图11.5）。

图11.5

2. 收发文件

选中一个文件后，按手机上的选项键，选择“Send File”。接着，选择

“Choose from Gallery”可向好友发送照片。如果选择“Choose From File System”可向好友发送任意格式的文件。

收到对方发来的文件时，请点击“Accept”表示接收，稍等一会直到完成。点击“Open 文件名”，MSN Talk Pro会自动调用手机上已安装的程序来打开它（图11.6）。

图11.6

11.2.2 聊天聚合Lonely Cat Games

软件版本： 0.6.3。
系统要求： Android 1.5及以上的手机或平板电脑。
主要功能： 同时与MSN、ICQ等好友聊天。

同时拥有QQ、MSN、ICQ、AIM等多个及时通信账号的朋友已不在少数。国内，我们用得多的是QQ及MSN，在国外，大行其道是的却是ICQ、AIM、MSN、GOOGLE TALK、JABBER、FACEBOOK等。一般情况下，每一类账号都有自己独立的聊天工具，要运行多个程序就要打开多个窗口。目前，已有多款软件能将ICQ、MSN、AIM、GOOGLE TALK、JABBER、FACEBOOK等组合在一起集中聊天，“Lonely Cat Games”就是其中之一。

1. 创建账号

运行该软件后，能在其账号管理界面上观察到ICQ、MSN等项目（图11.7）。如果要添加MSN账号，请点击“MSN”，在弹出窗口的

“Username”中输入自己的MSN账号，在“Password”下输入密码。接着，单击“Back”返回账号管理主界面。然后，在账号管理主界面上点击“Menu”，选择其下的“Save”即可保存下来。

同理，可添加ICQ、AIM等账号。今后，再次运行该软件会自动进入聊天界面。进入聊天窗口后，如果还要添加或编辑账号，请单击“Menu”，选择“Protocol”，再选择其下的任一项目（比如MSN、ICQ）并点击“Configure”即可。

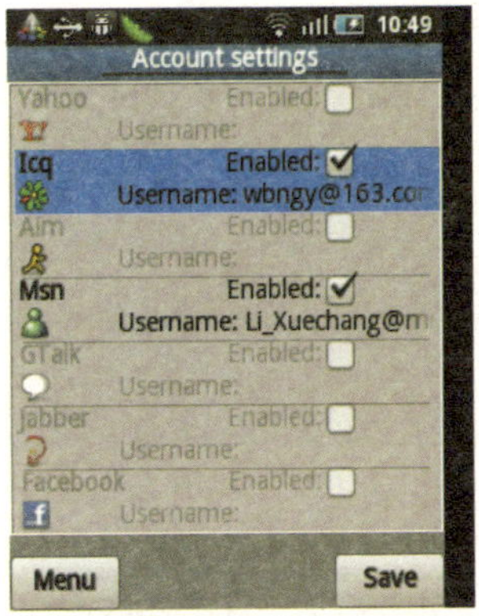

图11.7

2. 聊天

在聊天窗口中，各类账号自而下排列有序（图11.8），要使用点击即可。在同一类账号下，如果有多人聊天，好友的账号会水平排列（图11.9），切换起来非常方便。

要收发文件，请点击“Menu”，再选择“Send file”并按提示操作就行了。

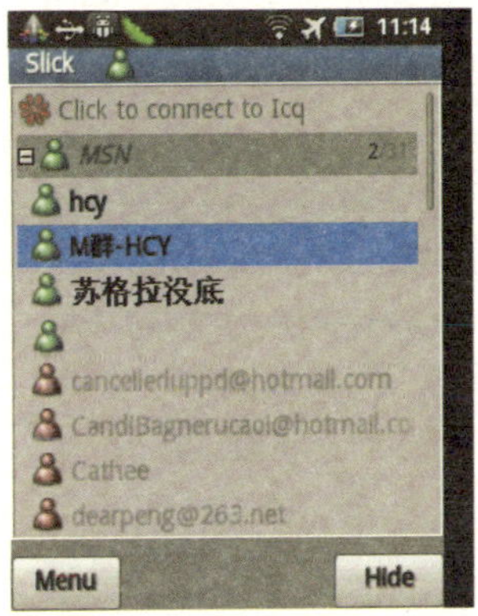

图11.8

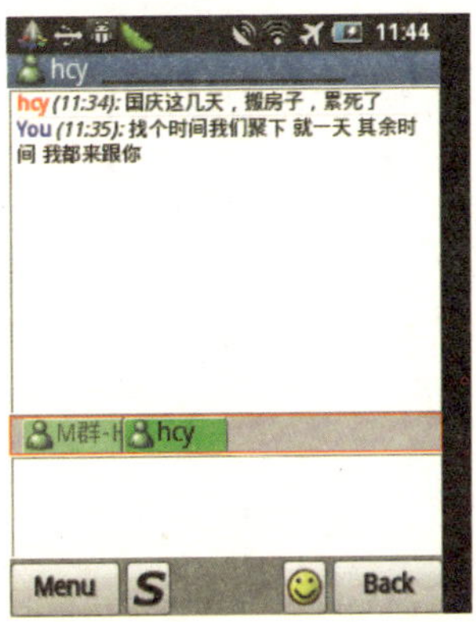

图11.9

总结 如果只有MSN账号，使用“MSN Talk Pro”就行了。当然，如果还有国外的其他ICQ、AIM朋友，请选择“聊天聚合Lonely Cat Games”。

11.3 飞信

飞信（英文名：Fetion）是中国移动推出的“综合通信服务”，能通过手机、平板电脑或PC来发送短信。如果只注册基础服务，费用全免。如果利用手机或平板电脑上的WiFi功能，并不会产生流量费。发送或接收时，飞信远比手机自带的短信功能强。

11.3.1 迷你飞信

软件版本： 3.2.5。
系统要求： Android 1.5及以上的手机或平板电脑。
主要功能： 免费发送短信

该软件可通过WiFi网络发送短信，当然不花一分钱。

1. 注册账号

安装该软件后首次运行时，弹出“请设置账号密码”对话框，请点击“开通飞信”，程序会要求我们发送内容为“KTFX”的短信到10086，如果收到确认短信即表示开通成功。

再次运行“迷你飞信”，从弹出的“请设置账号密码”对话框里点击“设置”。接着，输入自己的手机号及密码即可登录成功并进入短信收发界面（图11.10）。今后，随时运行该软件都可直接进入到这里。

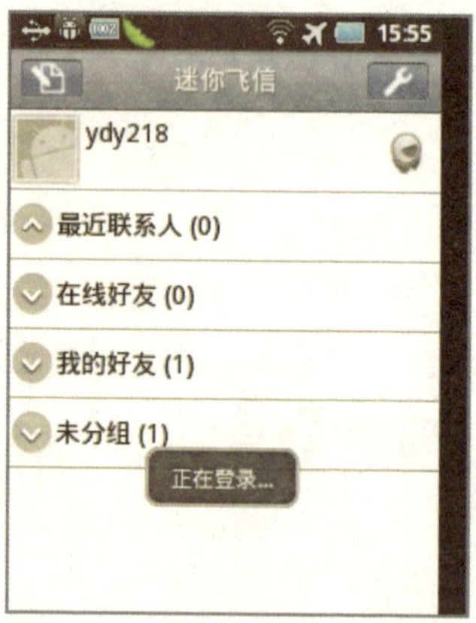

图11.10

2. 添加好友

运行该软件，按手机上的选项键，选择“添加好友”。在此，可手动输入对方的手机号，也可从手机的电话号码簿里选择（必须关闭飞行模式）。接着，输入相关的信息后点击“发送”，等对方收到短信并同意，好友即可添加成功。

3. 收发短信

在“我的好友”下点击一个好友即可弹出短信发送对话框（图11.11）。在此，可手动输入也可点击输入框左边的加号按钮来插入程序为我们设定好的各种短信，这些都是完全免费的。由于我们使用了WiFi网络，连普通短信的费用也全免了。

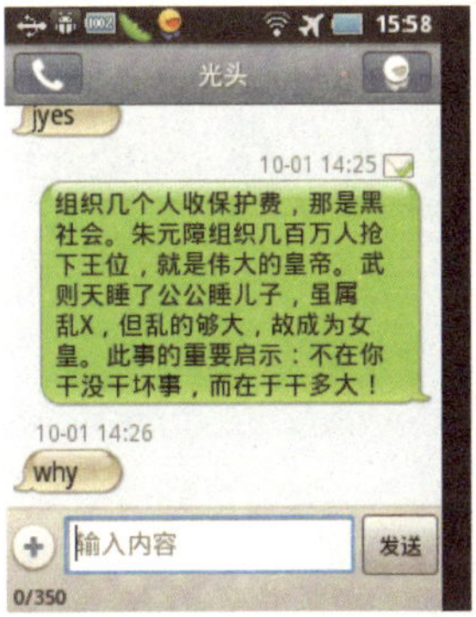

图11.11

至于对方如何接收，得视具体的情况而定，可用“迷你飞信”也可用普通短信。但无论对方如何接收，如果对方发来短信过来，我们都可在开启飞行模式的环境中用“迷你飞信”来接收，达到了免费的目的。

11.3.2　飞信飞语

软件版本：1.1。

系统要求：Android 1.5及以上的手机或平板电脑。

主要功能：飞信好友的在线交流平台。

该软件也是中国移动推出的手机客户端，相当于QQ中的“说说”，只要你是飞信用户而且安装了“飞信飞语”，就能在其中发表自己的只言片语，也可对好友发表的内容进行评论。

要发表，请单击手机的选项键，点击菜单栏中的“更多”，再点击“写飞语”即可。在此，最多或输入140个字符，但却能插入图片（图11.12）。插入图片的方式有两种，点击

图11.12

照相机图标可现场拍照，点击图库图标可直接插入已有的图片。

总结 “迷你飞信”适合于与固定的飞信好友或手机中的联系人之间用短信交流。而“飞言飞语”只适合于发表自己的见解或评论他人见解，而且条件比较苛刻，必须在对方也安装了该软件时才能实现。

11.4 SNS社区

SNS全称Social Network Site，即“社交网站”或“社交网”。通过它，我们能结识更多的朋友。

11.4.1 朋友网

软件版本： 2.11。
系统要求： Android 1.6及以上的手机或平板电脑。
主要功能： 通过朋友网交友。

朋友网(www.pengyou.com)是中国最大的实名制SNS社区。该软件正是朋友网的移动客户端，交友的好工具。

使用该软件时不需要重新注册，直接使用已有QQ号及密码就行了。登录后能查看好友的动静，发表自己、评说他人的日记。该软件特别注重好友的添加，与我相关的、可能认识的都能添加进来，甚至还能通过GPS定位来查找位于附近的朋友（图11.13）。无论通过哪种方式查找到想添加的朋友都可向其发出邀请，只要对方同意即可添加为朋友。

图11.13

11.4.2 世纪佳缘

软件版本： 1.40。
系统要求： Android 1.5及以上的手机或平板电脑。
主要功能： 结识异性朋友。

“世纪佳缘”是中国最大的严肃婚恋网站，目前有单身会员4000多万。该软件是“世纪佳缘”网站的手机端程序，网站上有的功能它都有，例如有缘眼、按择偶条件进行搜索等（图11.14）。

图11.14

运行该软件后，如果尚未注册，请点击“搜索→设置搜索条件”。接着，在指定位置输入希望搜索的异性好友年龄、所在地区、月薪等数据。最后点击“搜索”即可找到很多已注册的异性会员的基本资料。

要想使用更多的功能，请注册一个世纪佳缘账号。方法如下：运行该软件后，点击“缘分”、“信箱”或“服务”……中的任一链接，再从弹出的窗口中点击“免费注册”即可，如果已有账号，请直接在此登录。

总结 “朋友网”相当于QQ交友的延伸，适合于广交朋友，只要与自己的QQ或朋友的QQ相关的朋友都有可能添加进来。而“世纪佳缘”定位更明确，只适合于结交异性朋友，如果还是单身不妨一试。

读书笔记

第12章

通信辅助

手机，最基本的功能就是接打电话或收发短信，但自带的功能一般都比较保守，好在我们可在智能手机上安装各种与电话、短信相关的应用软件，让手机如虎添翼。

- 通话录音
- 智能过滤
- 读听短信
- 伪造短信
- 短信模板
- 号码管理
- 伪造电话

12.1 通话录音

对重要电话，可进行录音处理，一方面可下来再听，另一方面也可保存作为重要的证据。

12.1.1 录音同步笔记

软件版本： 1.2。
操作系统要求： Android 2.1及以上的手机。
主要功能： 录音与文字同步制作、同步播放。

该软件能在录音的同时进行文字记录，播放时文字与声音完全同步。

图12.1

1. 录音并做文字记录

电话来时，请选择免提接听或用耳机接听，再运行该软件，点击“新建笔记”，然后点击笔记界面右上角的录音按钮就能进行记录了。此时，文字记录的左边自动出现喇叭符号。当用户认为对方在讲下一问题时按换行键，记录将自动跳到下一行且出现喇叭符号，输入的文字自动出现在喇叭符号后面（图12.1）……继续，直到对方讲完，按停止键结束录音。

图12.2

2. 同步播放

运行该软件，点击“全部笔记”，可观察到记录的文件名形如“N2011-7-11 23:19”，显然，它是以录制时的时间来命名的。点击其中之一进入播放界面，再点击播放按钮即可播放录音（图12.2）。随着播放进度的进行，与声音对应的文字将以蓝色加下划线的形式显示出来——实现了声音与文字的完全同步。

12.1.2　小木录音机

软件版本： 1.4。
操作系统要求： Android 2.1及以上的手机。
主要功能： 对通话进行双向录音

为便于操作，请将手机设置为免提或用耳麦接听。当有来电时马上运行“小木录音机”，在其主界面上点击“通话录音”后选择一种录音方式，例如“通话双向录音”、“通话输入录音”、“通话输出录音”。接着，再点击下面的录音按钮，录音即可开始。此时，可观察到录音信号指针偏转，向右偏转的角度越大表示信号越强（图12.3）。要结束录音，请点击停止按钮，再选择“使用此录音”，录音文件即可保存下来。

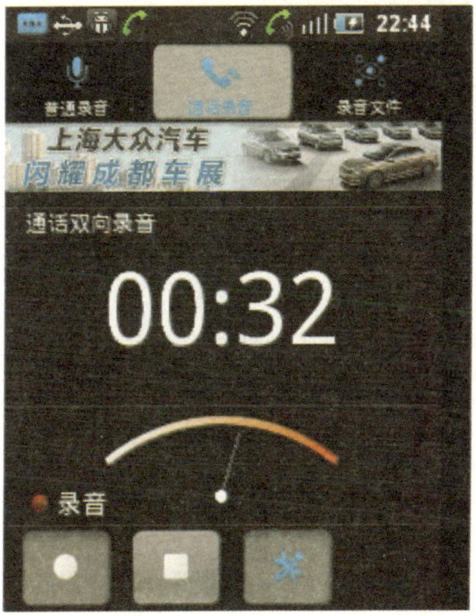

图12.3

要播放录音，请点击“录音文件”，在弹出的界面中可观察到文件名形如“call_来电号码_时间”的文件，点击任意一个即可播放。

总结　“小木录音机”功能较弱且在某些手机上无法兼容。“录音同步笔记”功能强大得多，是电话录音的首选。

12.2 防火墙

无论是电脑防火墙还是手机防火墙，一般通过设置黑白名单或规则来阻止设备与外部网络之间的相互访问。在手机防火墙软件里还特别地增加电话与短信的过滤功能。

12.2.1 网络防火墙

软件版本： 1.4.6。
操作系统要求： Android 1.6及以上的手机。
主要功能： 阻止软件自动上网。

在Android手机中，有的应用软件会自动访问网络，在我们不知不觉中产生大量的流量，或将机密信息发送到指定的地方。DroidWal能以黑白名单的方式阻止其他应用软件在后台联网。

运行DroidWal后，首先弹出的是白名单设置界面，请按住“Mode: White list（allow selected）”，从弹出的快捷方式中选择“Black list （Block selected）”即可进入黑名单设置状态。在此，DroidWal已将手机中的所有应用程序都列举出来，而且显示在网络方式（WiFi和手机自带的3G网络）之下。例如，如果我们不想让“手机电视”联网，请在两种网络模式下选中这一应用软件（图12.4）。接着，按手机上的选项键，选择“Save rules”即可保存当前设置。然后，按手机上的选项键，选择“Firewall disabled”让DroidWal处于活动状态。今后，黑名单中的“手机电视”就不能联网了。

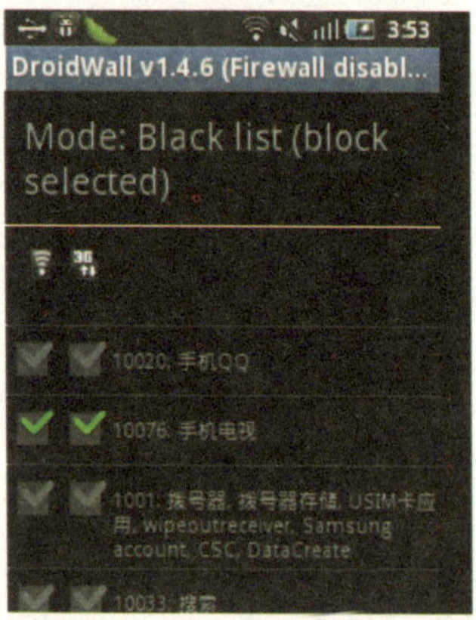

图12.4

12.2.2 来电防火墙

软件版本： 1.0。
操作系统要求： Android 1.6及以上的手机。
主要功能： 拒绝不良电话。

该软件不但能设置黑白名单，还能设置关键词过滤，而且不需要获取手机的ROOT权限即可生效。既能阻止垃圾电话，也能阻止垃圾短信。下面以阻止垃圾来电为例进行说明。

运行“来电防火墙”，在其上界面上只选中“电话黑名单”。接着，点击“电话黑名单”，再按手机上的选项键并点击“添加”，在此，可添加电话号码、城市区号。比如多次收到来自河南省偃师市关于推销电子产品的广告电话而且号码不固定，那就输入该市的区号0379。今后，凡是来自该市的电话都将被阻止。再次运行该软件，点击“拦截记录”可观察被阻止的号码（图12.5）。

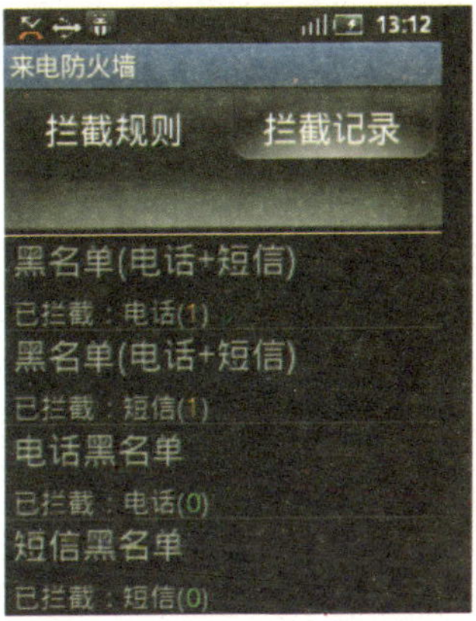

图12.5

12.2.3 短信防火墙

软件版本： 1.2。
操作系统要求： Android 1.5及以上的手机。
主要功能： 拒绝不良短信。

该软件专攻短信拦截，功能虽单一但效果良好。下面以过滤关键字为例进行说明。

运行该软件后，在“拦截含有这些关键字的号码”下输入“办证 中奖 发票”等，每一关键字之间以空格分隔。为保证不误拦截，请选中“不拦截本机电话本中的号码”。最后点击“保存”。

今后，只要短信来自非本机的好友，且其中包含设置过的关键词就会被拦截。运行该软件后，按手机上的选项键，选择“垃圾箱”可观察到拦截记录，点击其中一条还可观察到发短信的号码及短信内容（图12.6）。

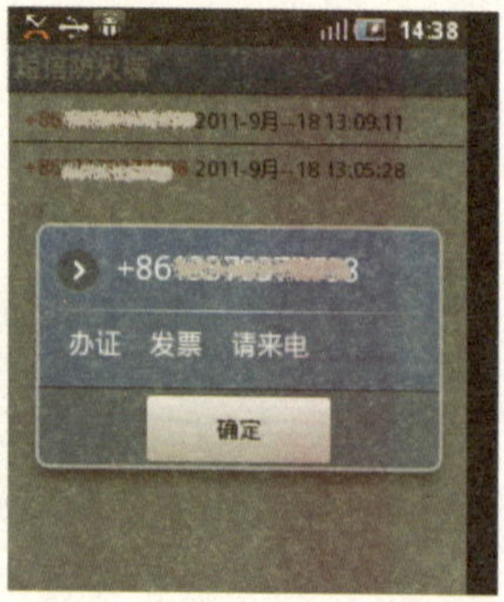

图12.6

总结 这三款过滤软件在功能上无所谓谁优孰劣，各有各的专职，有的能阻止程序自动联网，有的只对电话进行过滤，有的却对短信进行过滤。

12.3 短信增强

在节日批量发送祝福时，短信有着特殊的作用。逐字输入实在太累，笔墨功夫差时感情表达又不到位。还是使用专门的短信增强工具吧。

12.3.1 手说TTS

软件版本： 2.1。
操作系统要求： Android 2.2及以上的手机。
主要功能： 朗读文字。

这一软件的作用是将输入的文件转化为朗读输出，运行后点击“输入文字并聆听”，接着输入文字并点击“朗读”就行了（图12.7）。有了这一软件的支持，后面我们要讲到的“短信听”才能正常运行。

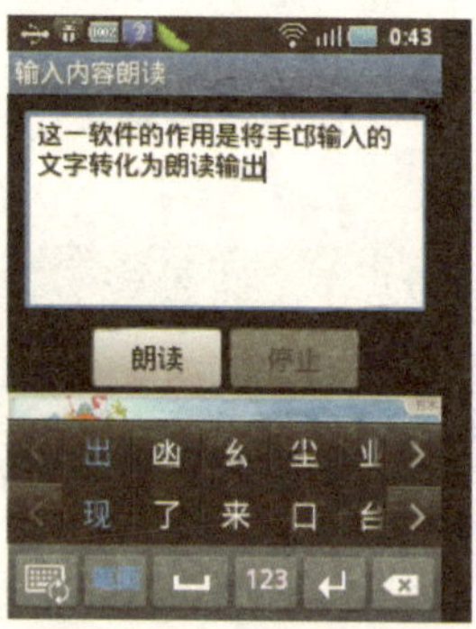

图12.7

小提示 TTS是“Text to speech”，即将文本转化为朗读之意。

12.3.2 短信听

软件版本： 2.1。
操作系统要求： Android 2.2及以上的手机。
主要功能： 将短信读出来。

该软件的作用是将收到的短信自动朗读出来，但必须提前安装“手说TTS”。

1. 导入并朗读

这是默认的短信朗读方式。运行后，在其主界面上点击“短信列表”，该软件就能扫描出手机收件箱中的短信。请选其中之一再点击“朗读”即可。

2. 自动朗读收到的短信

运行该软件，在其主界面上点击“接收朗读”后的“关闭”，让软件的自动朗读功能处于打开状态。接着，点击“高级设置”，选中其下的“来电报告”。这样，当手机收到短信时会弹出提醒对话框告知正在朗读短信（图12.8）。如果要停止朗读，请在手机屏幕任意地方点击即可。

图12.8

如果正在开车或做其他事情，这一功能非常有用，但如果深夜或开会时也会造成麻烦。请在运行该软件后点击“接收朗读时间→在指定时段不朗读”并进行设置即可。

12.3.3 GO短信加强版

软件版本：3.69。
操作系统要求：Android 1.6及以上的手机。
主要功能：以群聊、短信、彩信等方式交流。

这一软件集群聊、普通短信、彩信（包括视频、图片、手写墨迹、音乐）等功能于一身。与普通的短信工具比，它的功能得到了大大的增强。与QQ等IM工具比，无需对方安装相应IM工具即可群聊。

运行该软件后可选择会话界面。如果手机正在使用WiFi，可考虑“气泡方式”；如果为普通网络，请选择“列表样式”，这样能加快聊天界面的刷新速度、节约流量。

接着，选择联系人。如果对方也安装了“GO短信加强版”可像添加QQ好友一样。它的功能也极似QQ，能用文字、图片等交流而且无需额外的费用——除WiFi或流量外。如果对方使用的是普通手机，也以收发普通短信，图片、视频、音乐等以链接的形式显示。

然后，就能聊天了（图12.9）。聊天窗口底部有表情、多媒体等按钮，点击多媒体按钮后可进一步选择发送视频（或现在拍摄）、图片（或拍照）、音频（或录音）、涂鸦等。在涂鸦功能支持下，可将手机的文字或简笔画以图片的形式发送给其他朋友——让对方倍感亲切。

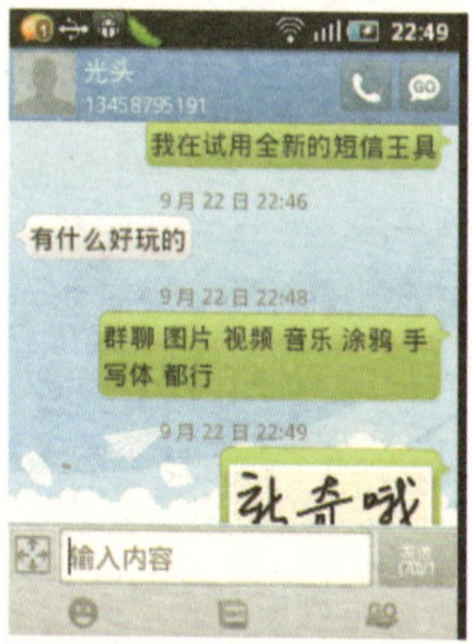

图12.9

12.3.4 弦福贺卡

软件版本：1.0。
操作系统要求：Android 2.1及以上的手机。
主要功能：制作贺卡并免费发送。

1. 注册

运行该软件后，请在主界面上点击“注册”，再按提示操作即可免费获取一个账号。

接下来，就要去挣菠萝卜，注册时已能获取10~30个币。如果邀请好友来注册，可获取100个币，其他的获币方法还多，例如通过自己的账号发图片、发贴等。今后，每10个币可发送一封贺卡。

2. 制作并发送贺卡

运行后选择一个带图片的模板。接着，在“嵌图文字”下选择“亲自动笔”，再输入文字，这些文字将嵌入到图片中，可选择文字的字体、颜色、对齐方式。然后，点击“文字信息”下的“亲自动笔”，就能输入祝福的话语了。完成后，可点击“预览效果”来看一看（图12.10）。如果满意，请在下面填入发件人、接收人的手机号就可以发送了。当然，如果对方的手机无收取或阅读彩信功能，再好的贺卡也无法观看。

图12.10

12.3.5 短信拜年

软件版本： 1.0。
操作系统要求： Android 1.5及以上的手机。
主要功能： 春节短信模板。

短信拜年已非常流行，而且很多时候我们会收到来自不同好友但内容却相同的短信，那是因为大家都有收到好短信后就转发的习惯。要让自己的短信有特色，当然可手动编辑，但又怕自己文采不够。那就试试“短信拜年”吧，它内置了很多精彩的短信，稍加编辑即可发送。

运行后，请选择送给爱人、父母、朋友或上司等。接着选择其中一条就能对其进行修改（图12.11）。然后点击“接收者”并从电话簿中选择收取人。最后，点击“发送”即可。

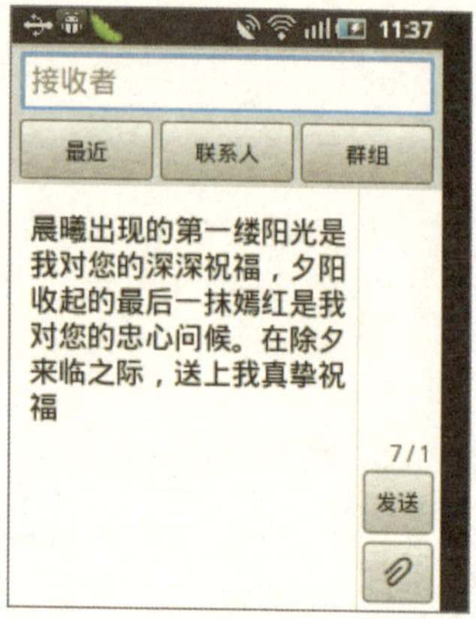

图12.11

这一软件虽名为拜年短信，但只要对内容稍加修改也可适用于其他节日，而且还可添加影音图等多媒体附件以实现彩信功能。

12.3.6 通信助手dgAway

软件版本： 1.1.7。
操作系统要求： Android 1.0及以上的手机。
主要功能： 自动回复转发短信。

当我们收到短信时，该软件能自动回复或向指定的手机转发。当我们暂时无法接听电话或拒绝来电时，该软件可自动回复短信。

图12.12

1. 短信自动转发、回复

运行该软件后，请选中“SMS forwarding”（图12.12）。接着点击“Forwarding Number”并输入一个手机号码。今后，本手机收到的短信会自动转发到指定的手机中。

如果选中“SMS Auto Response”。接着点击“SMS Response Message”并输入文字信息。今后，本手机收到短信时能自动用我们输入的文本进行回复。

2. 来电自动转发、提醒

运行该软件后，选中 “Call Alerting”。接着，点击 “Forwarding Number” 并输入另一手机号。今后，如果本手机有来电未接或被拒接，一封短信会自动发送到指定的另一手机中。短信的内容为 “You received a phone call from xxx”。

如果选中 “Call Auto Response”，接着，点击 “Call Response Message” 并输入短信内容。今后，如果本手机有来电未接或被拒接，刚才输入的短信会自动回复到呼叫手机里。

12.3.7 信息泡泡

软件版本： 1.1.0。
操作系统要求： Android 1.5及以上的手机。
主要功能： 将收到的短信显示在桌面上。

安装这一软件后，不用任何设置，它就能默默地运行于后台。收到短信时会弹出窗口以显示短信内容（图12.13），不仅省去了翻阅短信的麻烦，还能在此对短信进行删除、回复等处理。

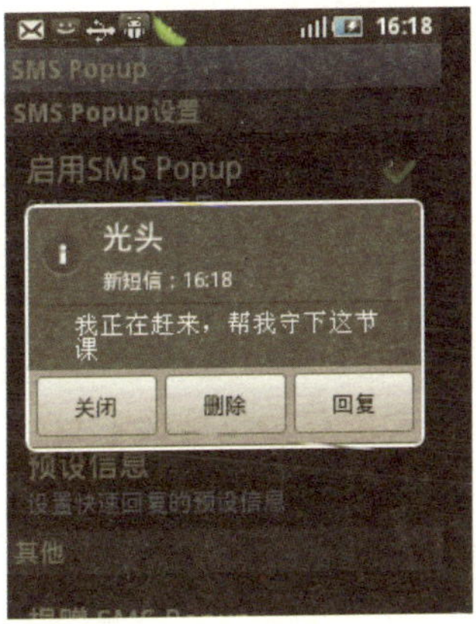

图12.13

12.3.8 短信翻译

软件版本： 1.0.5。
操作系统要求： Android 1.5及以上的手机。
主要功能： 自动翻译短信。

运行该软件后，它会自动将手机收件箱中的短信通通提取出来，点击其中一条即可翻译（图12.14），再点击即可还原为原文。另外，当有新短信来时，它也会自动提取供我们选择是否翻译。

要注意的是，这一软件使用的是谷歌在线翻译系统，要翻译成功必须保证手机的网络连接正常。

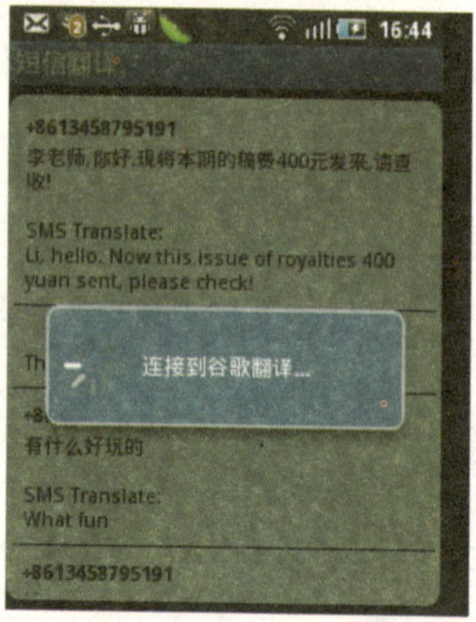

图12.14

12.3.9 远程短信

软件版本：6.9.6.1。
操作系统要求：Android 1.5及以上的手机。
主要功能：用电脑发短信。

发送短信，在手机上操作效率一定远远低于电脑，“远程短信”正是为解决这一问题而开发的。

运行该软件后，请按手机上的选项键，根据实际情况选择手机电脑的连接方式，比如WiFi、USB或蓝牙等。接着，选中“启用默认开启服务”，这样，只要手机端运行“远程短信”，它就会自动与电脑进行连接，连接后自动扫描手机中的联系人名单（图12.15），同时提示我们在电脑的IE里应输入什么IP来进行短信的收发工作（图12.16），本例的IP为“192.168.1.102:8080”。

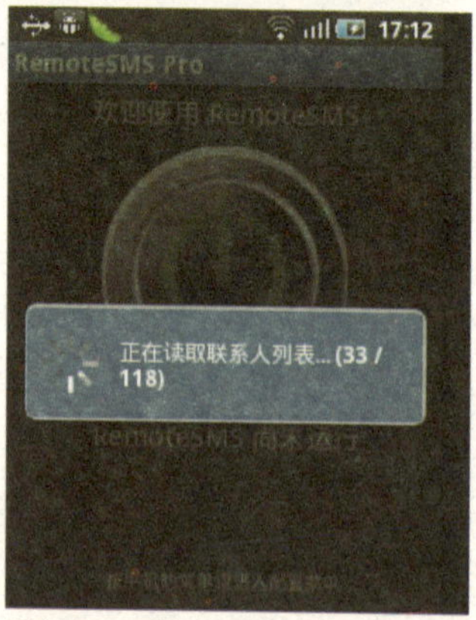

图12.15

在电脑上，运行Internet Explorer，输入指定的IP。连接成功后能观察到已在手机里收发过的短信。要发送短信，请在“联系人”后输入手机号，或点击下面的搜索框按组进行选择。接着，输入短信内容再按“Ctrl+Enter键”就能发送了（图12.17）。无论是发送的还是接收的短信都可显示出来，相当于短信聊天啦。

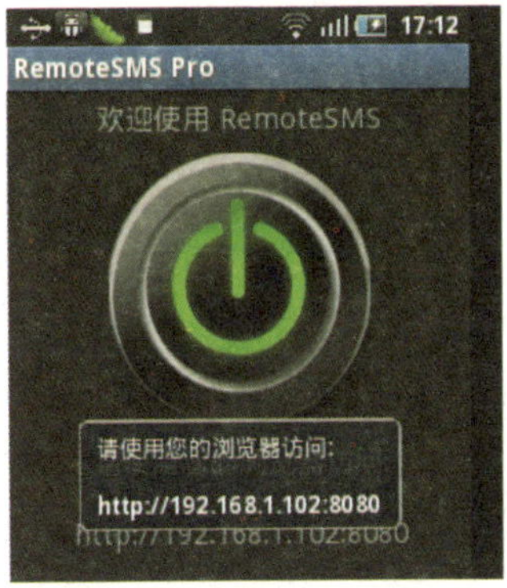

图12.16

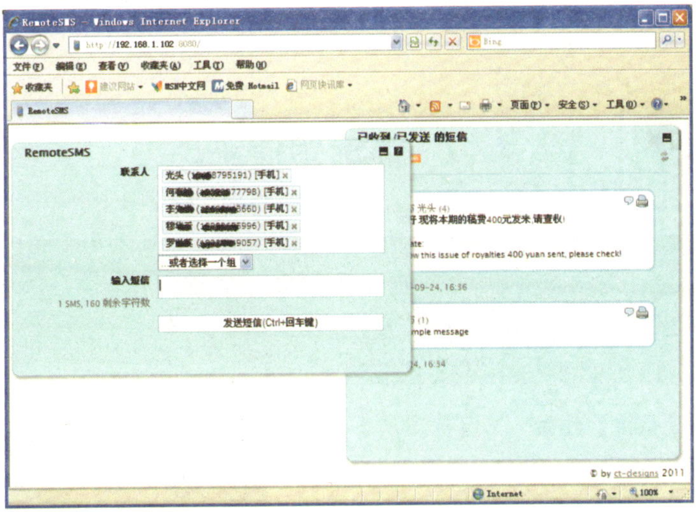

图12.17

12.3.10　短信删除助手

软件版本： 1.2.3。

操作系统要求： Android 1.5及以上的手机。

主要功能： 快速删除短信。

顾名思义，这一软件就是用于删除短信的。虽然，手机也能完成这一动作，但这一软件的效率要高一些。运行后它会自动读取出手机中的短信，只要选中要删除的短信再点击“删除”就行了（图12.18）。

图12.18

12.3.11 通话短信统计

软件版本： 3.4.1。
操作系统要求： Android 1.6及以上的手机。
主要功能： 查看通话、短信记录。

运行该软件后，它会自动从手机服务商（比如电信、移动）的网站上下载通话记录并按拨打或接收的电话进行分类，点击即可查看到更详细的信息，比如联系人，每个电话的时长等。要查看短信统计，请切换到短信界面即可，由于这些信息都来自手机服务商网站，无法查看到短信的具体内容——手机服务商本来就没记录这一信息。

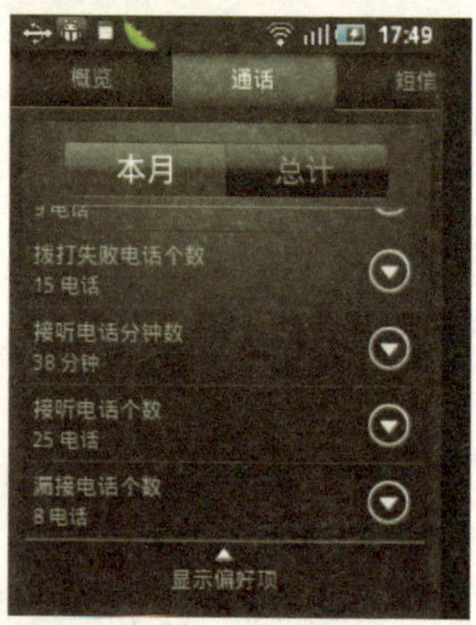

图12.19

12.3.12 群发短信加称谓

软件版本： 1.1。
操作系统要求： Android 1.5及以上的手机。
主要功能： 在短信中自动插入好友姓名。

这一软件能从手机读取联系人姓名再自动插入到短信的指定位置。

运行该软件后，点击“群发短信”。接着，输入短信内容，将插入点移动到要插入名称的位置并点击“称谓”（图12.20）。然后，点击“选择联系人分组”后的按钮，选择一个分组。发送短信时，该分组下的联系人姓名会自动插入到“称谓”处，这样，朋友们就能收到包含他本人姓名的短信了。

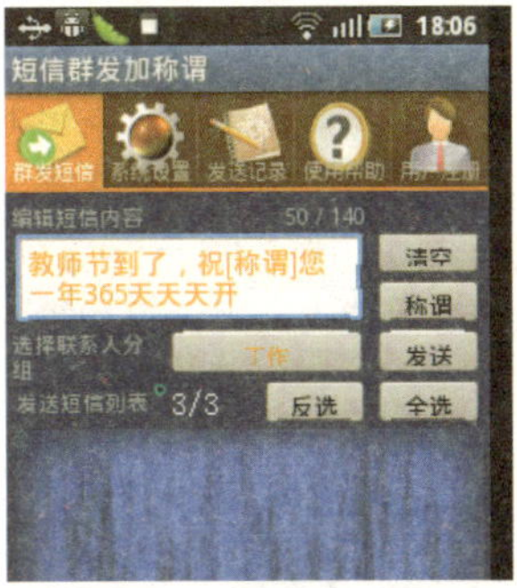

图12.20

实际应用中，我们可能会遇到这样的麻烦：电话簿中只有电话号码没有姓名，或姓名记录比较随意，发送出去后反倒有不恭敬之感。为解决这一问题，请点击“系统设置”，电话簿中选中组的联系人会自动列出来，点击后面的铅笔按钮即可修改（图12.21）。这里的修改只会出现在发送的短信中，不会保存到电话簿里。

图12.21

12.3.13 虚拟短信

软件版本： 1.3.1。
操作系统要求： Android 1.5及以上的手机。
主要功能： 伪造短信。

运行该软件后，点击“立即生成”，在点击左上角的按钮选择伪造发出的短信还是接收的短信，本例以发出为例来说明。点击“联系人列表”可选择收件人，或直接输入一个莫名其妙的收件人号码。接着，输入短信内容并点击“生成”即可。完成后，进入手机的短信发件箱，还真能观察到一封已发出的短信，按住短信并选择“查看信息详情”，还能观察发送时间、接收者号码等（图12.22）。骗一骗普通的人还行，但如果深究的话还是有破绽：登录手机号码服务商（电信或移动等）网站，找不到发送记录。

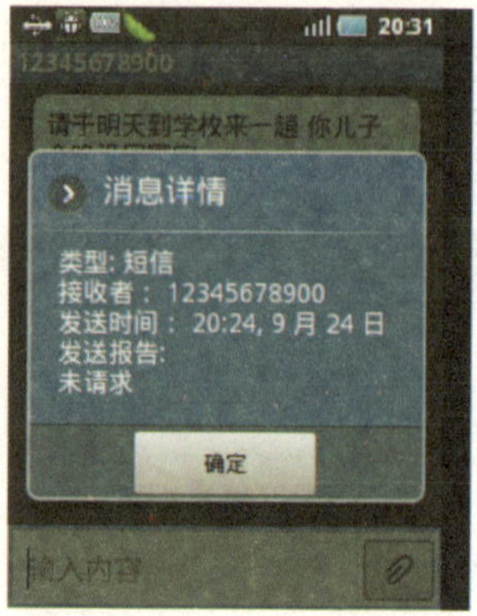

图12.22

总结 在增强短信功能上，这些软件各司其职，相信能让我们的短信之旅更加轻松愉快。

12.4 拨号增强

任何手机本身都有拨号功能，不少第三方工具也做得很好。

12.4.1 酷拨号

软件版本： 1.3。
操作系统要求： Android 2.1及以上的手机。
主要功能： 提高拨号效率。

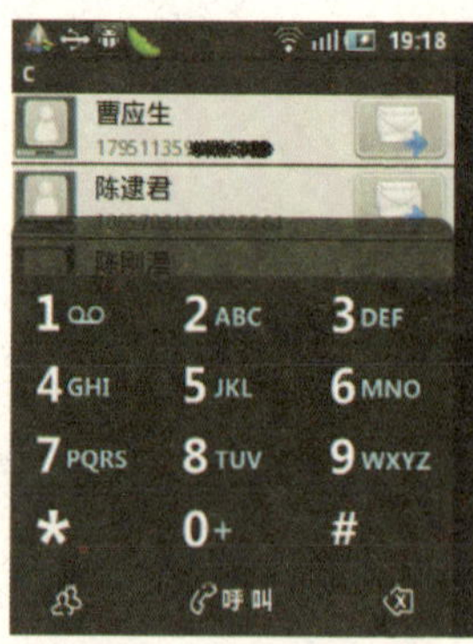

图12.23

该软件将联系人列表与拨号键盘集中在同一屏上（图12.23），手指在拨号键盘上上下滑动可打开/收起拨号键盘，右击左下角的图标可在最近联系人与全部联系人之间切换。总之，除编辑联系人外，其余操作都可在同一屏幕下完成，非常方便。

12.4.2 魔维通讯录

软件版本： 1.8.2。
操作系统要求： Android 2.1及以上的手机。
主要功能： 高效管理联系人。

这一软件分几个屏幕来处理联系人及相关信息，手指在屏幕上左右滑动可切换到不同的屏幕。

默认情况下，第一个屏幕显示手机中的全部联系人列表。与常规的联系列表不同的是其下部有26个英文字母，这是用于检索的。比如点击G，那么，联系人名字的拼音首字母为G的用户即可显示出来（图12.24）。

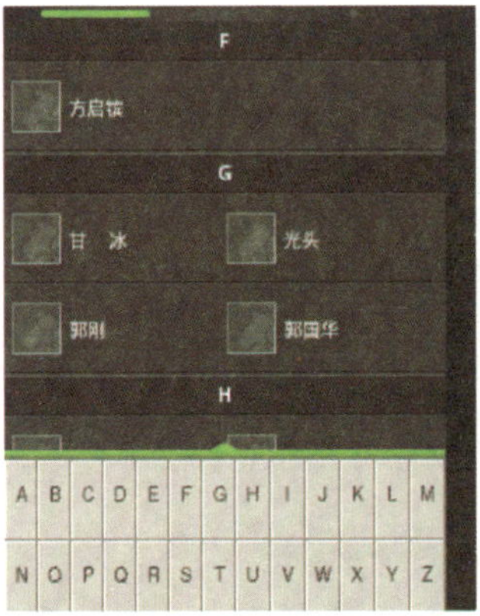

图12.24

第二屏幕显示拨号键盘和最近联系人列表，其中，拨号键盘可收起与打开。

总之，这两个屏幕给我们快速查找联系人或手动拨号带来了方便。

这一软件还能对联系人进行批量操作。按手机上的选项键，选择“多选模式”。接着，选中一个或多个联系人，点击“短信”可实现短信的群发。点击“铃声”可单独为这些朋友设置不同的铃声。这样，只要听铃声就能大概知道是谁打来的电话。

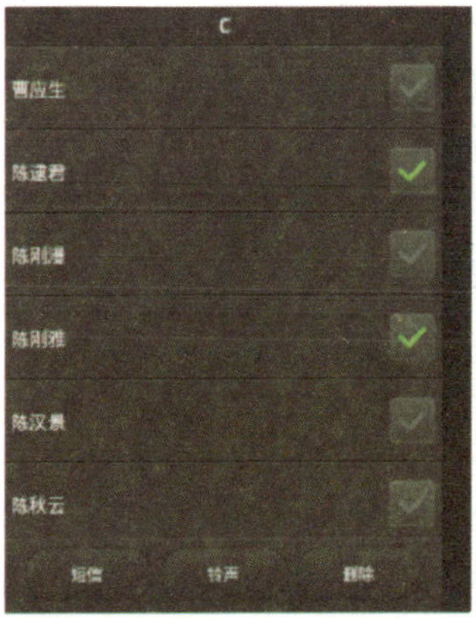

图12.25

12.4.3 常用电话号码大全

软件版本： 1.0。
操作系统要求： Android 1.0及以上的手机。
主要功能： 收集了很多公用电话号码。

这一软件收集了很多人们可能要用到的电话号码，包括生活服务类、政府职能类、紧急呼叫类等（图12.26）。

在“常用电话”里，收集了中国邮政、电信、移动等部门的服务电话，点击即可拨打或存至电话本——反正误打了也没什么大不了的。而政府职能部门、紧急呼叫等分类下的电话就不同了，比如110、119是不能随便拨打的，为此，只列出了号码，需要手动拨号。

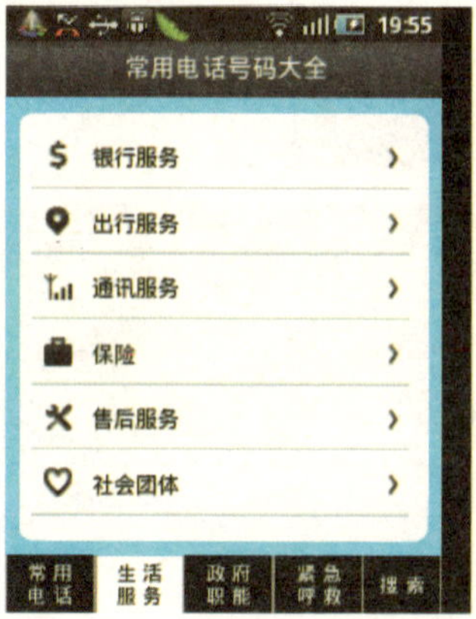

图12.26

12.5 虚拟来电

虚拟来电是这样一类软件，摇晃一下手机或设定的时间一到就有虚拟的电话打进来，让我们从谈话、会议等场合华丽脱身。

这类软件很多，在“机锋”网上搜索“虚拟来电”，能找到的同名工具就有接近10款。

12.5.1 虚拟来电

软件版本：2.0。
操作系统要求：Android 2.2及以上的手机。
主要功能：伪造来电。

运行该软件后，点击“新建”，在设置界面里输入来电人的号码、姓名、通话内容、预定的来电时间等，然后点击“保存”即可（图12.27）。要注意的是“通话内容”后必须选择一段已录制好的声音文件，可点击“录音管理”来现场录制。实测表明，录音文件保存在手机外部存储卡的“FlageACall\record”目录，其下的其他MP3文件也能被“虚拟来电”识别。为此，可提前将虚拟来电人的声音录制好并保存到这一目录来营造更加逼真的效果。

设定的时间一到，就有电话会打进来，按下接听键还能播放已录制好的声音文件。

图12.27

图12.27

12.5.2 伪来电

软件版本： 2.0。
操作系统要求： Android 2.2及以上的手机。
主要功能： 伪造来电。

很多虚拟来电软件都是用时间来触发，即设定的时间一到就有虚拟的电话打进来，而“伪来电”却可通过摇晃手机并延迟几秒来触发，伪装更加逼真。

运行该软件后，请点击“开始伪装来电”使其处于运行状态（图12.29），再选择晃动与来电之间的间隔时间，例如为10秒。接着，点击“管理伪来电细节”，在此，可输入来电人姓名、电话号码等。然后，点击“调节晃动灵敏度”对晃动的次数、力度等进行设置。

前面设定的效果如何呢？将手伸入包中摇晃几下手机，10秒后就会有虚拟的电话打进来。

这一软件也有用时间来触发虚拟来电之功能。还有一个有趣的功能是“把我的手机还给我”：当别人要借手机时，请启用该功能，只要设定时间（比如1分钟）一到就有虚拟电话打进来——对方自然就会还手机了。如果时间紧还没来得及启用这一功能，请用另一手机发送“手机还给我”（这几个字可自由设定）短信到自己的手机，虚拟来电也会打进来。

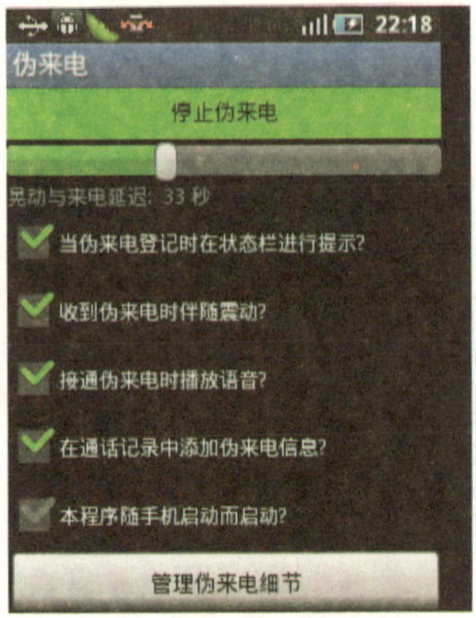

图12.29

总结 “虚拟来电”能模拟出来电人的声音。而“伪来电”可通过晃动来触发，能适用于更多的场合。

12.6 联系人备份

智能手机，可玩性极强，在玩的过程中极有可能将联系人信息丢失。另外，如果手机丢失也会使联系人信息荡然无存。为此，我们得对其进行备份。

12.6.1 QQ同步助手

软件版本： 3.0.1。
操作系统要求： Android 1.5及以上的手机。
主要功能： 备份联系人到云端。

手机联系人丢失，那可是很痛苦的事。“QQ同步助手”可将联系人信息备份到网络之上：运行后，点击“设置账号”并输入自己的QQ号和密码。接着，点击“备份通讯录→备份全部”即可（图12.30）。要恢复，请点击“恢复通讯录”。

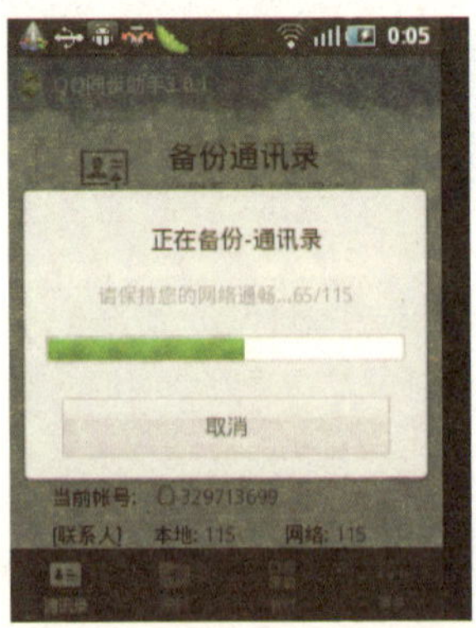

图12.30

12.6.2 手机备份还原

软件版本：2011.06.30。
操作系统要求：Android 2.0及以上的手机。
主要功能：备份手机信息。

运行该软件后，它会自动扫描联系人信息、通话记录、短信、日历、浏览器的收藏夹等项目而且都处于开启状态，表示这些项目都是要备份的。

点击“备份”备份即可自动进行（图12.31），默认情况下，备份的保存位置为手机外部存储卡的“.HCina/backup”目录。要恢复，请点击“还原”。

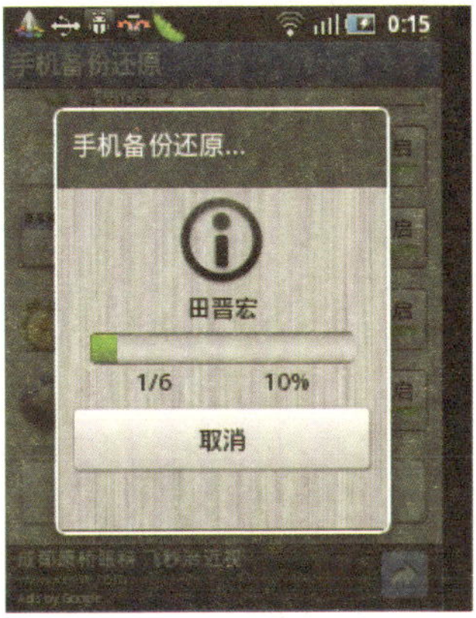

图12.31

总结 “QQ同步助手”将数据备份到网络，不会因手机失窃等而丢失。“手机备份还原”将数据备份于手机的外部存储卡，速度快而且能备份的项目比较多。

读书笔记

第13章

网络应用

如今的手机或平板电脑或平板电脑，几乎都能上网，在网络这个精彩无限的世界里，相信大家都能风光无限。

- WiFi管理
- 远程控制
- 邮件收发
- 手机博客
- 资源下载

13.1 浏览器

浏览器是进入网络的大门，可在Android手机或平板电脑里运行的浏览器很多，其功能也大同小异。下面以QQ手机浏览器和UC为例进行说明。

13.1.1 QQ浏览器

软件版本：2.4。
操作系统要求：Android 1.5以上的手机或平板电脑。
主要功能：浏览网页。

“QQ手机浏览器”是聊天QQ的孪生兄弟，二者相益得彰，很多无法在聊天QQ上完成的事都可在浏览器里进行。

1. 一步进入感兴趣的网页

该浏览器运行后，首先显示出的是“快速链接”页面且已包括了手机快讯、QQ空间、腾讯微博等快捷方式。手指在屏上向右滑动显示下一页面，这里还有更多网址快捷方式（图13.1）。无论在哪一页面，都可观察到最热门的事件标题。

在浏览网页的过程中，可点击手机上的选项键，再选择“添加书签”，可将此网页收藏到书签、快速链接或桌面书签里（图13.2）。

图13.1

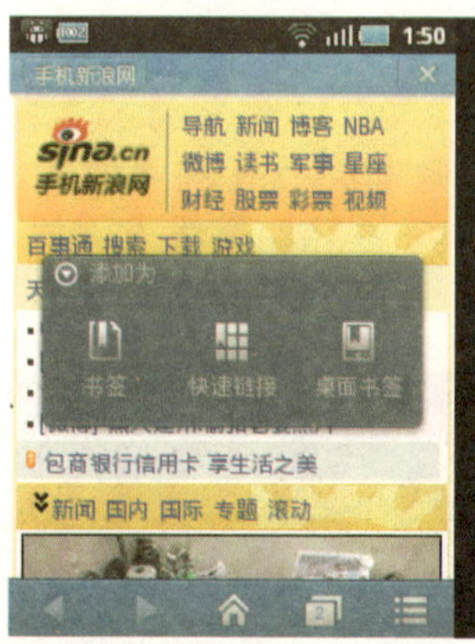

图13.2

2. 与QQ空间的整合

运行QQ手机浏览器后，首先显示出来的是“快速链接”页面，在此，点击“QQ空间”即可进入，很多无法在聊天QQ中完成的事都可在此进行。

3. 下载管理

上网过程中，下载也是重要的应用之一。找到好的资源后点击即可下载，既可下载到手机的存储卡也可下载到自己的QQ网络硬盘（图13.3）。如果选择了下载到手机，可在手机的任务栏里观察到正在下载的任务，点击即可查看到下载进度。也可点击手机的选项键，选择“下载管理”来查看正在下载或已下载完成的文件（图13.4）。

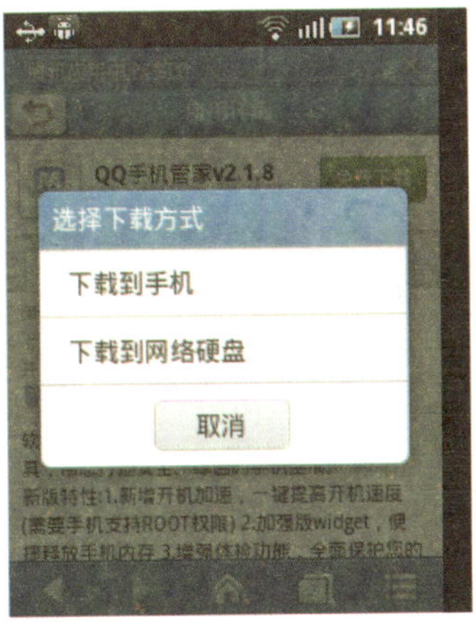

图13.3

图13.4

13.1.2 UC浏览器

软件版本： 7.9.1。

操作系统要求： Android 1.5以上的手机或平板电脑。

主要功能： 浏览网页。

1. 快速浏览自己喜欢的网页

UC，几乎所有Android手机或平板电脑都内置了这一浏览器，但版本都比较低，为此，需自行安装才能获得高版本UC。运行目前最高版本（7.9.1）的UC后，不知大家是否观察到了界面底部的三个小点（图13.5），它表示UC有三个主界面，手指在屏上左右滑动即可切换。第一个界面主要负责书签、浏览过网页的管理；在第二个界面中，除能输入网址、进行搜索外，还有很多UC为我们推荐的网址。第三个界面为UC专用，包括UC乐园、UC商城、视频导航与下载等。

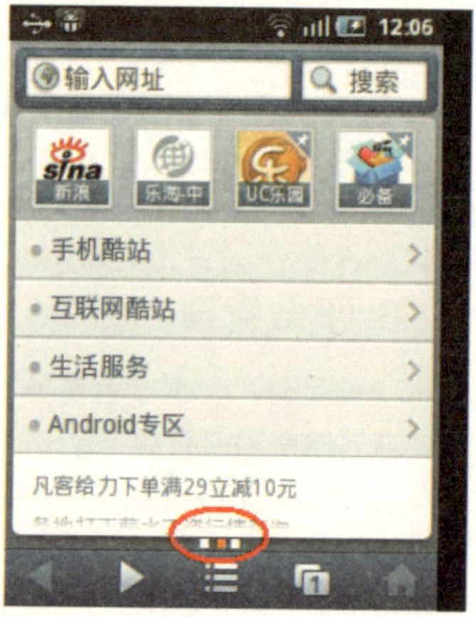

图13.5

2. 热门电影随时看

在UC的第三个界面中点击“影视导航”，可看到很多电影，既可在线播放，也可下载后观看（图13.6）。如果要在线播放，请按提示下载并安装“UC影音”。无论在线看还是下载，都可选择不同的视频版本，比如高清版、流畅版等。

通过UC下载的视频文件存放于手机外部存储卡的UCDownloads文件夹下，其他下载文件也是如此。

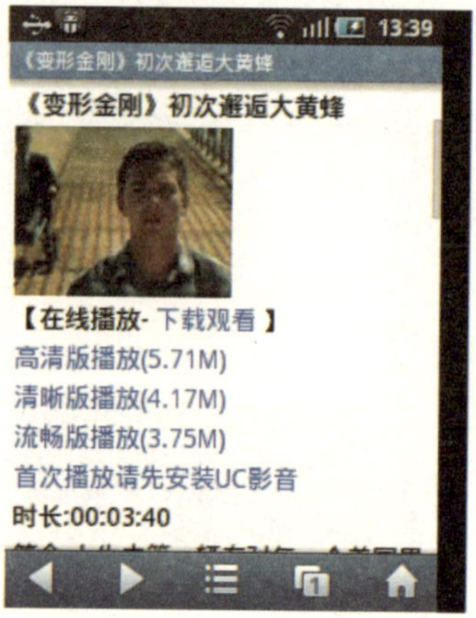

图13.6

总结 能运行于Android系统的网页浏览器很多而且各有特色。“QQ浏览器”重在与QQ聊天软件、QQ空间等结合，相益得彰。而“UC浏览器”在Android系统中相当老牌，功能齐全且稳定性很高。

13.2 WiFi无线

WiFi是一种可以将个人电脑、手持设备（如PDA、手机）等终端或Internet网以无线方式互相连接的技术。它能让我们摆脱有线，享受无限。

13.2.1 无线路由器 Wireless tether

软件版本： 2.0.8。
操作系统要求： Android 1.5以上的手机。
主要功能： 让笔记本通过手机流量上网。

该软件可将手机变身为无线路由器，拖着笔记本上网。要注意的是它的运行需要获取手机的Root权限，在很多手机上都无法运行。但我们可通过手机自身的功能来实现。

首先，用USB数据线连接手机与笔记本电脑，在手机上点击“设置→绑定与便携式热点”，接着选中“USB绑定”和“便携式WLAN”热点。成功后可在手机的任务栏里观察到热点标志（图13.7）。

图13.7

在笔记本电脑里，依次打开“网上邻居→查看网络连接”，可观察到多出的一个连接，将鼠标指向它会显示出它的属性，例如“SANSUMG Android USB…”（图13.8）。至此，笔记本就能在手机的拖动下上网了。这种方式的好处在于无法在什么地方，只要手机能上网笔记本就能上，适用于荒郊野岭等特殊环境，但会耗费大量的手机流量，只可在万不得已的情况下暂时使用。

图13.8

13.2.2 手机摄像头 CameraWiFi LiveStream

软件版本： 1.7.0。
操作系统要求： Android 1.6以上的手机。
主要功能： 用手机的DC充当电脑摄像头。

该软件能让具备DC功能的手机摇身一变成为电脑的摄像头。首先，将手机与电脑通过USB或WiFi方式连接起来。接着，运行该软件，它会显示出手机的IP或端口（图13.9），本例中这两项参数分别为192.168.1.102、800&8001。然后点击“Start”，选择“Web Browser”或“Android Device”。在此，我们选择“Web Browser”。

以上设置完成后，可在手机里观察到DC所拍摄画面。同时，只要在电脑的浏览器里输入Http:// 192.168.1.102:800也能观察（图13.10）。

在“Photo or Video”下选择“Photo”并单击“Capture”，可对当前画面进行拍照。

如果在“Photo or Video”下选择“Video”，再在“Video Rec Length(secs)”下选择一个时间，比如10（秒），然后单击“Capture”就可以录制活动的视频画面了。按本例设定，录制时间为10秒，完成后自动停止。

单击“View Captures”能观察到已保存的照片或视频（图13.11）。其实，这些文件都存放于手机的外部存储卡的SECuRETSpyCam文件夹里，电脑浏览器之所以能观察，是因为它已将手机视为服务器并远程观看。

图13.9

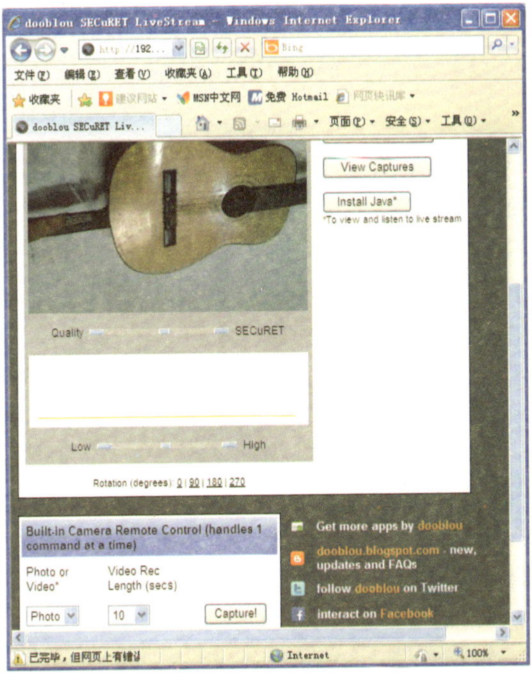

图13.10

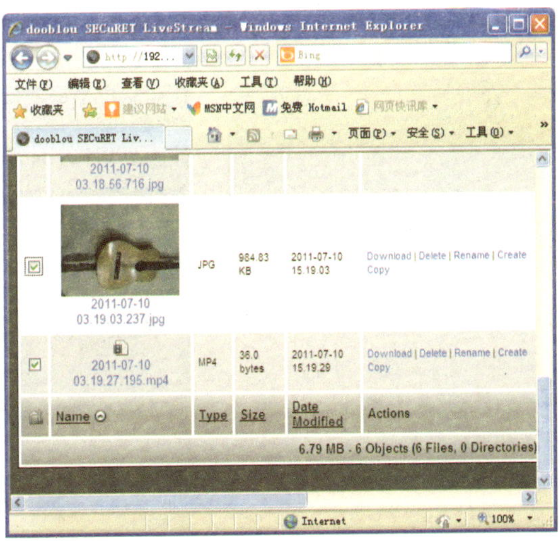

图13.11

13.2.3 WiFi管理器

软件版本： 2.0.1。
操作系统要求： Android 1.6以上的手机或平板电脑。
主要功能： 高效搜索WiFi热点。

该工具能检测周围是否存在WiFi热点并默认地按信号强弱从上到下排列（图13.12），方便我们选择信号最强的热点进行连接。找到最强的热点后，点击之，再从弹出的快捷菜单中选择“连接”，手机就能通过WiFi上网了。

图13.12

13.2.4 无线文件管理器 WiFi File Explorer PRO

软件版本： 1.4.0。
操作系统要求： Android 1.6以上的手机或平板电脑。
主要功能： 通过电脑管理手机文件。

首先，通过WiFi方式连接手机与电脑。接着，运行该软件，它会自动显示出手机的IP地址及端口号（图13.13），本例为192.168.1.101:8000。在电脑上，只要通过浏览器输入http://192.168.1.101:8000/即可查看手机外部存储卡中的文件（图13.14）。在此，我们可进行以下操作。

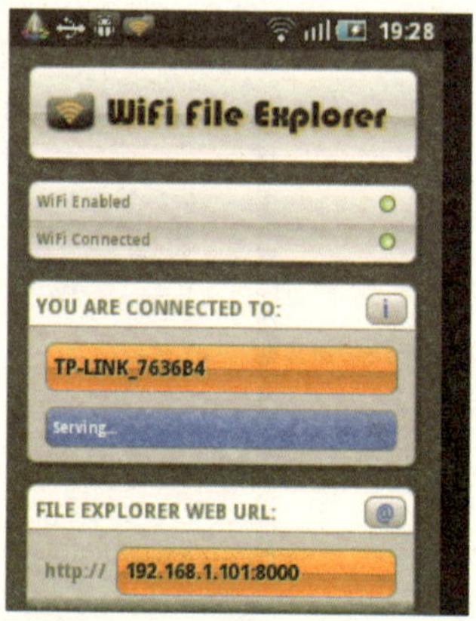

图13.13

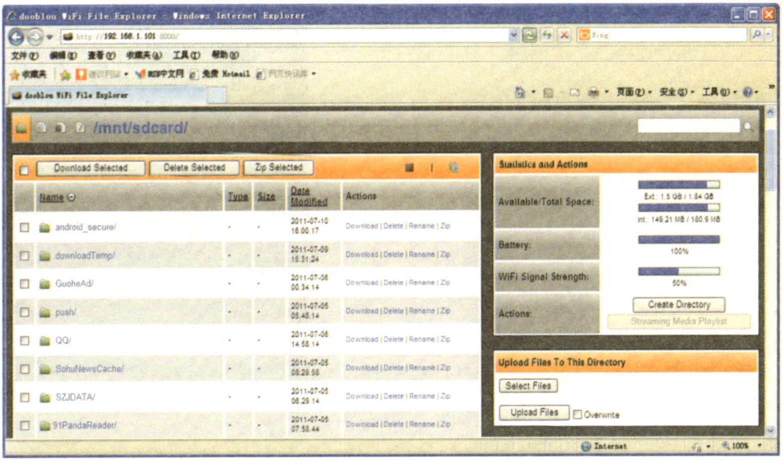

图13.14

界面左上角有文件夹、图片文件、视频文件、音乐文件等按钮。点击文件夹按钮能显示出所有文件，点击图片文件按钮可显示出手机外部存储卡中的所有图片文件，有效地实现了文件的筛选。

选中文件夹或文件后，点击“Download Selected”，可将其下载到电脑上保存。

选中一个文件夹后点击“Select Files”，再选择电脑上的文件，然后点击“Upload Files”，可将电脑上的文件复制到手机里。

13.3 远程控制

远程控制，是指通过局域网或Internet网实现手机、平板电脑、个人电脑之间的相互操作、文件共享等。

13.3.1 PowerDVD远程遥控

软件版本： 1.0.1530。
操作系统要求： Android 2.0以上的手机或平板电脑。
主要功能： 用手机遥控电脑。

如果在电脑上安装了PowerDVD，那么，“PowerDVD远程遥控”能实现手机与电脑的互动。

图13.15

1. 手机遥控电脑

首先，通过WiFi连接手机与电脑。接着，在电脑运行PowerDVD，单击“设备→设备应用程序→Power DVD Remote”，可在其下看到一个密码，请记下它。然后，在手机上运行“PowerDVD远程遥控”，它会自动扫描出同一局域网中的电脑作服务器（图13.15），点击该电脑并输入刚才查出的密码，手机与电脑的连接就完成了。此时，可在手机上选择“控制按钮”和“鼠标垫”两种方式来遥控电脑（图13.16）。

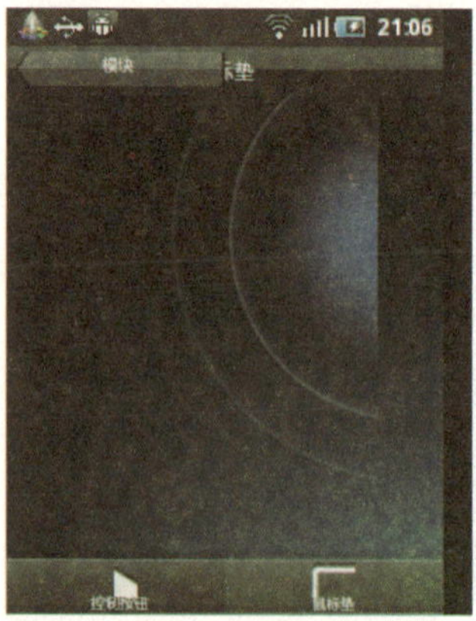

图13.16

选择“控制按钮”方式后，手机屏幕上会显示出播放、暂停、快进等按钮，能控制电脑上的PowerDVD。选择“鼠标垫”方式后，手指在手机屏幕上滑动时能在电脑上观察到鼠标指针的移动，能模拟出单击、双击等操作，不仅能控制PowerDVD，还能用它代替鼠标操作电脑。

2. 在电脑上播放手机媒体文件

在电脑上运行PowerDVD后，单击“设备→查看设备上的媒体”，可观察到已连接手机，本例为GT-S5570(三星)。手机上的图片、视频等也一览无遗（图13.17），还能用PowerDVD软件来播放。

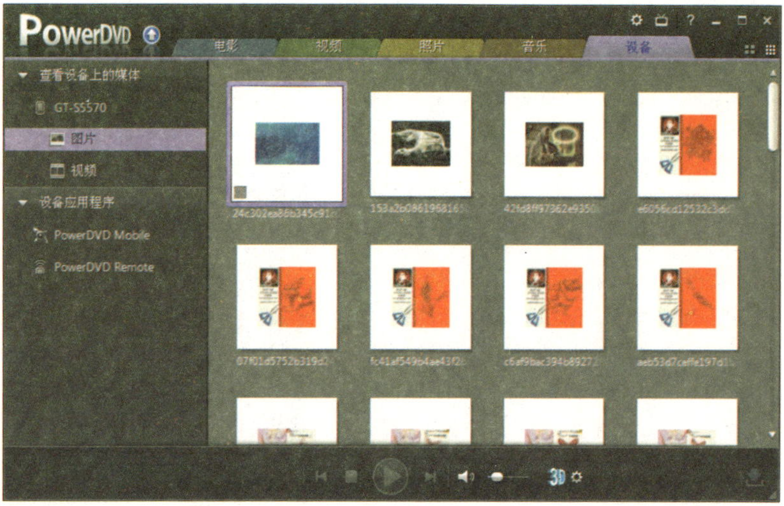

图13.17

13.3.2 网灵远程控制端

软件版本： 2.3.3。
操作系统要求： Android 1.6以上的手机或平板电脑。
主要功能： 用手机监视库房盗贼。

网灵远程控制共包含两个软件：受控端和控制端。其中，受控端安装于电脑，而控制端安装于手机，两者配合起来实现手机跨Internet网地控制电脑。

1. 远程控制

步骤 1 登录http://www.wangling-tech.com/home.php，注册一个网灵ID账号。接着，单击“下载中心”，将“网灵移动办公受控端”和“网灵移动办公控制端”下载回来。然后，将后者安装于Android智能手机上。

步骤 2 在电脑上安装“网灵移动办公受控端”。在安装过程中，请按提示输入网灵ID账号及密码。完成后运行受控端，它会在系统托盘处留下图标。右击该图标，选择“查看状态”，如果提示信息为“访问成功”（图13.18）则表示受控端已正常运行。

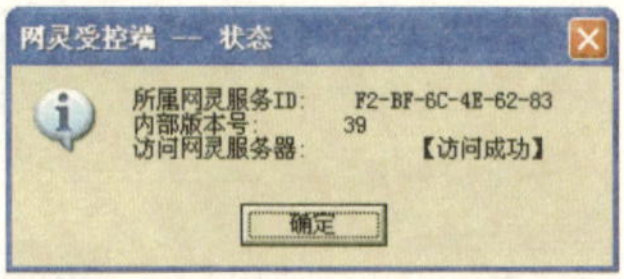

图13.18

步骤3 在手机上运行控制端并按提示输入刚才注册的ID及密码就能观察到已运行受控端的电脑了（图13.19）。点击受控端电脑，从弹出的快捷菜单中选择“连接”，再选择连接的方式为“屏幕控制”（图13.20），电脑屏幕即可显示在手机上（图13.21），在此，可通过手机控制电脑，例如：运行程序等。

图13.19

如果在电脑上安装好摄像头并对准需要监控的地方，手机就能观察该处是否有盗贼闯入了。

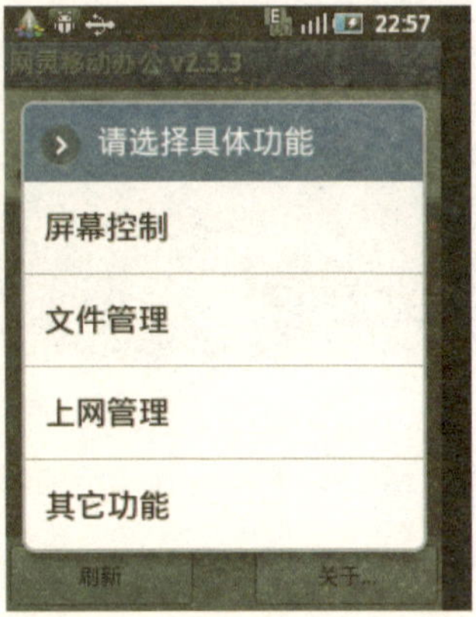

图13.20

图13.21

2. 远程文件共享

如果选择连接方式为“文件管理”，能观察到电脑中的文件，按住文件并从弹出的快捷菜单中选择“下载文件”可将远程电脑中的文件下载到手机（图13.22）。

按手机上的选项键，选择“上传文件”（图13.23），再按提示操作即可将手机中的文件远程复制到电脑。

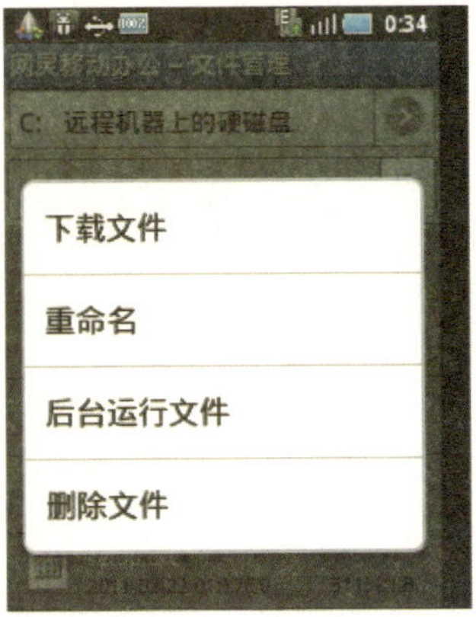

图13.22

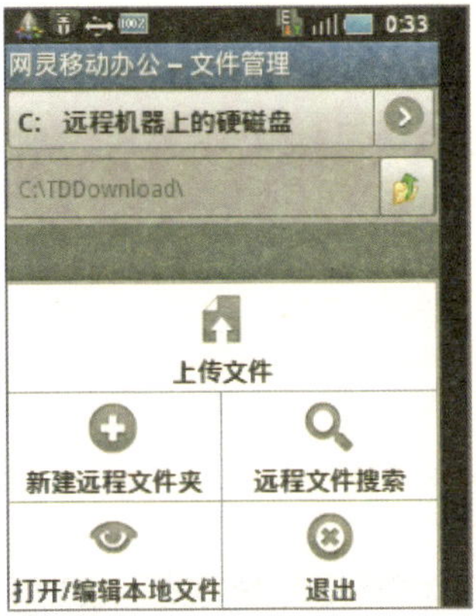

图13.23

13.4 邮件收发

现代人已很少手写书信，取而代之的是电话、短信，要传递更多的信息则依赖于电子邮件。在手机和平板电脑里，邮件是重要的网络应用之一。

13.4.1 网易手机邮

软件版本： v0.5.0。
操作系统要求： Android 2.0及以上的手机或平板电脑。
主要功能： 用手机收发邮件。

目前，我们用得较多的邮箱服务有网易（163）、新浪（Sina），国外的Gmail、MSN(Hotmail)以及新兴的QQ邮箱、139邮箱等。随着智能手机的兴起，部分邮箱服务商开始推出手机客户端，让我们通过手机也能收发邮件。“网易手机邮”就是其中之一。

在电脑上用Outlook Express收发邮件时，得配置POP3、IMAP或SMTP等服务，整个过程相当复杂，但“网易手机邮”却无须配置。

首次运行“网易手机邮”，它会要求输入一个163邮箱地址及密码，再点击“登录”就行了，POP3等服务的配置全由软件自己完成。为方便今后使用，请选中“记住密码”和“自动登录”。今后，只要运行“网易手机邮”，它就会自动进入邮件管理主界面（图13.24）。点击左上角的“邮件”按钮即可收取邮件。

要发送邮件，请点击“邮件”，再按手机上的选项键，选择“写邮件”，然后在弹出的邮件编辑界面填入收件人、邮件主题、邮件正文（图13.25）。要发送附件，请按手机上的选项键并点击“添加附件”即可按提示添加。最后，点击“发送”即可。

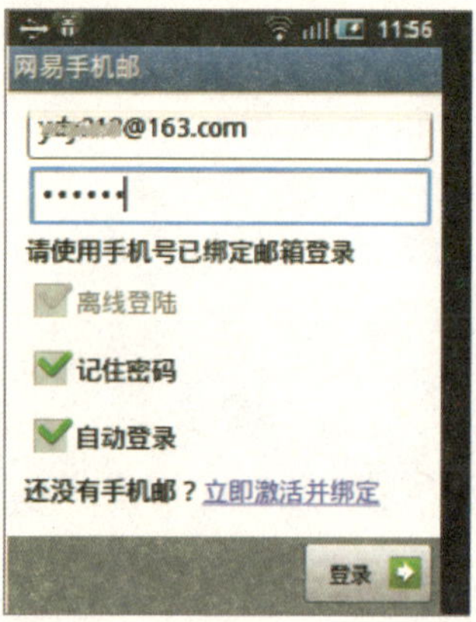

图13.24

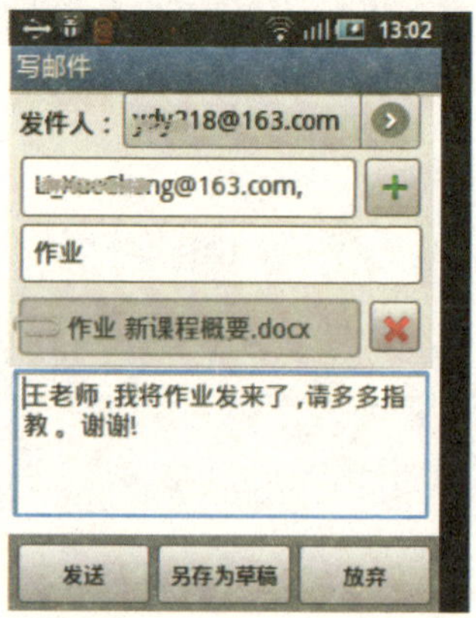

图13.25

13.4.2 尚邮

软件版本：3.0.3。
操作系统要求：Android 1.6及以上的手机或平板电脑。
主要功能：用手机收发多个邮箱邮件。

为适应工作、生活需要，很多朋友可能不止一个邮箱，甚至拥有多种类型的邮箱，那“尚邮”一定能帮你管理好这些邮箱。

1. 添加邮箱地址

首次运行“尚邮”，它会要求我们输入邮箱地址及密码，可添加的邮箱包括Gmail、163、Hotmail、QQ Mail（图13.26），点击“其他邮箱”还可输入139、新浪（Sina）等邮箱。今后，当“尚邮”运行时，还可按手机上的选项键，选择“邮箱管理”即可查看到已添加进去的邮箱地址，再按手机上的选项键，选择“添加邮箱”还可继续添加。

图13.26

2. 收发邮件

默认情况下邮件的收取是自动的，而且会分门别类地存放（图13.27），点击其中一封即可阅读。

图13.27

要发送邮件，请点击手机上的选项键，选择“写邮件”，再填入收件人、主题、正文等，要添加附件，请按手机上的选项键并点击“附件”。要注意的是，由于“尚邮”能拥有多个邮箱地址，请点击发件人后的箭头按钮，再选择用哪一邮箱发送邮件（图13.28）。

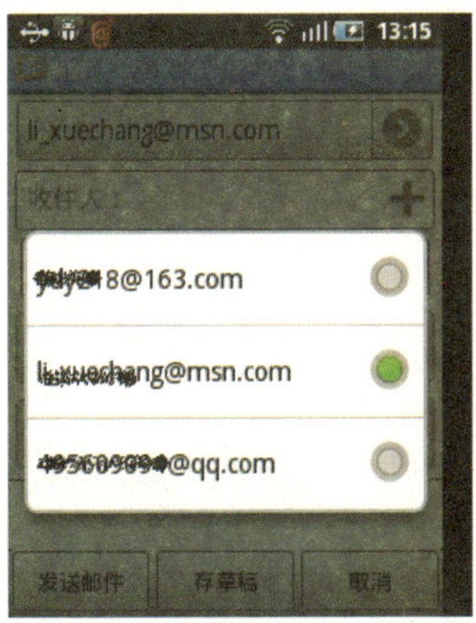

图13.28

总结 如果只有163邮箱，用“网易手机邮”就够了。如果有多种类型的邮箱，“尚邮”一定能派上用场。

13.5 手机博客

如今很多人都有博客了，官员、明星、草根都通过博客来发布消息、表明心迹、表达自己的喜怒哀乐。

13.5.1 网易微博

软件版本：1.2.0。
操作系统要求：Android 1.6及以上的手机或平板电脑。
主要功能：管理网易微博。

运行该软件后，请用自己的163邮箱账号和密码登录。其界面底部有主页、GPS定位、消息、微生活、我的资料等快捷方式，点击即可进入对应的位置。

要写微博，请点击主页按钮，再点击界面右上角的纸笔按钮即可进入编辑界面。在此，可点击照相机按钮以拍摄图片或导入已有照片。也可点击PGS按钮，选择附近的某地点插入。当然还可输入文字信息。完成后，点击“发布”即可（图13.29）。

图13.29

13.5.2 摩瓦微博

软件版本：1.0.1。
操作系统要求：Android 2.1及以上的手机或平板电脑。
主要功能：语音微博。

国内大型门户网站新浪开设了微博服务，也推出了专门的手机客户端对微博进行管理。摩瓦微博在新浪官方客户端的基础了增加了语音微博功能，让用户想说就说、想唱就唱、还可添加趣味配音。免费的短/彩信让用户方便地将微博及图片分享到亲友手机。语音评论功能让用户免去打字的烦琐、轻松发表评论。

1. 写微博

运行该软件，用自己的新浪邮箱账号及密码登录。它的界面下部有主页、语音广场、关于我、更多等功能按钮。要写微博，请点击界面左上角的纸笔按钮进入博客编辑界面。在此，可点击图片按钮来现场拍照或导入已有图片，也可输入文字信息或插入表情符号。如果点击话筒按钮，再点击“开始录音”就能录制自己想要说的话了，录完后请点击“停止录音”，然后按手机上的返回键并选择“添加到写微博”，刚才录制的声音文件即可添加到微博中去。最后点击编辑界面右上角的发布按钮即可将刚才写好的微博发布。

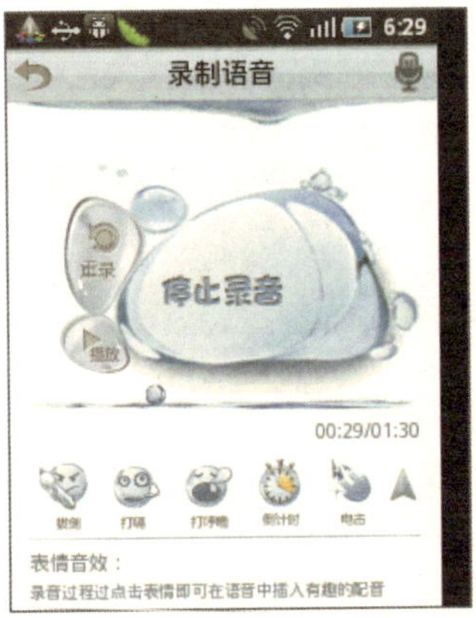

图13.30

2. 评微博

无论浏览到哪位好友的微博，请点击“我要说”即可对其进行评论。在此，可按住录音按钮来录制声音，松开即停止录音（图13.30）。当然也可输入文字，完成后点击“发送”即可（图13.31）。

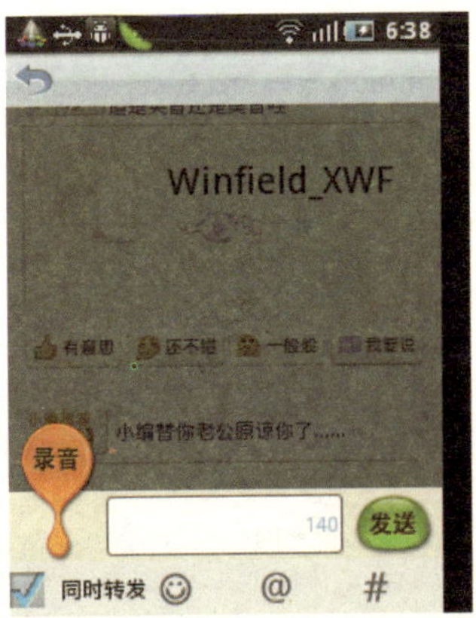

图13.31

总结 其他的微博工具还很多。本文介绍的两款各具特色，网易微博凭借其众多的邮箱用户博得了很多用户，活跃度比较高。而摩瓦微博则靠极具特色的语音写微博、评微博来吸引用户，如果打字困难，不妨一试。

13.6 下载工具

在Android手机或平板电脑里，很多浏览器本身已具备下载功能，但PC用户总是习惯于使用专门的下载工具，下面就介绍两款。

13.6.1 手机迅雷

软件版本：1.4.4.9。
操作系统要求：Android 1.0及以上的手机或平板电脑。
主要功能：用手机下载文件。

这一版本的“手机迅雷”不具备搜索资源的能力，仅是下载工具，必须与浏览器配合才能发挥其作用。

例如：用手机自带的浏览器上网，找到要下载的资源后点击，此时，我们可从弹出的快捷中选择下载方式为“手机迅雷”就行了（图13.32）。

在默认情况下，下载的文件保存位置为手机外部存储卡的TDDownload目录。要修改，请按手机上的选项键，选择“下载设置”，再在“下载默认路径”下手动输入其他位置即可。

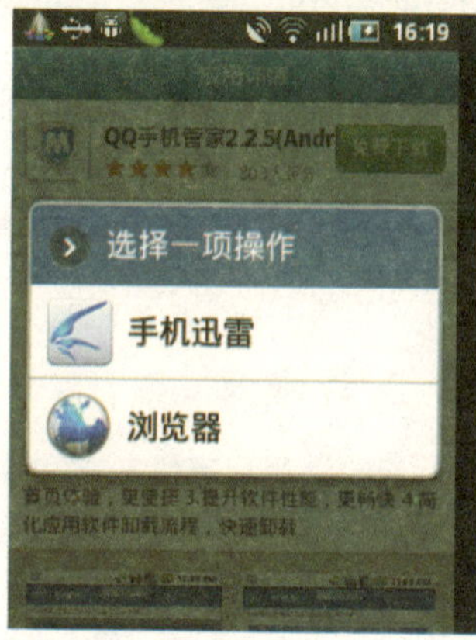

图13.32

13.6.2 音乐下载

软件版本：1.0。
操作系统要求：Android 1.5及以上的手机或平板电脑。
主要功能：用手机下载音乐。

该软件很小，但功能却很适用。运行后，在搜索对话框里输入歌曲名，点击“go”即可搜索。一般情况下，能搜索到的资源比较多，请注意观察其中的歌手名及专辑名以确定选择哪一首。观察文件大小也不失为好方法，普通MP3歌曲一般接近5MB。

初步确定后，请点击自己需要的歌曲，可在下一界面中选择“预览”或“下载”（图13.33）。下载完成后，还可点击“编辑”来对音乐进行裁剪并设置为手机铃声。

图13.33

默认情况下，下载的音乐存放于手机外部存储卡的“mls/music”目录之下。

总结 迅雷是通用的下载工具，而“音乐下载”则专门用于搜索下载音乐文件。

读书笔记

第14章

教育学习

对学生而言，手机也并非洪水猛兽，充分利用它便成了我们学习的好帮手。

- 字典词典
- 经典国学
- 自然百科
- 谜语猜猜
- 各种考试

14.1 字典成语

目前，学生们用的字典、词典不知压坏多少个书包。将字典、词典存放在手机或平板电脑中岂不是更加方便。

14.1.1 新华字典

软件版本： 2.58。
操作系统要求： Android 1.6以上的手机或平板电脑。
主要功能： 手机或平板电脑上的新华字典。

这是一本离线新华字典。从查询方式看，既可输入拼音，也可输入汉字（图14.1），输入完成后点击“查询”即可看到该字的详细解释（14.2）。

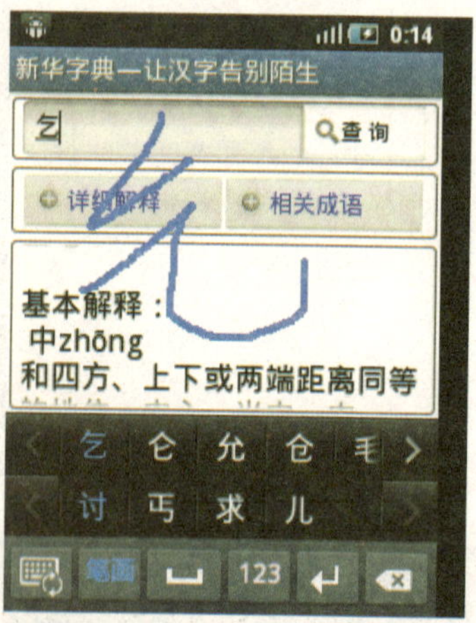

图14.1

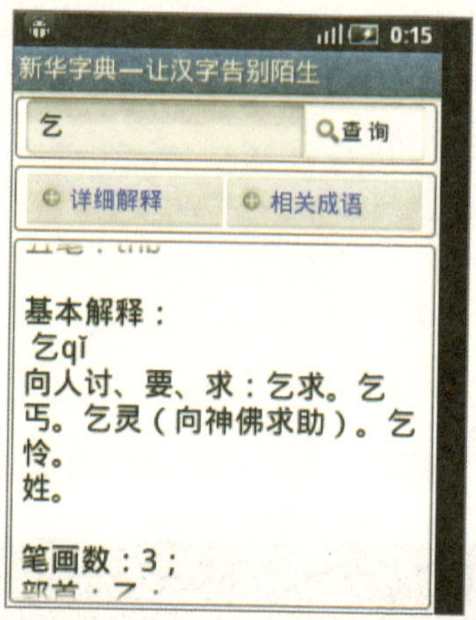

图14.2

如果对某字的读音、写法都不知道，还可按住“查询”，再从弹出的界面中选择汉字的笔划数来查询。

14.1.2 成语词典

软件版本： 1.2.4。
操作系统要求： Android 1.6以上的手机或平板电脑。
主要功能： 手机或平板电脑上的成语词典。

运行该软件，可观察到它的查询工具栏由三部分组成，单击最左边，可选择通过首字（即按成语的第一个汉字进行搜索）、包含的字或尾字查询（图14.3）。从解释来看，包括了基本解释、成语出处、示例造句等，对非文字工作者而言很适用（图14.4）。

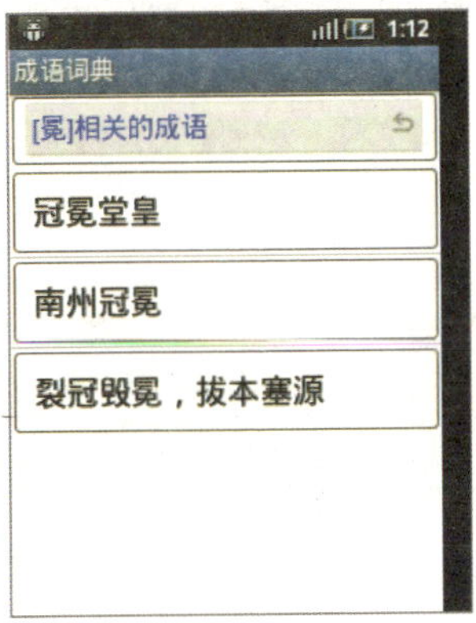

图14.3

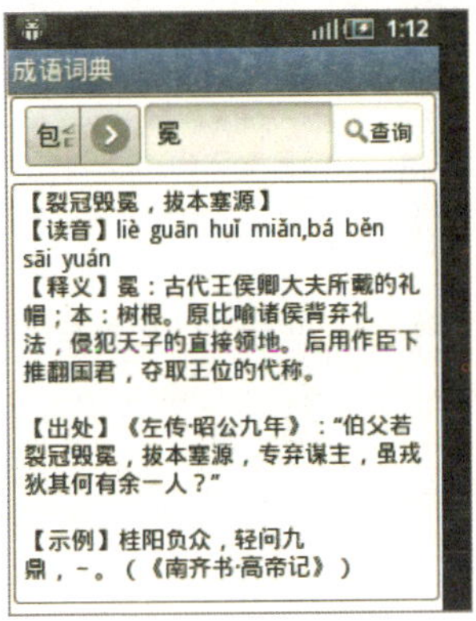

图14.4

14.1.3 成语故事大全

软件版本： 1.1。
操作系统要求： Android 1.6以上的手机或平板电脑。
主要功能： 手机或平板电脑上的成语故事。

从查询方式看，它是按成语第一个汉字的拼音字母进行排列的，例如：哀兵必胜、暗渡陈仓等和拼音首字母为A，排列在最前面，而坐以待毙等排列在最后面。点击搜索界面的滑块即可对成语进行搜索（图14.5），点击搜索出来的成语就能阅读与之相关的故事了（图14.6）。

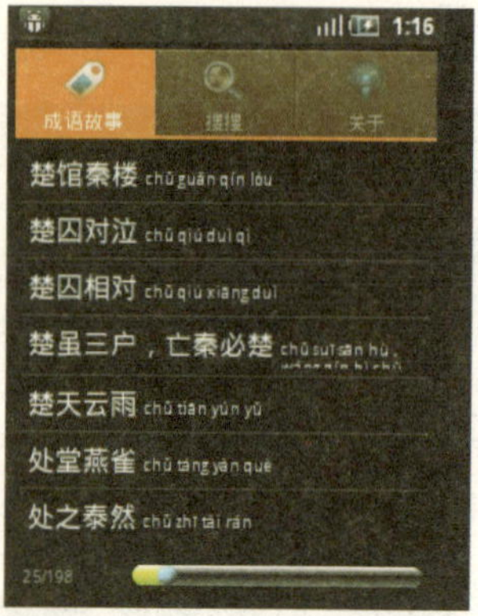

图14.5

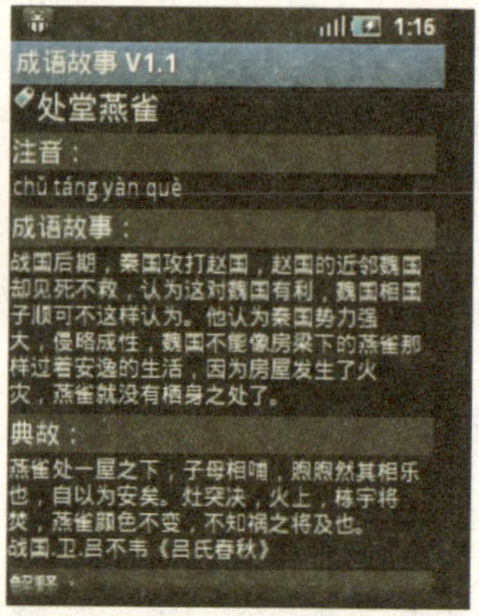

图14.6

14.1.4 成语填字游戏

软件版本： 2.0。
操作系统要求： Android 1.5以上的手机或平板电脑。
主要功能： 填字组成语。

将学习融入到游戏中，是传授者的追求，也是学习者的向往。该软件运行后，它会在构成图案的方块中显示出部分汉字，点击纵向或横向连成一条直线的四个方块，下面将出现成语的解释，参与游戏者只要根据解释在各方块中填上汉字并构成成语就行了（图14.7）。填完后点击“查看计分”就能观察到成绩了（图14.8）。

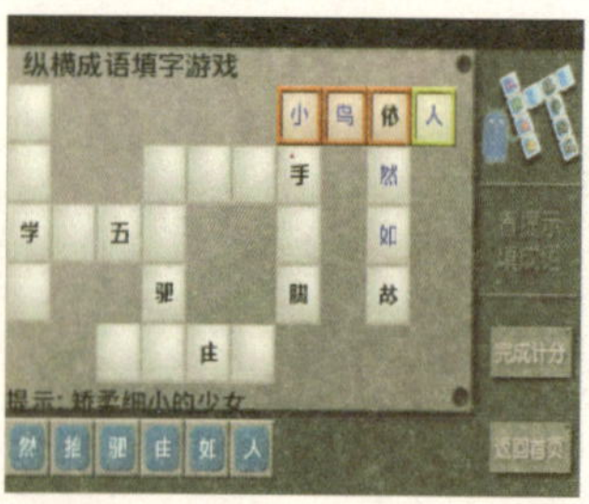

图14.7

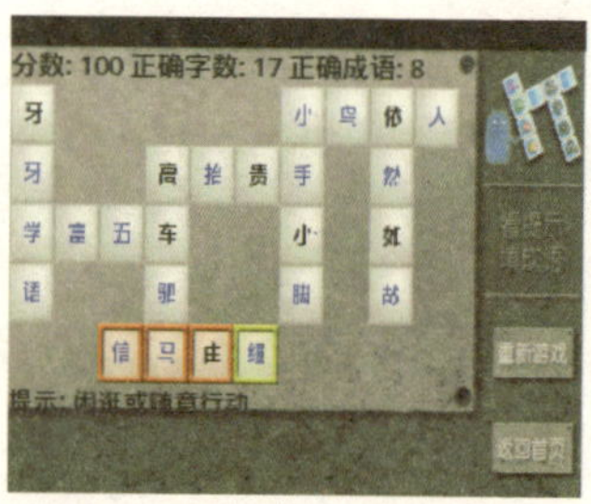

图14.8

14.1.5 宝宝学成语

软件版本： 2.0。
操作系统要求： Android 1.5以上的手机或平板电脑。
主要功能： 儿童学成语。

运行该软件后，点击“成语库”，再选择一条成语（图14.9）即可看到精美的背景画面和听到与该成语相关的故事。对小宝宝而言非常有用。

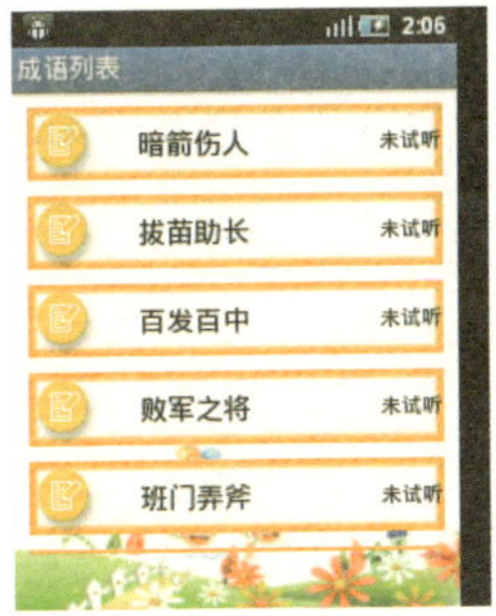

图14.9

14.1.6 成语消色块

软件版本： 1.9。
操作系统要求： Android 1.5以上的手机或平板电脑。
主要功能： 在游戏中学成语。

运行后，首先弹出的是与成语相关的卡通图片（图14.10），在此，可让小宝宝猜猜对应成语。接着，点击图片周围的黄色区域可进入游戏阶段（图14.11），在此，请点击连续分布的颜色相同的图块，图块就会消失，当剩余图块比预设的数字小时显示出卡通图片对应成语的正确答案。

该软件有两大功能：学习成语和识别哪些图块的颜色相同。

图14.10

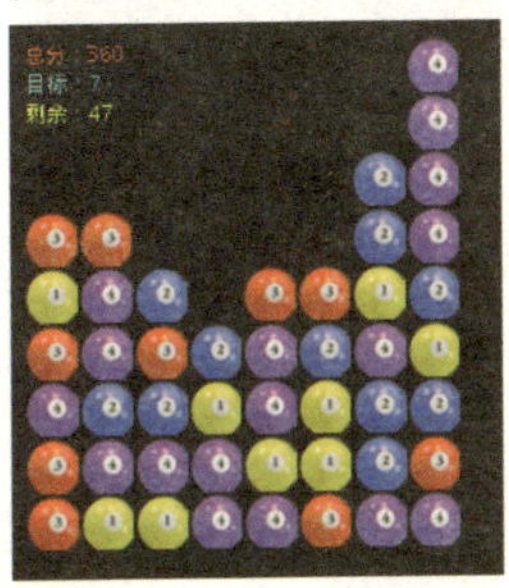
图14.11

14.1.7 成语接龙

软件版本：2.0。
操作系统要求：Android 2.1以上的手机或平板电脑。
主要功能：成语接龙游戏。

运行该软件后点击“开始游戏”，游戏会在程序的控制下显示出一条成语，例如生死存亡（图14.12），那么，我们就输入一条以“亡”字开头的成语，例如亡羊补牢，如此继续下去……直到我们输入一条成语例如空空如也，程序就无法应对为赢。

进行成语接龙时，我们可点击“锦囊”来查看提示，但默认只有三个“锦囊”。赢的次数越，“锦囊”的个数也越多。

图14.12

14.2 外语学习

单词是英语学习的基础，对话能让我们告别“哑巴英语”。在网络、各种播放器的支持下，手机或平板电脑在外语学习方面作用已起来越多地引起了人们的重视。

14.2.1 有道手机词典

软件版本：1.5.1。
操作系统要求：Android 1.5以上的手机或平板电脑。
主要功能：英语词典。

有道手机词典内置一个小巧的本地词库，提供数以万计的常用本地词汇。运行该软件后，在文字输入框里输入要翻译的短语，比如一个汉字、一个中文词语、一个英文单词，再点击搜索按钮即可自动进行英汉互译（图14.13）。在此，可点击“收藏”按钮将其导入到单词本中，还可点击“发音”按钮来听到读音（需要网络连接）。另外，点击“百科”还可了解到相关的其他知识。

对于收藏过的内容，能自动播放，让我们对其进行巩固复习：只要点击“单词本”按钮就行了。

在学习、工作过程中，仅有单词短语显然是不够的，往往还需要对一句进行翻译，“有道手机词典”仍然能帮助我们完成：只要点击“翻译”，再输入一句话并点击“搜索”按钮即可（图14.14）。

图14.13

图14.14

14.2.2 超级翻译

软件版本： 1.6.5。
操作系统要求： Android 1.6以上的手机或平板电脑。
主要功能： 中文及其他语言互译。

1. 普通翻译

只要输入外文或中文，再选择好目标语言，点击一下“翻译”就行了（图14.15）。

2. 短信翻译

点击主界面左下角的“短信”按钮，它会自动从手机里读取出短信并按设置好的目标语言进行翻译（图14.16）。点击主界面下部的第二个按钮，还可对翻译后的短信进行发送操作。

图14.15

图14.16

14.2.3 专业复读机

软件版本：1.1。
操作系统要求：Android 1.6以上的手机或平板电脑。
主要功能：英语复读机。

与普通的磁带音机不同的是，复读机还必须具备提取其中一段并反复读的功能，这些也可用软件来实现。

1. 朗读

运行“专业复读机”后，按手机的选项键，选择“Play List→Add Play List”，将已保存到手机的多个英语朗读文件录入进来（图14.17）。接着点击其中一首，软件后自动跳到播放界面，点击播放按钮就能听朗读

图14.17

了（图14.18）。此时，播放按钮将变为暂停状态，点击即可暂停。分别点击下面的四个按钮，还可向前/后选择同一朗诵的播放位置，或播放前/后一个朗读文件。

图14.18

2. 复读

要反复听某一小段朗读，请在播放到该小段时点击播放界面左上角的按钮，此时，它的状态为。待该小段播放完成时再点击一下，此时，按钮的状态变为，这一小段就能反复播放了。要正常播放，请第三次点击左上角的按钮。

此外，还可用这一软件对自己的朗读进行录音，以对比他人的朗读，找出其间的差距。

14.2.4 子午播放器

软件版本： 2.1。
操作系统要求： Android 1.5以上的手机或平板电脑。
主要功能： 英语朗读、单词同步显示。

在Android系统的手机或平板电脑上，很多音乐播放器都能在播放音乐的同时显示歌词。这一特色早已用到了英语朗读中——播放朗读的同时显示英语或中文语句。一般情况下，只要MP3格式的朗读文件与负责显示英文或中文的LRC文件（这类文件的扩展名为LRC）主文件名相同且存放在同一文件夹下（图14.19），播放朗

图14.19

读即可同步显示中英文语句。

本例中，我们选择的音乐播放器为“子午播放器”，以播放新概念英语为例来说明。

首先，以“新概念英语 MP3 LRC”为关键词到网上搜索并下载，下载后解压，能观察到很多组主文件名相同的MP3文件和LRC文件，请将其复制到手机里。

接着，运行“子午播放器”，点击“文件”，找到MP3文件后点击即可播放，同时显示出来的还有单词（图14.20）。

图14.20

总结 这几款软件中，“有道手机词典”在英汉互译上最准最快最专业。如果要翻译短信，“超级翻译”一定是最好的选择。“专业复读机”主要用于练习朗读。“子午播放器”本是很好的音乐播放软件，此处，我们只是借它来同步朗读与单词显示。

14.3 诗词

熟读朗读300首，不会吟诗也会吟。通过长期阅读，让我们进入诗的语言环境，岂不出口成诗！另一方面，诗词在各种考试中都占有相当重的比例，熟练掌握后一定能让我们从众多的竞争对手中脱颖而出。

14.3.1 唐诗宋词元曲300首

软件版本： 1.2.5。
操作系统要求： Android 1.6以上的手机或平板电脑。
主要功能： 唐诗宋词元曲。

该软件对唐诗、宋词、元曲进行了分类，方便了我们的查找，对每一首诗、词、曲则包括了单字注解、押韵的翻译、评析等（图14.21），是学习古诗词曲的好帮手。美中不足在于无搜索功能。

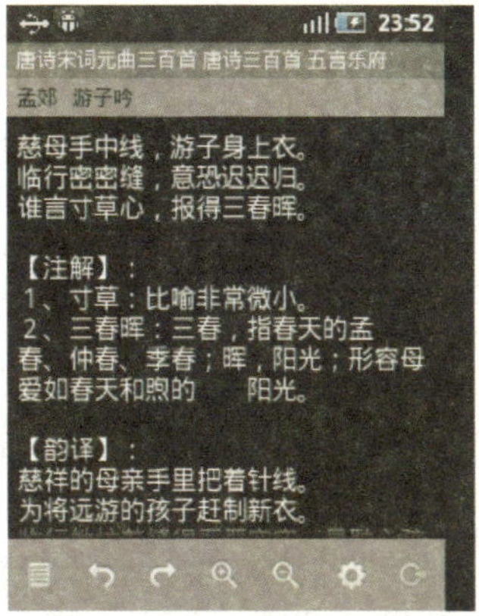

图14.21

诗歌精选 14.3.2 中外诗歌精选

软件版本： 1.2.1。
操作系统要求： Android 1.6以上的手机或平板电脑。
主要功能： 中外诗歌选集。

该软件共收集了中外经典诗歌14000首、诗歌知识500多条。包括了中国先秦到近当代的作品，如诗经、古诗、南北朝民歌、唐诗、宋词、元曲，近当代的自由诗和世界各国著名诗人如拜伦、莎士比亚、雪莱、泰戈尔、裴多菲、普希金、歌德、海涅等的经典名作。

运行该软件后，能在开始界面观察到搜索、中国、外国、小知识等工具，无论要找哪一首诗歌都非常方便（图14.22）。对部分难于理解的诗词，有简明的注释。

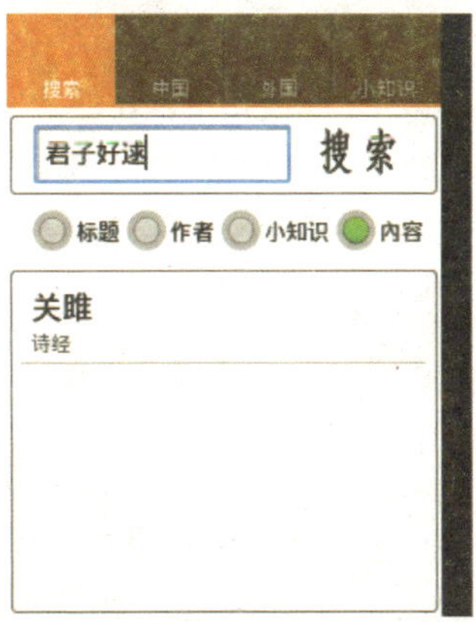

图14.22

14.4 国学经典

国学，正越来越多地引起了国人的重视。不仅如此，它早已跨出国门，为很多国外学生的必修课。赶快用手机给自己补补课吧。

14.4.1 庄子逍遥游

软件版本：1.0。
操作系统要求：Android 1.5以上的手机或平板电脑。
主要功能：庄子理论精讲。

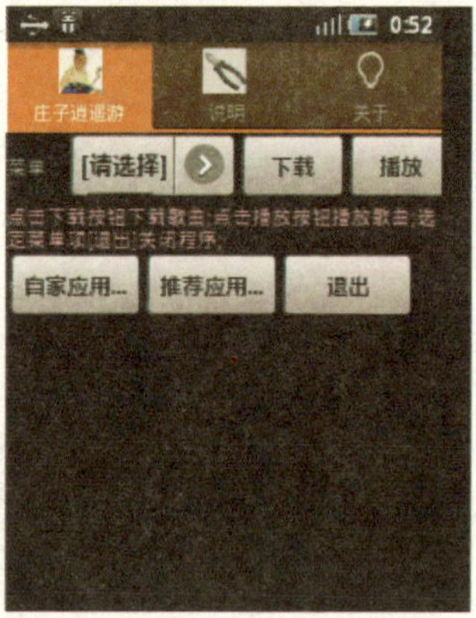

图14.23

庄子，道家学派的代表人物，追求逍遥无恃的精神自由，善用小故事点化他人，在人们倍感精神压力过大的当今社会，理解它的逍遥游理念无疑能让我们放下包袱轻装上阵。

运行该软件，点击“下载”可将讲解关于庄子生平、思想的语音文件下载至手机（图14.23）。完成后，点击“菜单”后的按钮，可从弹出的快捷方式里观察到下载的MP3文件，点击即可播放。

14.4.2 孔子论语

软件版本：2.0。
操作系统要求：Android 1.5以上的手机或平板电脑。
主要功能：论语精读。

该软件已将孔子的论语全部收录下来，共20篇，运行后即可分篇点击并阅读（图14.24）。

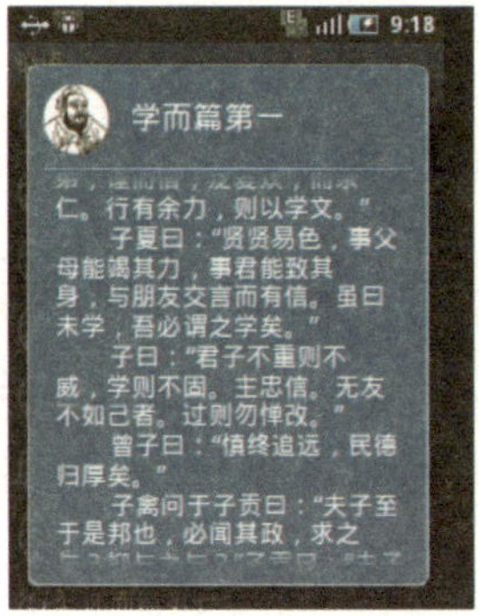

图14.24

14.4.3 弟子规

软件版本： 1.0。
操作系统要求： Android 2.1以上的手机或平板电脑。
主要功能： 弟子规详解。

很多学校都将《弟子规》视为学生教育的经典了。其实，《弟子规》绝不只对学生有用，对任何人都有用。运行该软件，首先观察到的是其目录，其包括“总叙、入则孝、出则悌、谨、信、泛爱众、亲仁、余力学文”等目录（图14.25），点击任一目录即可阅读其内容，或参考解说内容（图14.26）。

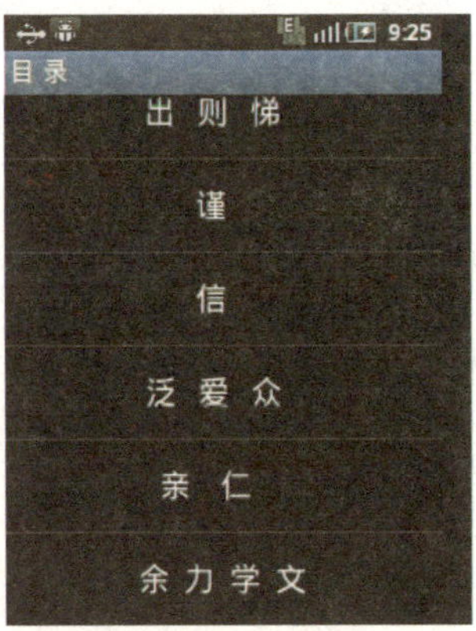

图14.25

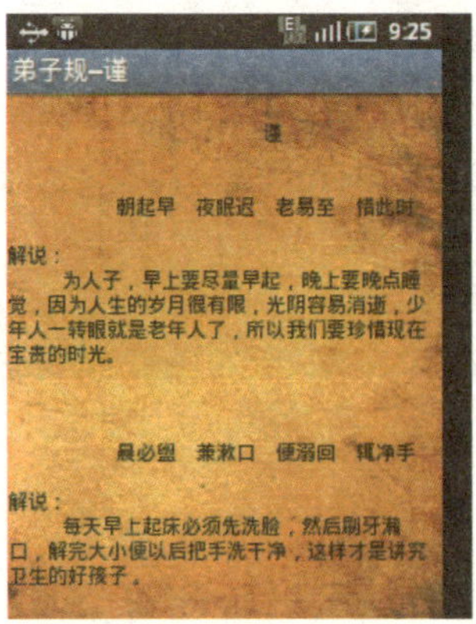

图14.26

14.4.4 三字经

软件版本： 1.61。
操作系统要求： Android 1.5以上的手机或平板电脑。
主要功能： 《三字经》精读。

《三字经》、《百家姓》、《千字文》是国学的启蒙读物。《三字经》三字一句的韵文极易成诵，内容包括了中国传统的教育、历史、天文、地理、伦理和道德以及一些民间传说，广泛生动而又言简意赅。《三字经》不仅属于汉民族了，它有满文、蒙文译本。《三字经》也不再仅仅属于中国，它的英文、法文译本也已经问世。时至今日，它依然有着巨大的生命力。将它放在手机或平板电脑里，随时都可温习、勉励自己。

运行该软件，首先看到的是《三字经》原文，点击其中的一行，会出现解释，点击下面的播放按钮还可听到朗读（图14.27）。

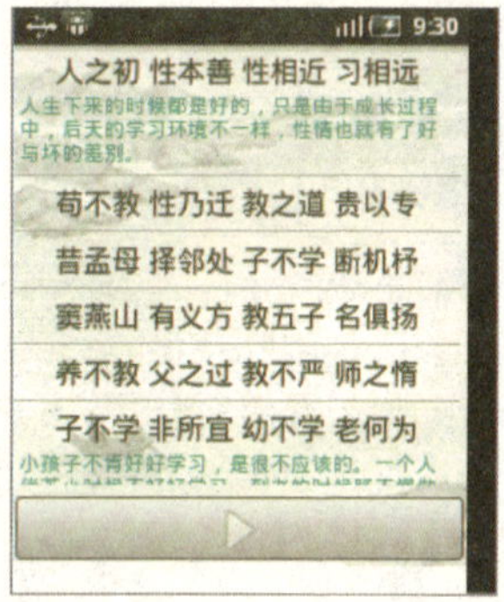

图14.27

14.4.5 百家姓

软件版本： 1. 1。
操作系统要求： Android 1.6以上的手机或平板电脑。
主要功能： 《百家姓》精读。

该软件对各姓氏进行了注释，是难得的好资料（图14.28），美中不足在于没有原文。

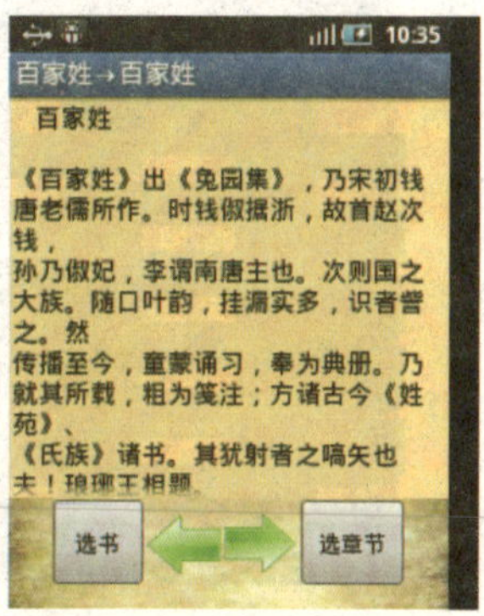

图14.28

14.4.6 千字文

软件版本： 1.6.2。
操作系统要求： Android 1.5以上的手机或平板电脑。
主要功能： 《千字文》精读。

该软件与《三字经》的用法相同，运行后，点击其中一句会出现解释，点击下面的播放按钮可听到朗读（图14.29）。

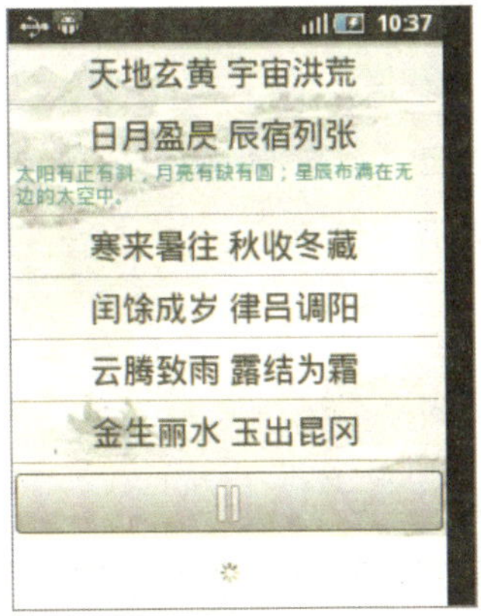

图14.29

14.5 谜语猜猜

谜语最初起源于民间口头文学，是我们的祖先在长期生产劳动和生活实践中创造出来的，是劳动人民聪明智慧的表现。后经文人的加工、创新有了文义谜。一般称民间谜为谜语，文义谜为灯谜，也统称为谜语。

无论是朋友聚会，还是三五闲谈，甚至公司、单位的集体活动都可用猜谜语来活跃气氛。下面介绍的两款软件都收集了很多谜语，丰富我们的谜语知识。

14.5.1 益智谜语大全

软件版本： 1.1。
操作系统要求： Android 1.5以上的手机或平板电脑。
主要功能： 谜语大全。

该游戏是一款专为儿童量身定制的谜语大全，这些谜语难易适中，生动幽默，贴近孩子的理解力，让孩子真正地在猜谜的游戏中提升智力水平。

软件收集了谜语近400条，运行后点击“猜谜语”就能玩了（图14.30）。对暂时无法猜出的谜语，可点击谜面后的五星按钮将其收藏起来，今后，点击“我的收藏”即可再次猜猜。

图14.30

14.5.2 谜语高手

软件版本： 2.1。
操作系统要求： Android 1.5以上的手机或平板电脑。
主要功能： 谜语学习。

该游戏对谜语进行了比较详细的分类（图14.31），选择其中的一个分类就能玩了，点击“答”可显示出谜底（图14.32），点击屏幕左、右侧可显示出前一题、后一题，非常方便。

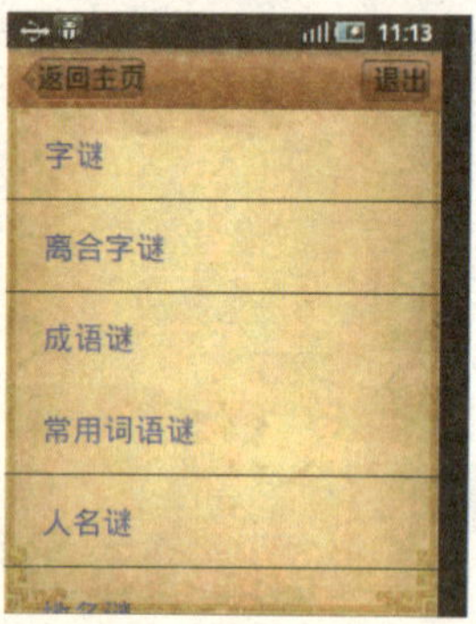

图14.31

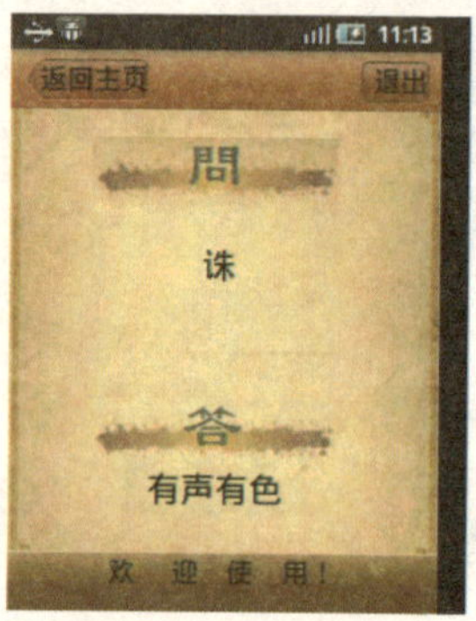

图14.32

总结 “益智谜语大全”难度较低，适合于儿童使用。“谜语高手”难度较高，可用在单位的集体活动中。

14.6 脑筋急转弯

脑筋急转弯就是指当思维遇到特殊的阻碍时，要很快离开习惯的思路，从别的方面来思考问题，泛指一些不能用常规思路来回答的智力问题。这种文字游戏有个明显的特点：题面很普通，但答案十分气人，一经破解，令人喷饭。看看我们介绍的与之相关的两款小软件吧。

14.6.1 脑筋急转弯

软件版本： 1.0。
操作系统要求： Android 1.6以上的手机或平板电脑。
主要功能： 脑筋急转弯训练。

该软件有较强的耐玩性，运行后它默认地处于学习状态，即题目与答案同时显示（图14.33）。按手机上的选项键，选择“题目测试”，软件将处于测试状态，在此点击“抽取题目”，可从试题库中随机抽取出10道题而且没有答案（图14.34），只有点击“显示答案”才能显示出来。

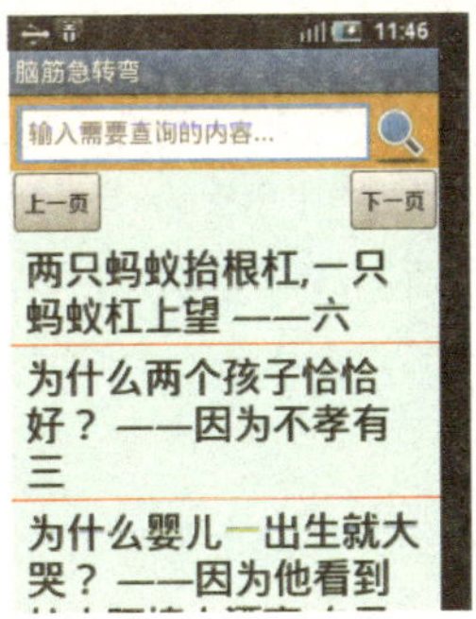

图14.33

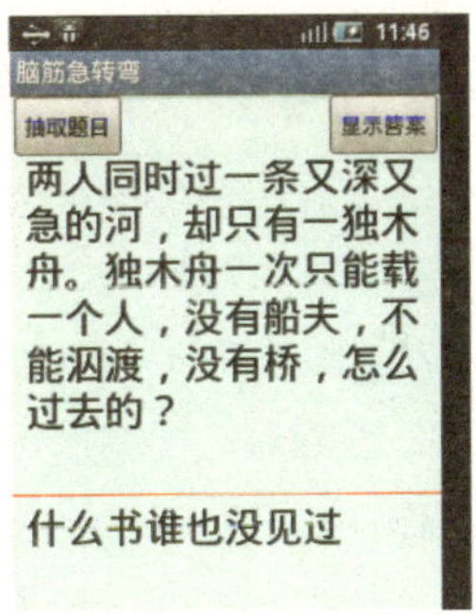

图14.34

14.6.2 脑筋急转弯高难版

软件版本： 3.6。
操作系统要求： Android 1.5以上的手机或平板电脑。
主要功能： 脑筋急转弯训练。

该游戏共包含脑筋急转弯题目近4000条，运行后即可一组一组地查看，点击题目可显示出答案（图14.35），按住某题目，可弹出邮件发送界面以分享给其他朋友（图14.36）。

图14.35

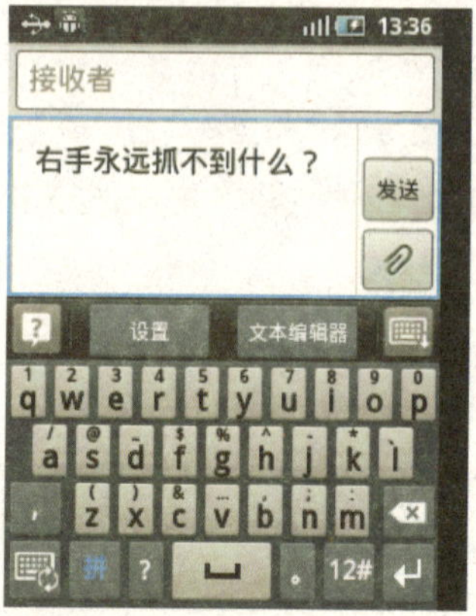

图14.36

14.7 品歇后语

歇后语是中国人民在生活实践中创造的一种特殊语言形式，是一种短小、风趣、形象的语句。它由前后两部分组成：前一部分起“引子”作用，像谜语，后一部分起“后衬”作用，像谜底，十分自然贴切。在一定的语言环境中，通常说出前半截，“歇”去后半截，就可以领会和猜想出它的本意，所以就称为歇后语。

14.7.1 歇后语大全

软件版本： 1.0。
操作系统要求： Android 1.5以上的手机或平板电脑
主要功能： 学习歇后语。

该软件共收集了常用歇后语近5000条，运行后点击“歇后语”即可查看，点击题目后面的钩可查看到答案（图14.37），点击五星按钮可将自己感兴趣的条目收藏起来，今后只要点击“我的收藏”即可阅读。

图14.37

14.7.2 歇后语

软件版本： 3.0。
操作系统要求： Android 1.5以上的手机或平板电脑。
主要功能： 学习、考查歇后语。

该软件共收集了歇后语14000多条。运行后即可观看，此页面既包括了歇后语又包括了答案（图14.38）。按手机上的选项键，选择“题目测试”后点击“抽取题目”，可从歇后语库中随机抽取10条（图14.39），此时，只有点击“显示答案”才能观看到答案，适用于测试用。

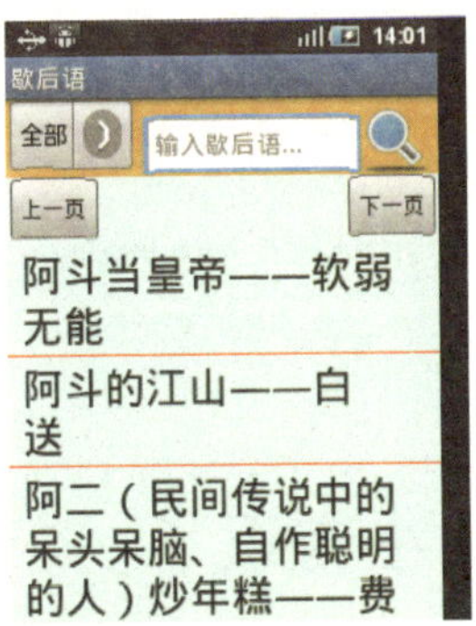

图14.38

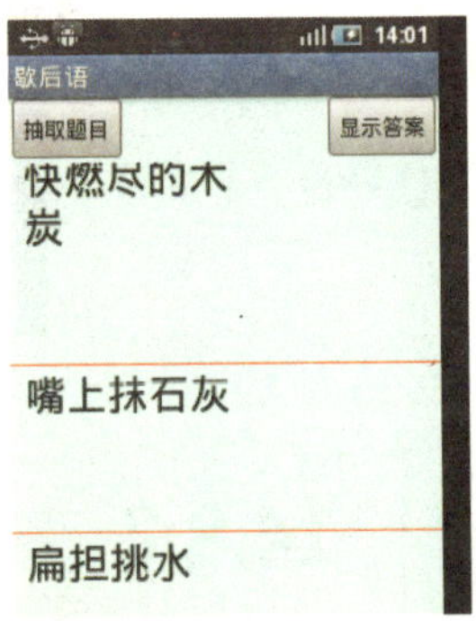

图14.39

总结 “歇后语大全”收录的条目要少一些，操作也简单，适合于初学者查看。“歇后语”收录的条目多，既可简单地学习、查看，也可用于测试。

14.8 百科知识

小百科、大行家，推荐新知识，改变我们的生活方式。

14.8.1 百科大全

软件版本：1.0.0。
操作系统要求：Android 1.6以上的手机或平板电脑。
主要功能：百科知识精读。

该软件包括了百度百科、搜搜百科、互动百科等搜索引擎（图14.40），在搜索框里输入自己感兴趣的话题，再选择一个搜索引擎就能搜索并阅读了（图14.41）。建议开启WiFi后再阅读。

图14.40

图14.41

14.8.2 轻松生活小常识

软件版本：1.3。
操作系统要求：Android 2.1以上的手机或平板电脑。
主要功能：生活小助手。

小窍门常能解决大问题，该软件收集了央视《家有妙招》250条、日常生活技巧125条、省时间的100条技巧（图14.42），界面清新大方，点击即可逐条阅读。

图14.42

14.8.3 世界未解之谜

软件版本： 1.4。
操作系统要求： Android 1.5以上的手机或平板电脑。
主要功能： 世界未解之谜介绍。

该软件收集了人类未解之谜、自然未解之谜、宇宙未解之谜，点击即可阅读（图14.43）。

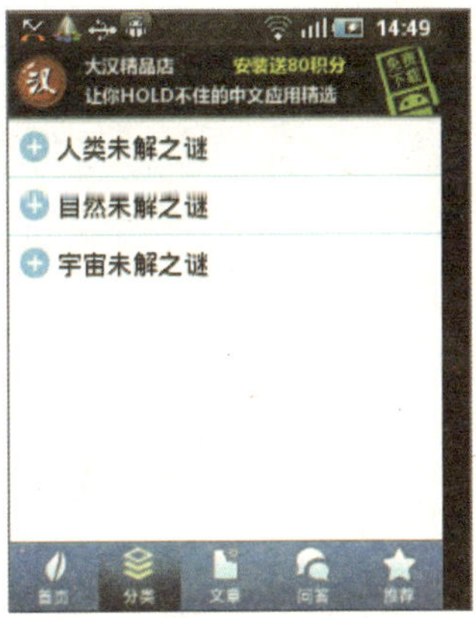

图14.43

14.8.4 剪纸速成

软件版本： 1.3。
操作系统要求： Android 1.5以上的手机或平板电脑。
主要功能： 学习剪纸知识。

剪纸成品，美观大方。剪纸过程，妙趣横生。该软件收集了各种各样的剪纸方法（图14.44），运行后点击自己感兴趣的项目即可在图文并茂的教程指引下动手操作。

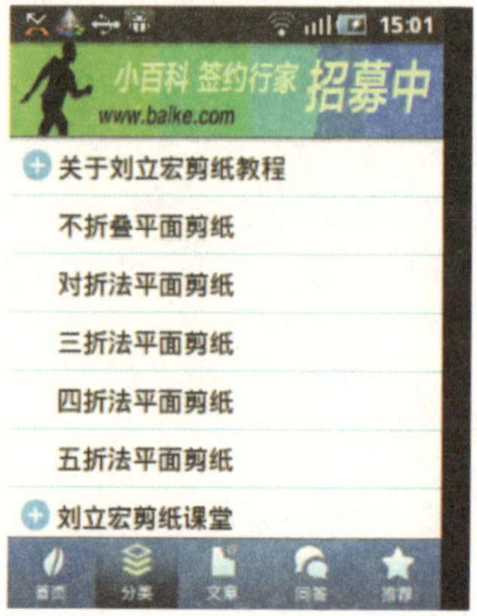

图14.44

14.8.5 折纸大全

软件版本： 1.0.2。
操作系统要求： Android 2.0以上的手机或平板电脑。
主要功能： 折纸精读。

“折纸大全”为我们提供了更多的精致折纸方法。运行该软件后选择一种成品（图14.45），再点击一下就能对照着一步一步地完成了（图14.46）。

图14.45

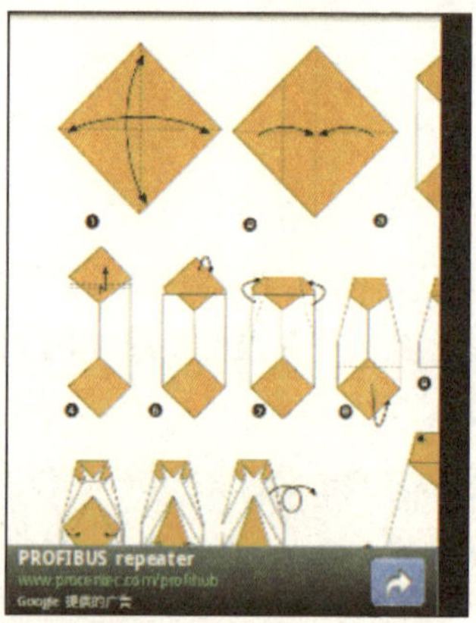

图14.46

14.8.6 骗术大全

软件版本： 1.1。
操作系统要求： Android 1.6以上的手机或平板电脑。
主要功能： 常见骗术揭密。

运行该软件后，常用骗术将尽收眼底（图14.47）。通过各种骗术的介绍，帮助大家了解骗术，防止被骗。

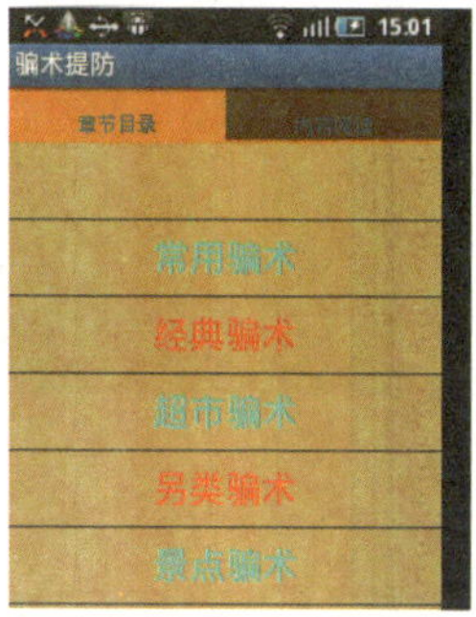

图14.47

14.9 考试题库

活到老，学到老。尽管已参加工作，已有能力应付当前工作，我们还得为职称和从业资格而参加各种考试。下面推荐的几款软件能帮助我们考试成功。

14.9.1 公务员考试

软件版本： 2.0.0。
操作系统要求： Android 1.6以上的手机或平板电脑。
主要功能： 公务员考试指导。

报考国家公务员，其竞争之强远远超过了高考，要想挤上这独木桥，只有抓紧一切时间了，包括上下班的路上——用手机学习。

运行该软件后，它会要求我们免费注册，注册后就能使用了。软件收集的题型很多，包括常识判断、语言理解表达、判断推理等（图14.48），选择其中一项就能观看到题目。在此，可输入我们认为正确的选项，此时，考试系统会判别是否正确且对每一选项进行分析（图14.49）。

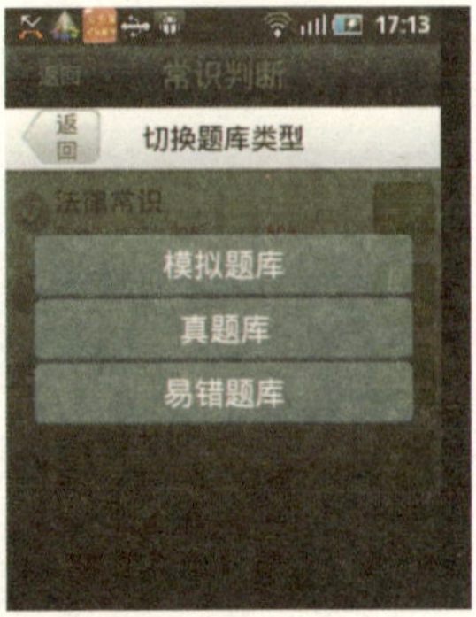

图14.48

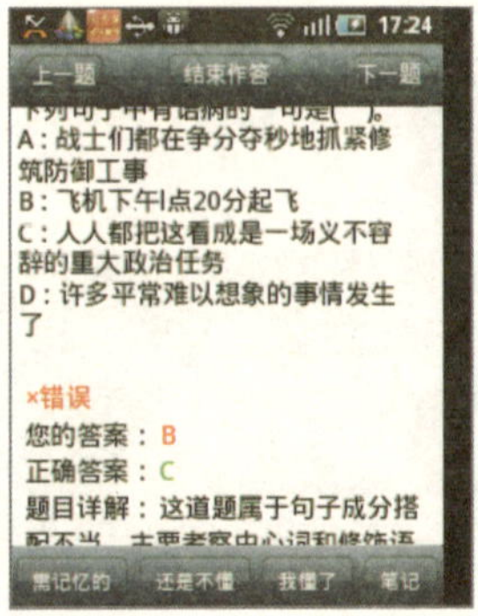

图14.49

14.9.2 驾考宝典

软件版本：1.2.0.0。
操作系统要求：Android 1.5以上的手机或平板电脑。
主要功能：驾照考试指导。

图14.50

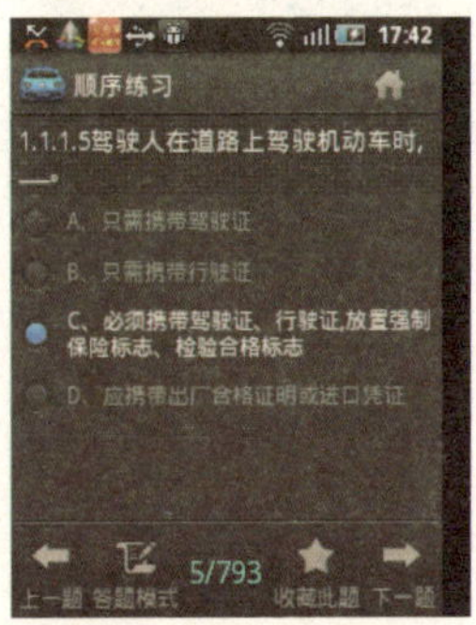

图14.51

运行该软件，首先显示的是其主界面——它的所有功能也在此一一展示出来了（图14.50）。

首先，请点击“车型选择”选择小车、货车、还是客车。接着，可选择顺序练习、随机练习、模拟考试等（图14.51）。如果选择了练习，可输入自己认为正确的选项，也可点击“查看答案”来验证自己的输入。如果觉得某题很重要，或自己做错了想加深印像，可点击“收藏此题”。今后，在主界面上点击“我的收藏”即可重温这些试题。

在主界面上点击“模拟考试”后，与真实考试情况几乎完全相同，必须在规定的时间内完成，点击“交卷”可马上查看到自己是否过关，也能查看正确的答案。

第15章

移动办公

有了大屏幕的Android手机，特别是更大屏幕的Android平板电脑，能够帮助人们实现移动办公，提高工作效率。

- Office文档编辑
- 更高效的输入法
- 各种流行文档的阅读

15.1 Office文档编辑

在MS Office的强大造势下，Word、Excel、PPT俨然成为办公文档之标杆、办公文档之代名词。以下几款适用于Android系统的办公系统的办公软件都与MS Office兼容且各具特色。

15.1.1 OfficeSuit Pro

软件版本： 5.1.519。

操作系统要求： Android 1.0及以上的平板电脑或手机。

主要功能： 处理Office文件。

图15.1

1. 主界面导航

运行该软件后，弹出主界面（图15.1）。在此，可通过“我的文档”来打开通过本软件编辑并按默认位置保存过的文件。也可通过“本地文件”来打开位于手机外部存储卡中的文件。要创建Office文件，请单击下部的“新建”再选择Word、Excel或PowerPoint 即可。任何稍有MS Office使用经验的朋友都能熟练上手。

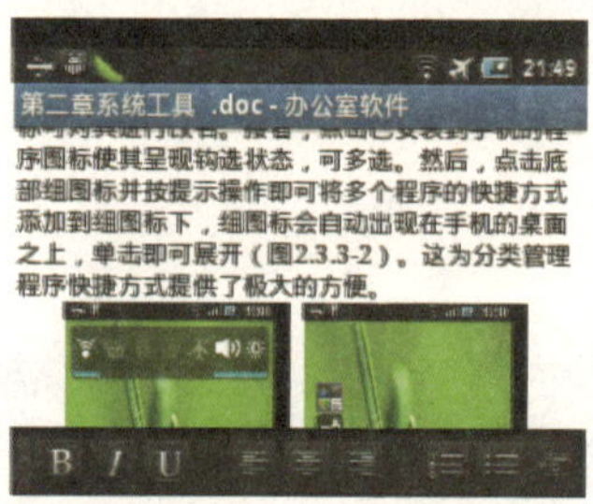

图15.2

2. 处理Word文件

在Word文档处理上，能对字符、段落进行设置，能插入图片、表格（图15.2），能将文档保存为目前的最新版本即docx格式。能对文件进行加密处理，这对流动性极强的手机或平板电脑而言非常重要。

3. 处理Excel文件

在Excel文件的处理上，我们尝试打开一个包含复杂公式的电子表格文件，“OfficeSuit Pro”能正常识别（图15.3）。具备了常用的编辑功能，能处理普通的电子表格文件。能保存为XLSX格式文件，能对文件进行加密。

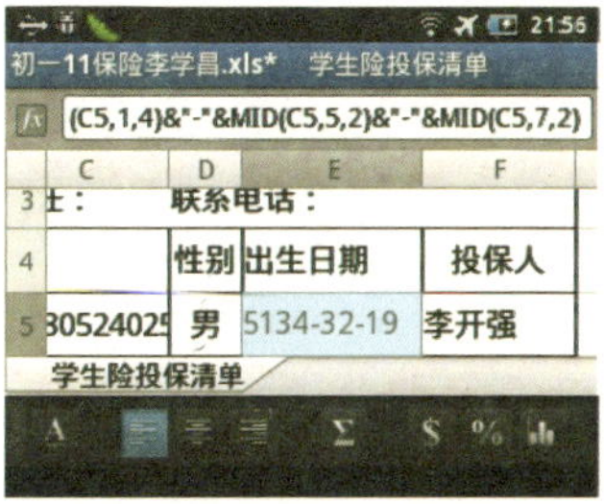

图15.3

4. 处理PPT文件

与在PC上创建的PPT文件相比，“OfficeSuit Pro”的功能很弱，无法实现文字或图片的飞入等基本特效，无法通过超级链接或书签等实现幻灯片间的自由跳转。用该软件制作出来的PPT只能以幻灯片页面为单位逐页向前或向后播放（图15.4）。能保存为PPTX格式文件，能对文件进行加密。

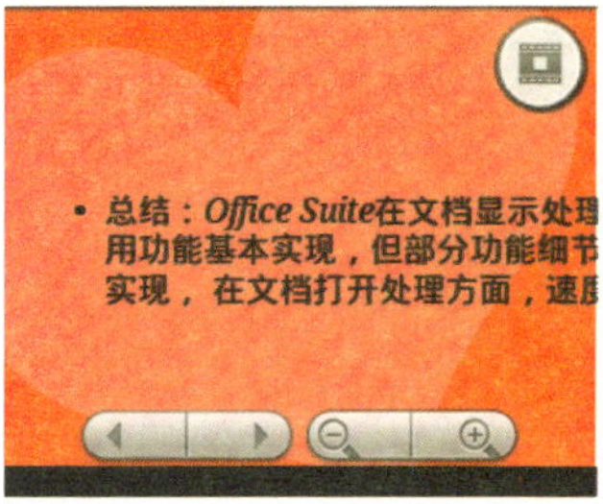

图15.4

15.1.2　Thin Free Office

软件版本： 2.0.0527。
操作系统要求： Android 2.0及以上的平板电脑或手机。
主要功能： 处理Office文件。

软件“Thin Free Office”的特色在于可将文件存放到网络，能将手机及时拍得的照片、手动绘制的图形插入到文件。只有Word文档可保存为docx格式，而Excel、PowerPoint，只能分别保存为xls、ppt格式。不能对文件进行加密。

1. 将文件保存到网盘

运行该软件后，请点击“联机→注册”，它会自动调用手机里存在的浏览器登录“Thin Free Office”的官方网站。接着，按提示输入一个有效的电子邮件地址及密码进行注册。完成后弹出提示信息告知用刚才输入的邮件地址收取邮件并点击其中的链接以激活账号。账号名就是刚才输入的邮箱地址。

激活后，请再次运行该软件，点击“联机”，输入账号及密码即可登录网盘。为方便计，请选中“记住”，今后，只要运行“Thin Free Office”即可自动登录。

要上传文件，请点击“我的文档”，找到其下的Office文件并按住，从弹出的快捷菜单里选择“上传”即可（图15.5）。今后，点击“联机”可观察到已保存到网盘的文件，点击其中之一并从弹出的快捷菜单中选择“下载”即可将文件下载到手机里保存。

图15.5

2. 插入图片

无论Word、Excel还是PowerPoint 文件，都可插入图片，下面以Word为例进行说明。

运行该软件，按手机的选项键，选择“新建→文档”，按提示输入文件名以创建新Word文件。也可点击手机中已存在的Word文件，再选择用“Thin Free Office”来打开或编辑。

进入Word文件的编辑界面后，按手机上的选项键，选择“编辑”，各种编辑工具就会显示在编辑界面的底部。请向右滑动，找到图片编辑工具并点击，图片编辑工具即可显示出来。图片工具共有三个，从左至右分别是插入已存在的图片、拍照、手动绘制图片。本例，我们选择手绘图片。

在手绘图片编辑器里，只要手指在屏幕上划过即可绘制，当然也可手写汉字用于亲手签名（图15.6）。

图15.6

15.1.3 Office文档查看

软件版本： 1.5.2。

操作系统要求： Android 2.2及以上的平板电脑或手机。

主要功能： 查看Office文件。

这一软件无Office文件编辑功能，只能查看。常见的办公软件创建的文件它都能识别，包括docx、xlsx 、pptx 、txt 、csv 等。运行该软件后，它会自动列出手机存储卡中的办公文件，点击其中之一即可打开。支持文本复制、搜索、缩放等操作。

1. 搜索

点击界面右上角的搜索按钮（图15.7）。接着，输入关键词，比如“手机”。然后，点击“确定”即可。搜索到的内容会用绿底的方框圈进来。

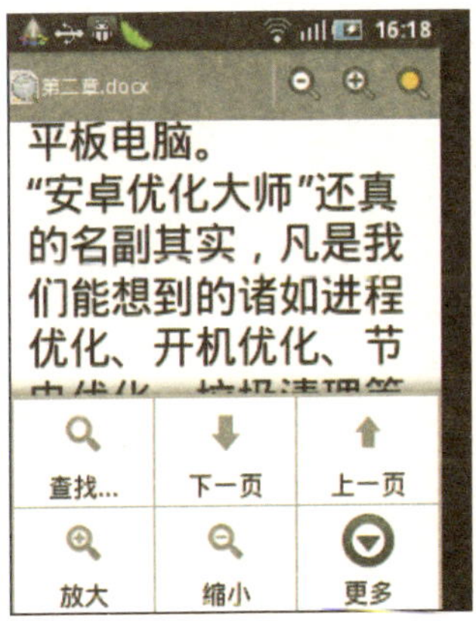

图15.7

2. 复制

打开Office文件后，请按手机上的选项键，选择“更多→复制”。接着，手指在文字上划过，选择中的文字即可复制到系统剪贴板。复制出来的文字可粘贴到其他文字编辑软件中。

总结 编辑普通的Office文档，“OfficeSuit Pro”和“Thin Free Office”都能胜任。如果还要将文件保存到网盘或需要插入简单的自选图形、适时照片等，请选择“Thin Free Office”。如果要对文件进行加密，或制作出xlsx、pptx格式的电子表格、演示文稿，可考虑“Office Suit Pro”。“Office文档查看”只负责打开阅读，无编辑功能。

15.2 PDF创建及阅读

将Word、Excel、PPT等文件移动到另一电脑或手机后，有的字体、格式等可能无法显示。一种最常见的解决方法是将文件保存为PDF格式再行移动。

15.2.1 Adobe CreatePDF

软件版本： 1.0.2。
操作系统要求： Android 2.1及以上的平板电脑或手机。
主要功能： 制作PDF文件。

PDF是Portable Document Format（便携文件格式）的缩写，由Adobe公司开发而成的。无论将PDF文件移动到哪里，都能忠实地再现原稿的每一个字符、颜色以及图像。

软件“Adobe CreatePDF”也是Adobe公司的产品。运行后，它会自动搜索手机中的办公文档，包括Word、Excel、PPT等文件且以列表的形式显示在“Convert PDF”标签之下。点击其中一个文件，程序界面会自动切换到“PDF Files”标签之下，而且自动将所点击文件转化为PDF格式（图15.8）。如果源文件比较大，转换所花的时间比较长。

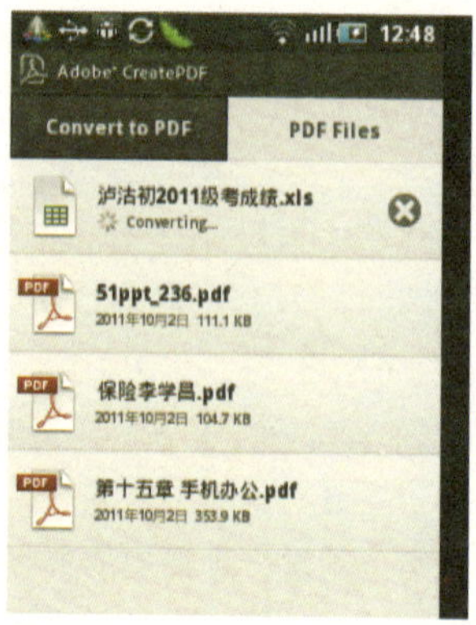

图15.8

15.2.2 Adobe Reader

软件版本： 1.0.2。
操作系统要求： Android 2.1及以上的平板电脑或手机。
主要功能： 阅读PDF文件。

阅读PDF文档，我们首先来看看来自Adobe 公司的软件。运行软件后，它会自动搜索手机中已存在的PDF文件，点击其中之一即可阅读。

阅读时可进行缩放操作以减少眼睛疲劳，在阅读界面顶部，有分享和查找按钮（图15.9）。点击分享按钮，可将正阅读的文件以邮件或蓝牙等形式发送给其他朋友。点击“搜索”按钮，再输入要查找的关键词，然后点击界面底部的向前、向后按钮可在全文中搜索，搜索到的文字将以黄底的形式醒目地显示出来。

放大要阅读的PDF文件后，页面内容一般无法在同一屏幕下全部显示出来。为解决这一问题，请按手机上的选项键，选择“查看模式→重排文本”。这样，无论如何放大，横向看，所有文字都能显示出来（图15.10），非常方便。下面要讲到的PDF阅读器都支持这种显示方式。

图15.9

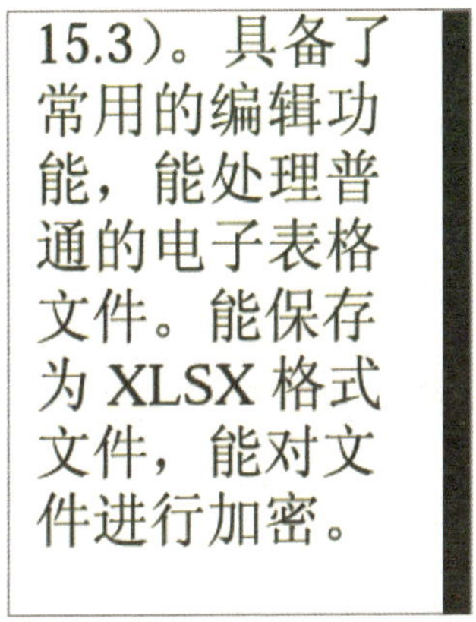

图15.10

15.2.3 Documents to Go

软件版本： 3.001。
操作系统要求： Android 1.6及以上的平板电脑或手机。
主要功能： 阅读PDF文件。

这一软件是很不错的Office文档编辑工具，也能用它来阅读PDF文件。在平板电脑或手机的文件夹里找到PDF文件后点击，再选择“PDF To Go”就能阅读了。

1. 按目录阅读

该软件在功能上甚至比Adobe Reader还强。按手机上的选项键，选择“查看→书签”，PDF文件将以目录的形式显示出来，对大文件而言很利于用户快速定位阅读（图15.11）。

要注意的是，如果将其他文件转化为PDF格式之前没有设置过目录，这种阅读方式无法实现。

2. 文本复制

打开PDF文件后，按手机上的选项键，选择“编辑→复制文本”。接着，手指在屏幕上划过即可选择文件并自动复制到系统剪贴板里暂时保存（图15.12）。然后，运行其他文本编辑软件，就能将刚才选中的文本粘贴进去。

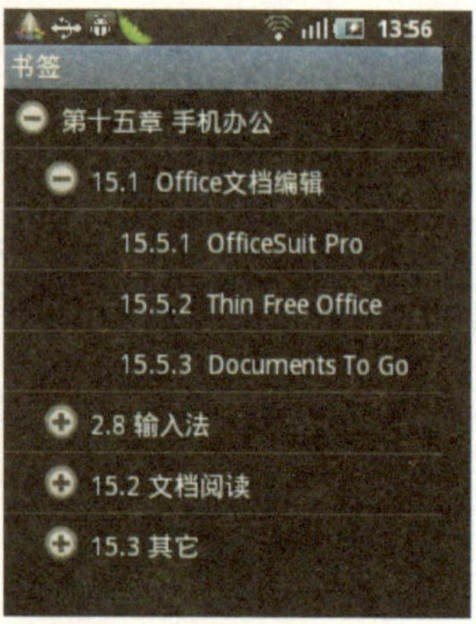

图15.11

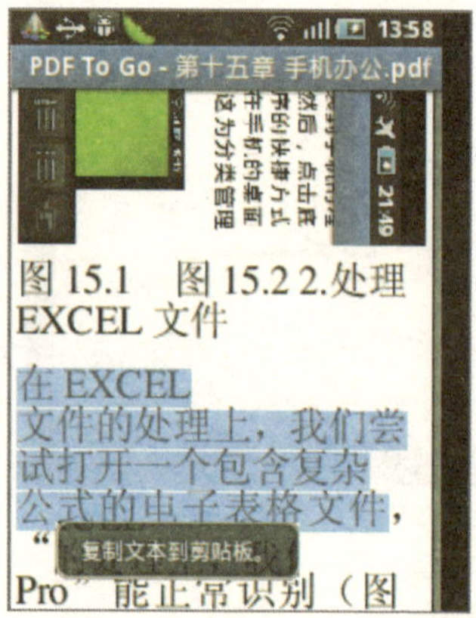

图15.12

15.2.4 ezPDF Reader

软件版本： 1.5.2.1。

操作系统要求： Android 2.1及以上的平板电脑或手机。

主要功能： 阅读PDF文件并添加批注。

在PDF文件的管理与阅读上，很多PC上的同类工具也未必有它强大。

1. 文件管理

运行该软件后，首先弹出的是文件管理界面，包括我的文档、最近文档、所有PDF、网页文档等标签。在“我的文档标签”下，点击界面右上角的“设置”按钮，更多的功能按钮即可出现在界面下部（图15.13）。包括新建文件夹，复制文件/文件夹，剪切文件/文件夹，粘贴文件/文件夹，删除文件/文件夹等。能很方便地对PDF文件（也包括其他文件）进行复制、移动等操作。

图15.13

2. 阅读PDF

点击“所有PDF”，默认打开的是手机外部存储卡的根目录，请定位到存放了PDF文件的地方，点击PDF文件即可打开。

在阅读界面底部，有搜索、目录、标签、翻页、更多等功能按钮。最有意思的要数标签功能，阅读到某一内容时，点击“标签”。接着，按提示输入标签提示文本，例如“第一段”，标签即可添加。同理，阅读到另一内容时，可添加第二个标签，例如“第二段”。今后，点击“标签”按钮即可观察到输入过的标签（图15.14），点击即可直达我们感兴趣的内容。

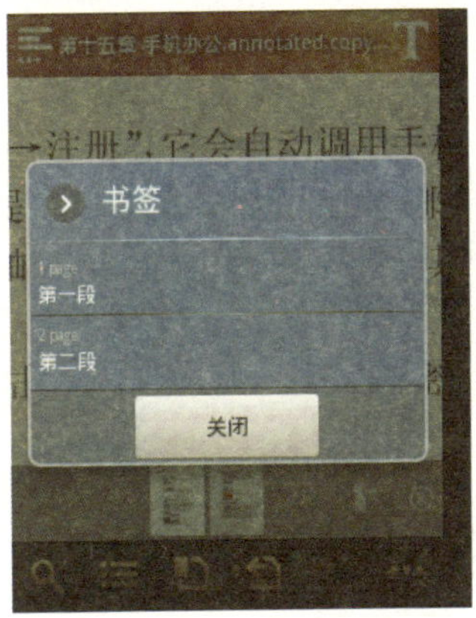

图15.14

3. 添加批注

这一PDF阅读器的特色功能还在于能对文档进行多种形式的批注。按住正在阅读的内容，同时出现的有选择手柄和快捷菜单（图15.15）。对选中的内容，可通

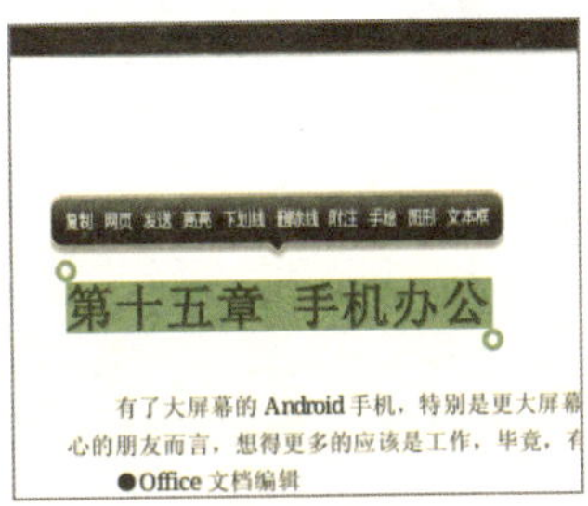

图15.15

过快捷菜单中的功能按钮执行复制、联网搜索、发送等操作，还可通过加亮显示、添加下划线或删除线、批注、手绘、图形、文件框等方式进行批注。

下面以手绘为例进行说明：点击“手绘”，在屏幕上画出批注。画时，还可将不满意的线条删除并重画，完成后点击“确定”按钮即可（图15.16）。今后，点击此批注，可将其移动位置、放大或缩小、删除。如果点击“属性”，还可修改它的颜色、线条粗细。我们对文档添加的标签、批注等都可保存下来。

图15.16

总结 如果只是阅读PDF文件，选择小巧玲珑的“Adobe Reader”即可。如果要复制出PDF中的文字，请考虑“Documents to Go”或“ezPDF Reader”。如果还想对文件添加批注，请选择“ezPDF Reader”，这一软件还有朗读文本的功能，但必须要求手机或平板电脑中安装了“Pico TTS”程序，否则无法实现。

15.3 文件扫描

利用以下的工具，我们能将已有的文档甚至实物拍为照片并保存为PDF格式文件。

15.3.1 扫描全能王

软件版本： 2.0.0527。
操作系统要求： Android 2.0及以上的手机或平板电脑。
主要功能： 扫描并制作PDF文件。

运行该软件后，点击左下角的照相机按钮，拍下一张照片。接着，对照片进行简单的处理，本例中笔者拍下的是白底黑字的某仪器使用说明书，显然，选择“增强并锐化”比较合适。然后，点击软件右下角的钩按钮，让程序按用户的选择进行锐化处理。完成后，程序的主编辑界面上会出现已拍下并处理过的照片，每一张照片就是PDF文件的一页（图15.17）。再次点击照相机图标可重复前面的步骤继续拍照，也可点击第二个按钮将已存放在手机中的图片导入进来。

接着，点击界面右下角的笔形按钮可对PDF文件的页面进行调整，例如删除某一页面，拖动照片右边的上下箭头按钮来调整顺序等（图15.18）。

一切准备好后，请输入文件名并点击保存按钮（它位于界面底部正中位置），PDF文件即可创建成功。

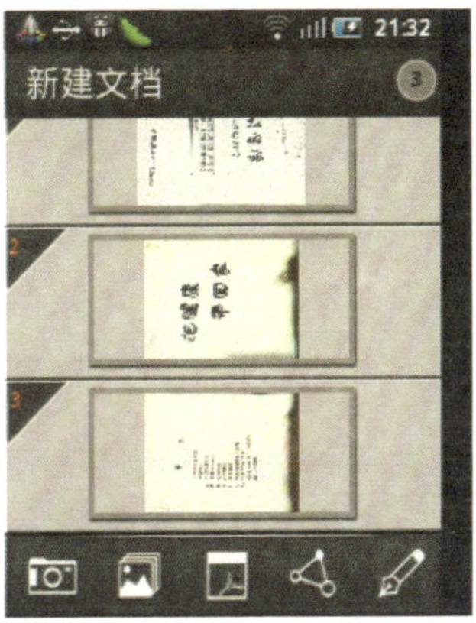

图15.17

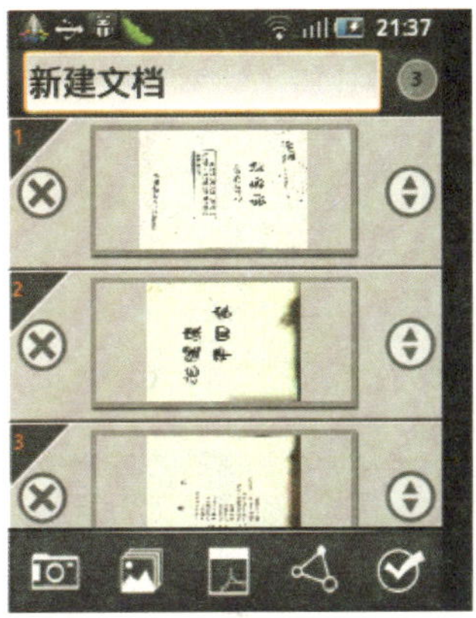

图15.18

15.3.2 文件扫描器

软件版本：2.6。
操作系统要求：Android 2.2及以上的手机或平板电脑。
主要功能：扫描并制作PDF文件。

该软件也是将现有照片或现场拍得的照片串联起来形成PDF文件的。运行该软件后，请点击“New multi-page document”。接着，选择文件来源，其中，“Capture page/take picture”表示现场拍摄；“Insert existing picture”表示插入已有的图片。本例，我们选择第一项。拍下照片后程序会自动进入照片处理界面，在此，可对图片进行裁切以保证页面的方正。点击

"Next"可进入色彩编辑界面。

在色彩编辑界面中，可选择"enhance colors"来增强色彩，也可选择"grey scale"来让图形呈现出灰度效果。本例中，笔者拍摄的是白底黑字的某仪器说明书。显然，选择"Black and White"是很明智的。

最后点击"Save"进入PDF页面管理界面（图15.19）。在此，可观察到有几张照片添加进来了。也可继续拍照，或插入已有的图片。点击"Mae PDF"，PDF文件即可创建成功。

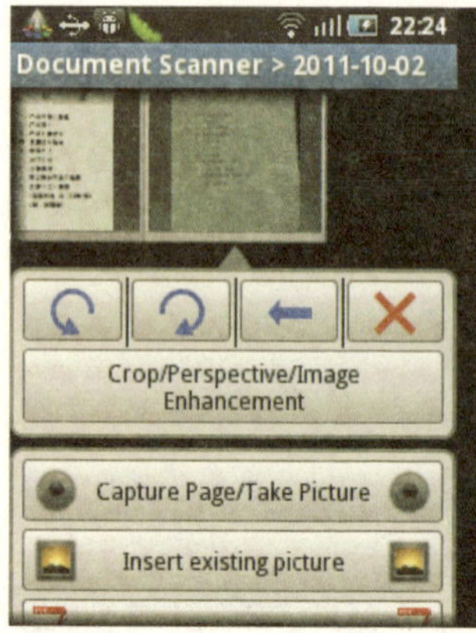

图15.19

总结 类似的软件很多，本文介绍的两款是比较好的。其中"扫描全能王"的界面布置比较合理，为我们制作PDF留下了更多的编辑空间，可优先选择。

15.4 TXT文件编辑

与图文并茂、格式多样的Office文件相比。TXT文件是纯文本文件，但其占用的存储空间极少，编辑或打开时占用的系统资源也极少。在手机或平板电脑里，TXT文件还是大受欢迎的。

15.4.1 Text Edit

软件版本： 2.6。
操作系统要求： Android 2.2及以上的手机或平板电脑。
主要功能： 编辑文本文件。

运行该软件即可进入编辑界面（图15.20），输入文字完成后，请按手机上的选项键，选择“Save”或“Save As”即可保存。

为保护视力，请按手机上的选项键，选择“更多→Options”，在“Appearance”下进行设置即可。其中，“Font Color”表示文字颜色；“Font Size”字号；“Background Color”表示背景色。请根据自己的喜好进行设置。

图15.20

15.4.2 Jota Text Editor

软件版本：0.1.15。
操作系统要求：Android 1.0及以上的手机或平板电脑。
主要功能：编辑文本文件。

这一软件的文字编辑功能更强，对处理纯文本文件而言绰绰有余。运行该软件后，编辑界面会自动出现，我们要做的就是输入文字（图15.21）。输入完成后，请按手机上的选项键，选择“文件”下的“保存”或“另存为”来存盘。

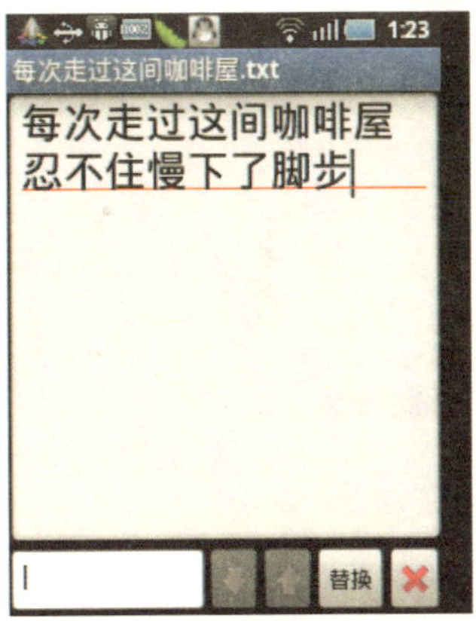

图15.21

要打开已存盘的TXT文件，请按手机上的选项键，选择“文件”下的“打开”，再找到TXT文件即可。

总结 对比这两款软件，“Jota Text Editor”功能强得多，它的特色在于当前行下有一根红色的线，避免了阅读时的跳行错误。

15.5 随手记事

办公室里杂事多，而且有的属非计划之内的事，如果不记录下来就会做过即忘。

15.5.1 超级便笺

软件版本： 1.0.10。
操作系统要求： Android 1.5及以上的手机或平板电脑。
主要功能： 记录工作、生活中的点点滴滴。

这一软件功能很全，支持文字记录、拍照记录、录音记录等（图15.22）。要进行文字记录，请这样操作：点击“记事”按钮，弹出“记事列表”界面。在此，请按手机的选项键，选择“新建”就能输入标题及正文，完成后点击“保存”即可。

图15.22

对照片和录音，还可通过邮件、彩信、WiFi等方式共享给其他好友。

15.5.2 Ann便笺

软件版本： 1.0。
操作系统要求： Android 2.2及以上的手机或平板电脑。
主要功能： 创建备忘录且显示在桌面之上。

安装该软件后，在手机桌面上找不到程序的快捷方式，只能以窗口小部件的形式添加到桌面之上。由于它的用法有点特殊，下面就稍稍介绍一下。

按手机上的返回键多次，直到手机桌面出现。接着，按手机上的选项键，选择“添加→窗口小部件→电子便笺纸”，便笺即可在桌面上出现（图15.23）。

点击加号按钮可添加多张便笺，点击左、右箭头按钮能向前、向后翻页。点击便笺可新建文字记录或修改已有的记录，完成后请按手机的选项键再选择“确定”来保存（图15.24）。

图15.23

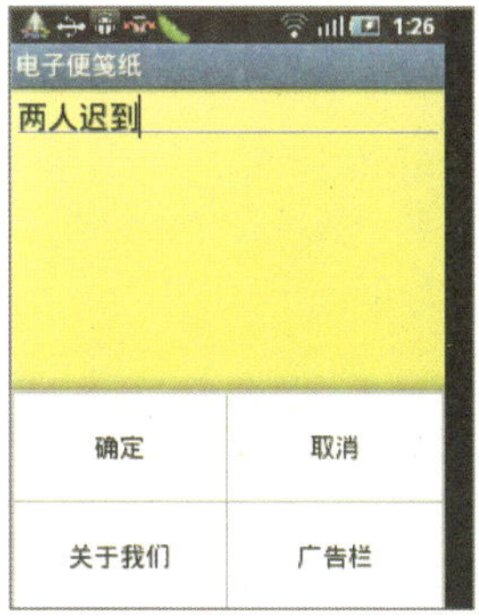

图15.24

总结 临时记事，三言两语就行了，“Ann便笺”是不错的选择，记下的事能随时显示在桌面之上，查看方便。

15.6 会议必备

办公室里会多，如何做好录音记录，过去是靠的是录音笔，功能单一，效果欠佳。有了手机或平板电脑，那就能录出水平了。另外，有的场合需要控制发言者的时间，靠人来吼容易伤面子，还是借助手机来平板电脑吧。

15.6.1 会议录音

软件版本： 1.0。
操作系统要求： Android 2.1及以上的手机或平板电脑。
主要功能： 同时录制多人讲话。

在安卓系统里，录音软件很多，但不是都能打上“会议”烙印的，但本软件例外。

运行该软件后，单击“新建”，从弹出的界面中输入会议名称、会议地点、参与人数（图15.25）。本例中，我们输入的参与人数为3，下面的User1、User2、User3将呈现出黄色，点击可修改为真实的参与者姓名。其中，“Multi”不可修改，可用于录制会议的开场白。

以上设置完成后，请点击“REC START”开始录音。谁讲话就点击谁的名字（图15.26）。会议结束后，点击“Stop Recoding”，录音会自动保存，保存的项目名就是刚才输入的会议名称。

点击保存过的项目名，录音即可播放（图15.27）。不难看出，每个人的发言已单独保存。点击左上角的播放按钮，可从头至尾依次播放，点击发言者后面的小播放按钮则只播放他的发言。

其实，录音文件默认地存放于手机外部存储卡的“Meeting Record”目录，一次会议对应一个音频文件。播放时之所以能单独播放发言者的声音，是因为程序通过时间标签对音频文件进行了逻辑分段处理。

图15.25

图15.26

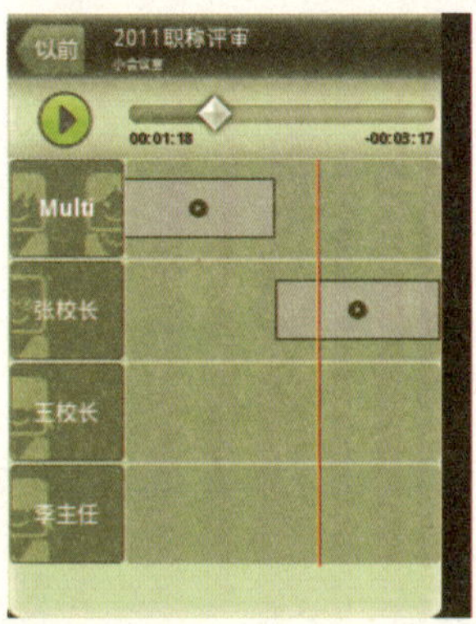

图15.27

15.6.2　会议助手

软件版本： 1.0.5。
操作系统要求： Android 2.1及以上的手机或平板电脑。
主要功能： 通过文字、图片、录音等方式同时对会议进行全方位的记录。

运行该后，请在开始界面上点击“中”字按钮使软件能以简体中文的形式显示。接着，输入会议主题并点击“开始会议记录”。

图15.28

在记录界面（图15.28），有录音、手写（保留墨迹）、拍照、设置、保存等按钮。首先，请输入谁在讲话及主题。接着，按下录音按钮对其进行录音……其实，也不必严格按这一顺序去做，录音能与汉字输入、手写、拍照同时进行，即可一边录音一边进行输入汉字等操作。一个发言人讲完后，请点击停止录音。显然，该软件对发言者的记录是相当全面的，就算不再排版都已是一份很好的电子记录了。

要对第二个发言者进行记录，请输入该发言者姓名，再进行录音及其他记录即可。完成后，请点击“保存”按钮。

再次运行该软件，在开始界面点击“查看历史记录”，可查看到会议记录。能查看到的内容最多可包括文字、图片、录音等。其中，照片和手写笔迹都以图片的形式显示，点击可放大观看。录音以波形图标显示，点击即可播放。

默认情况下，文字、图片、录音等都保存在手机外部存储卡的“ConferenceAssistant”文件夹。

15.6.3 会议定时器

软件版本： 1.0。
操作系统要求： Android 2.1及以上的手机或平板电脑。
主要功能： 控制演讲时间

该软件主要用于控制演讲者的发言时间。运行后，输入要发言的人数、会议的总时间和团队名称（图15.29所示）。要输入团队名，请按手机的选项键并选择“团队”，再按手机选项键并选择“新建”来设置。如果输入了多个团队名，还可在指定团队时进行选择。每人的发言时间等于总时间除以发言人数。设置完毕后，请单击“开始”进入计时界面。

该软件采用了倒计时方式，当第一个发言的发言时间还剩15秒时，有警告声出现。当时间全部用完时，程序会自动播放警报声，此时，倒计时停止直到点击“下一个”才能对第二位发言者计时（图15.30）。至于还剩多少时间播放警告，可由用户自由设定：按手机上的选项键，选择“警告时间”即可。在此，还请选中“长度可变的会议”，这样，就不必考虑两发言者之间的交替时间了。

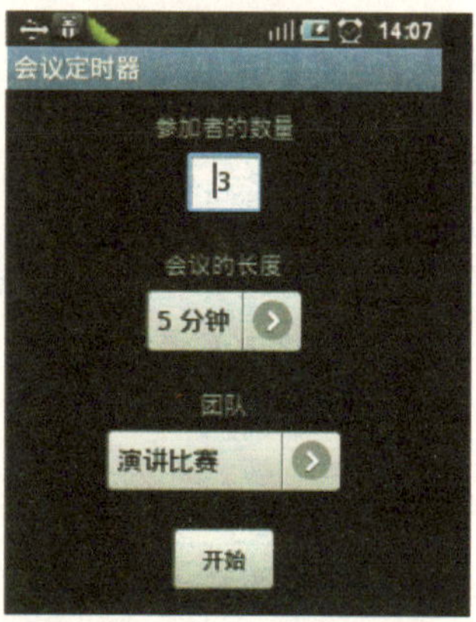

图15.29

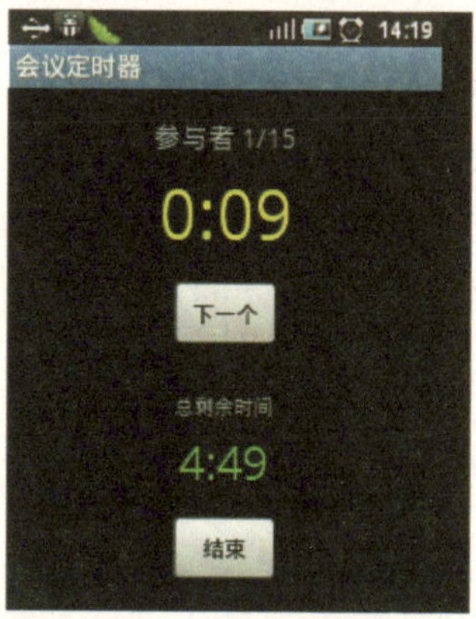

图15.30

总结 “会议录音”适合于室内会议。而“会议助手”则更适合于室外环境，比如陪同上级领导检查工作，能一边录音、一边拍照、一边记录。“会议定时器”适用于需要规定发言时间的场合。

15.7 其他应用

办公室里事情最多，也最累人，如果能借助一些小工具，一定能让我们的工作事半功倍。

15.7.1 办公室养生法

软件版本： 1.3。
操作系统要求： Android 1.5及以上的手机或平板电脑。
主要功能： 办公室养生。

长期呆在办公室里，亚健康、肥胖、颈椎病……将接踵而至。那么，如何让紧张的办公室时光更放松、更健康呢？本软件将以教程的形式告诉我们相关知识，还会教我们做工间操（图15.31）。

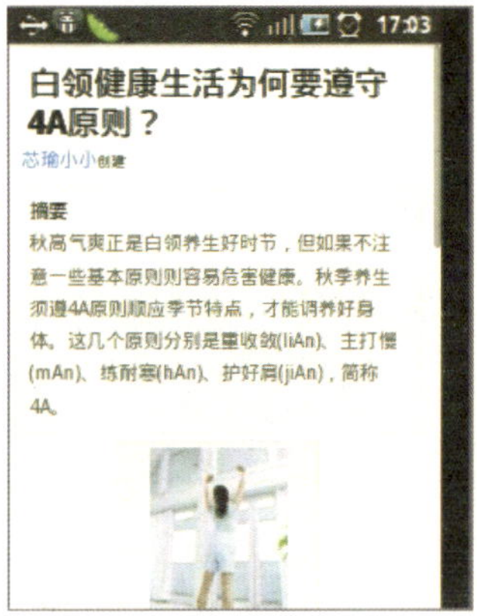

图15.31

15.7.2 办公计算器

软件版本： 1.2.7。
操作系统要求： Android 2.1及以上的手机或平板电脑。
主要功能： 绘制函数图像。

适用于Android系统的计算器软件很多，但这款软件不仅能计算还能绘制函数图像。运行该软件后，在文字输入框里输入“X^2”，函数$y=X^2$的图像马上就会出现（图15.32）。点击图像，可在全屏模式下观察，要保存，请按手机的选项键并选择“Capture screen shot”即可。默认情况下，图片保存在手机外部存储卡的“screenshot”目录，格式为PNG格式，可复制到其他地方应用。

在输入界面，点击上下箭头按钮可使英文字母、根号、阶乘等字符显示或隐藏起来。

使用这一软件时要注意特殊符号的输入，比如用^表示幂运算等。比如：要绘制“$y=3X^2+2X-4$”的图像，可输入“3×X^2+2×X－4”。再比如：要绘制倒数函数“y=1/X”的图像，可输入“$X^{\wedge -1}$”。

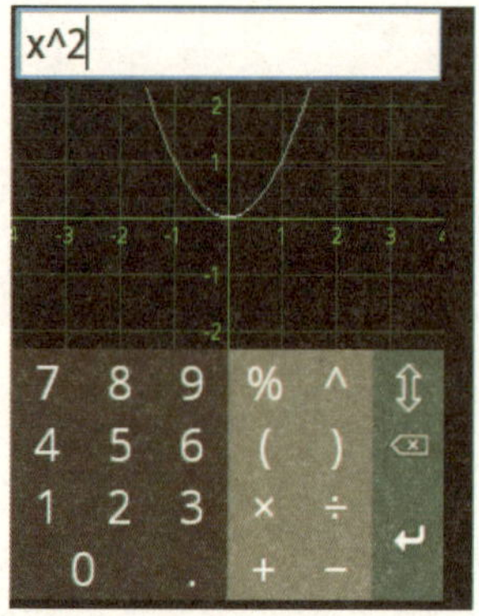

图15.32

15.7.3 手写信件

软件版本： 1.3.3.7。
操作系统要求： Android 1.6以上的手机或平板电脑。
主要功能： 墨迹显示。

自从有了电脑和手机，领导也难得给下级手写批复了。这款小软件就是让你手写批复而又不失现代感的。

运行该软件后，点击“ADD”，从弹出的对话框里设置一下笔划的粗细并点击“OK”即可进入书写界面。在此，最好不要选中“Enable automatic input”，否则无法重写没写好的字。

在书写界面，每写完一个汉字，请点击一下浮动出现的钩表示确认，否则请点击“Backspace”重写。写完一行，请点击“New line”跳到下一行。要在行首留下空格，请点击“Space”。很快，格式正确的批复即可完成（图15.33）。

写完后，请按手机的选项键，选择“Edit Done”可进入预览界面。在此，请按手机的选项键，选择“Share”就能以邮件、彩信等方式来发送了，对方收到的批复为图片形式。

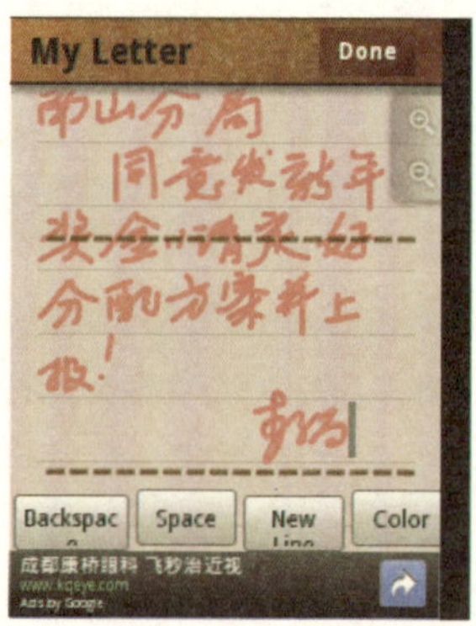

图15.33

第16章

阅读软件

智能手机除了可以欣赏音乐，观看视频外，还可以用来阅读。在Android系统里，可供阅读的种类及内容都很丰富。

- 新闻阅读
- 杂志阅读
- 漫画阅读
- 在线阅读
- 本地阅读

16.1 新闻阅读

对爱好关注新闻的朋友而言，订阅纸质报纸不仅需要花钱，而且不便携带难于在公交车上阅读。有了智能手机，就可以通过它在线阅读。

16.1.1 腾讯新闻

软件版本： 1.2.0。
操作系统要求： Android 1.6以上的手机或平板电脑。
主要功能： 阅读腾讯网新闻。

“腾讯新闻”包括新闻、娱乐、财经、女性等栏目，首先显示的是标题（图16.1），点击可查看要点，继续点击“查看详情”就能真正阅读到全部内容了（图16.2）。可对文字进行放大或缩小操作，能有效地保护眼睛。

它的美中不足在于无法离线浏览。

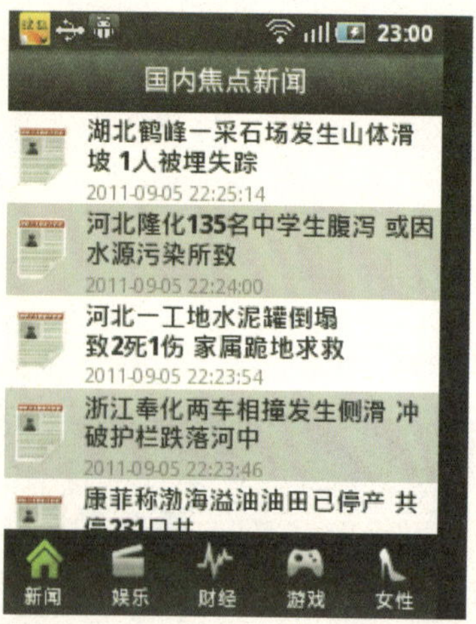

图16.1

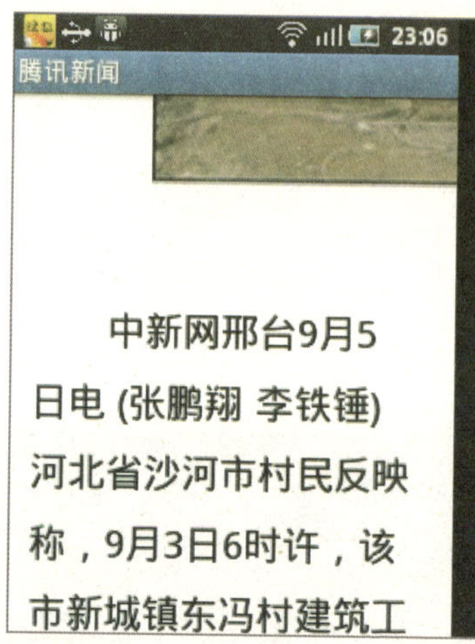

图16.2

16.1.2 网易新闻

软件版本：6.2.0。
操作系统要求：Android 1.6以上的手机或平板电脑。
主要功能：阅读网易新闻。

“网易新闻”主要包括新闻、话题、跟帖、投票等栏目（图16.3），每一标题都有对应的图片，点击即可阅读详细信息。它的特色在于只要是阅读过的内容都会自动下载到手机的缓存中，方便了今后的离线阅读。它的另一特色是遇到好的内容后，可点击界面右下角的分享可分享到网易、新浪、腾讯微博，还能以短信、邮件等方式发送给好友（图16.4）。

图16.3

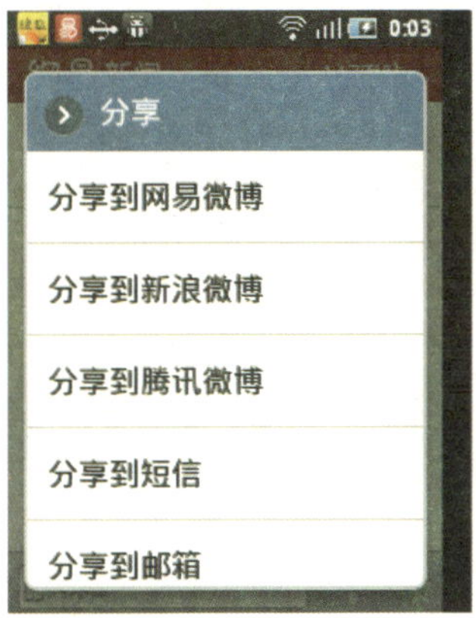

图16.4

16.1.3 搜狐新闻快递

软件版本：1.9.5。
操作系统要求：Android 1.5以上的手机或平板电脑。
主要功能：阅读搜狐新闻。

该软件包括今日报纸、搜狐快讯、重磅速递等栏目，只能在线而无法离线阅读，阅读时无法对文字进行放大处理。它所打的特色牌是查阅往期报纸（图16.5）。

图16.5

总结 这几款软件都能阅读新闻。其中网易的特色体现在能离线阅读，而新浪却能查看到过期的报纸。

16.2 杂志阅读

自从有了智能手机或平板电脑，电子杂志就应运而生了。与传统杂志比，它方便、易携，有的还能发音。

16.2.1 凤凰周刊

软件版本：1.0。
操作系统要求：Android 1.5以上的手机或平板电脑。
主要功能：阅读《凤凰周刊》。

《凤凰周刊》是由香港凤凰卫视主办能在中国大陆发售的时政、财经、文化综合期刊。它凭借正直媒体人的良知和敏感，忠实记录转型期中国社会经济、政治、民主和法制发展进程，以海外视角、解读大陆及两岸三地重要事件，为全球华人提供独立意见。

目前，《凤凰周刊》也可通过手机进行阅读，杂志的信息量比普通报纸大，它采用了先下载后浏览的阅读方式（图16.6）。对已下载的杂志，旁边有一个软盘图标，单击即可阅读。对尚未下载的，只要单击一下即可自动下载，一本杂志大小约2MB。软件还包括了《凤凰画报》，主要以图片形式展示，对图片的点评非常精辟（图16.7）。

图16.6

图16.7

16.2.2 故事汇

软件版本： 1.5。
操作系统要求： Android 1.5以上的手机或平板电脑。
主要功能： 民间小故事精读。

该软件收集了很多民间小故事，可作为茶余饭后的谈资（图16.8），读后可发表评论也要查看其他网友的评论。另外，还可通过指定的邮箱发表自己收集的小故事：在主界面上点击“帮助”就能知道如何发表了。

图16.8

16.2.3 电脑报

软件版本： 1.1。
操作系统要求： Android手机或平板电脑。
主要功能： 《电脑报》内容精读。

《电脑报》，相信很多电脑爱好都是看着它长大的，它的手机版包含了纸质版的大部分内容，如新闻、笔记本整机、平板、手机、潮流数码等（图16.9）。另外，软件还包括了《电脑报》官方论坛、小编们的博客等。运行该软件即可阅读，对会操作电脑的朋友而言，操作手机简直是小菜一碟。

图16.9

16.2.4 新潮女人

软件版本： 1.4。
操作系统要求： Android 1.5以上的手机或平板电脑。
主要功能： 阅读《新潮女人》。

都说三个女人一台戏，讨论情感问题、美容问题、穿衣问题……“新潮女人”是同名专业杂志的手机客户端，更新快，内容时尚、新颖，适合于现代女性阅读（图16.10）。

运行该软件后，点击分类栏目就能找到自己感兴趣的内容并阅读了。

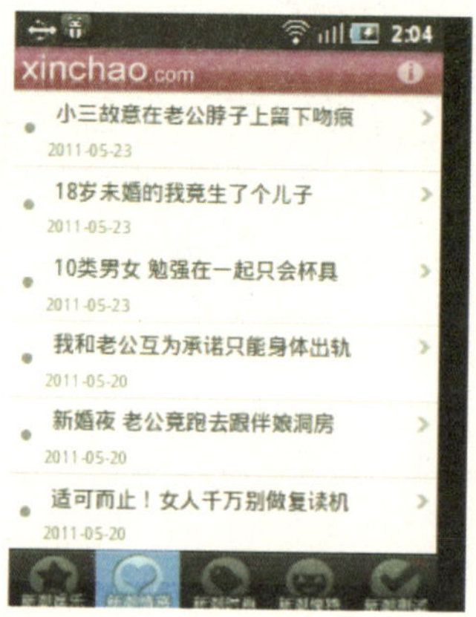

图16.10

16.2.5 读者

软件版本： 1.4。
操作系统要求： Android 1.5以上的手机或平板电脑。
主要功能： 《读者》精读。

《读者》（半月刊）杂志是我国享有良好声誉的综合类期刊，也是我国最畅销的杂志之一。本软件提供《读者》原创文章、情感文章、美文故事的在线阅读欣赏。点击某一期即可进入并阅读（图16.11）。

图16.11

16.2.6 VIVA电子杂志

软件版本： 2.3.2。
操作系统要求： Android 1.6以上的手机或平板电脑。
主要功能： “VIVA电子杂志”精读。

“VIVA电子杂志”手机版是一款电子阅读应用软件。其中收集了大量的期刊和漫画，包括时尚、新闻、财经、生活、数码、汽车、旅游、体育、艺术、动漫等。假设要看IT类刊物，只要在“分类”标签下点击“数码”，国内知名的IT杂志就尽收眼底了，比如大众化的《电脑爱好者》、《电脑迷》，专业化的《中国计算机报》、《微型计算机》等，应有尽有（图16.12）。

该软件提供在线阅读和下载后阅读两种方式，推荐先下载再阅读。对每一本杂志，都提供了目录及全部内容，与阅读实体杂志没什么两样（图16.13）。

图16.12

图16.13

16.3 漫画阅读

漫画，是用简单而夸张的手法来描绘生活或时事的图画。常采用夸张、比喻、象征等手法，讽刺、批评或歌颂某些人和事，具有较强的社会性和娱乐性。让读者在轻松愉快中受教育、得启示。

16.3.1 漫鱼

软件版本： 1.1。

操作系统要求： Android 1.5以上的手机或平板电脑。

主要功能： 漫画阅读。

图16.14

运行该软件，点击“分类”，可选择按地域、按篇幅进行分类。如果按地域分，其下有中国、日本、韩国、欧美、其他等。如果喜欢看日本漫画，那就点击“日本”，从弹出的窗口看，居然有近300部日本漫画作品。点击任何一部即可阅读（图16.14），可在线阅读也可下载后阅读。要下载需要先注册。

16.3.2 布卡漫画

软件版本： 1.1.0.6 Beta。
操作系统要求： Android 1.0以上的手机或平板电脑。
主要功能： 漫画阅读。

该软件收集的漫画多达上千部，提供在线与下载阅读两种模式，而且不需要注册。由于漫画多，该软件的搜索功能做得很到位，可按口味、性别、题材、地区等方式搜索。阅读时，手指上下滑动即可翻页，是一款不可多得的漫画阅读工具（图16.15）。

图16.15

16.3.3 我爱漫画小人书

软件版本： 2.2。
操作系统要求： Android 1.8以上的手机或平板电脑。
主要功能： 回顾小从书。

该软件（图16.16）收集的小人书很多，按主题分为12大类：文学名著、武侠传奇、革命战争、民间故事、神话传说、外国作品、文革作品、现代作品、历史故事、人物传奇、少儿教育、成语故事。选择一个分类后，点击小人书名就能观看了。

图16.16

该软件运行时，会在目录界面下部显示一些广告。

总结 以上软件中，漫鱼和布卡都是通用型漫画阅读软件，比较而言，可首先考虑布卡。

16.4 在线阅读

在知识、信息不断更新的爆炸时代，在线阅读可以帮助我们学习到新的知识、了解新的信息，不被社会淘汰。

16.4.1 熊猫看书

软件版本：1.99。
操作系统要求：Android 2.0以上的手机或平板电脑。
主要功能：在线阅读。

“熊猫看书”，是很老道的在线电子书阅读软件，内容丰富，包括小说、漫画、杂志、图书等栏目（图16.17）。只是部分内容要收费，但可选择免费的来看，至于说流量费可通过使用WiFi来解决。

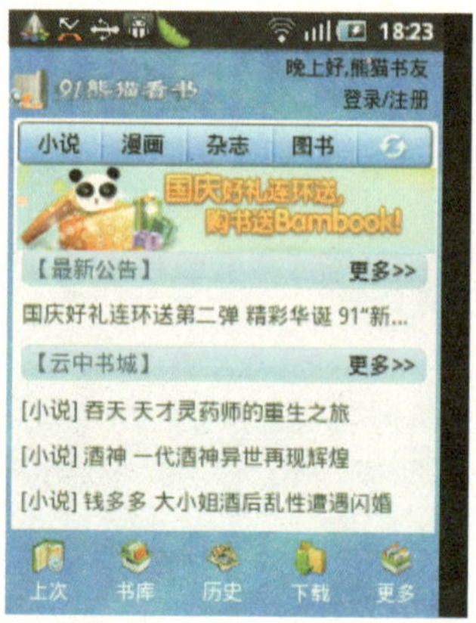

图16.17

16.4.2 百阅

软件版本：1.99。
操作系统要求：Android 2.0以上的手机或平板电脑。
主要功能：在线阅读。

该软件也是在线工具，部分内容要收费，为省钱只好选免费的读。为省流量费，那就用WiFi。从阅读舒适度上看，该软件设计得不错，可直接通过阅读界面顶部的按钮来调节字号、亮度、搜索、自动滚屏，按手机上的选项键，还可设置行间距、隔行换色等，非常有利于保护视力（图16.18）。

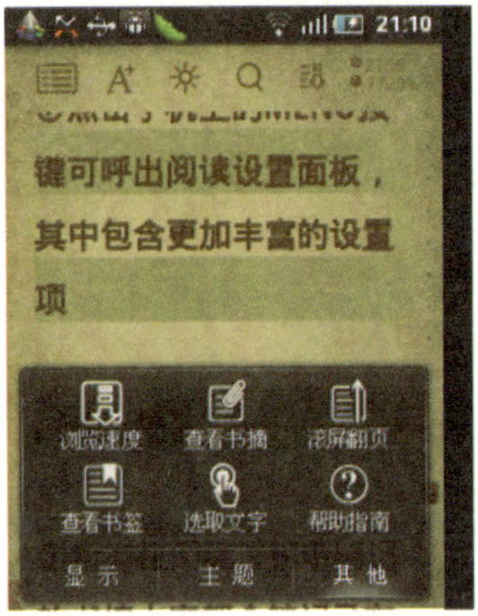

图16.18

总结 在这两款在线阅读软件中，部分阅读内容都要收费，但“百阅”在阅读舒适度上比较好，特别是采用了隔行换色后，根本不用担心跳行现象。

16.5 本地阅读

目前，网上能下载到的电子书已很多，而且还可自己制作，为此，本地阅读也很盛行。手机电子书格式主要包括TXT、UMD、CHM、HTML、PDF、PDB、EPUB等，网上资源非常丰富，下载后即可通过阅读软件阅读。

关于TXT，其实就是大最熟悉的文本文件，不借用其他工具智能手机也能打开，但一般不支持字号、行间距等设置，不利于保护视力，为此，最好用专门的阅读软件来打开。

16.5.1 iReader

软件版本： 1.5.0.0。
操作系统要求： Android 1.6以上的手机或平板电脑。
主要功能： 阅读本地电子书。

在阅读本地电子书上，“iReader”设计得十分到位。运行后，点击手机上的选项键，选择“打开”，它会自动扫描出手机上的所有电子书文件，包括TXT、UMD、CHM、HTML、PDB等格式，但内容很多，比如：很多软件的说明文件也能被找出来。为有目的地选择，请点击“mnt→sdcard”以进入手机的外部存储卡，再进入专门存放电子书的文件夹。

接着，点击“批量导入”以进行多选（图16.19）。此时，每一电子书的后面都会出现一个灰色的钩，点击，钩呈现为绿色即表示选中。选择完成后，点击“加入书架”。最后，点击“返回书架”就能阅读了。

阅读时，可进行字号调节。按手机上的选项键，选择“设置→休息提醒时间”，比如设置为30分钟，那么时间一到它会提醒我们休息一会，比较人性化。

图16.19

16.5.2 开卷有益

软件版本： 2.71。
操作系统要求： Android 1.6以上的手机或平板电脑。
主要功能： 阅读本地电子书。

该软件也可用于阅读本地电子书，其最大特色在于支持外挂字体。下面介绍如何设置。

在Android手机上，该软件的安装位置为外部存储卡的KingResder文件夹，打开该文件夹，其下有Fonts子文件夹，这一文件夹就是用于存放字体文件的，默认情况下，这里并无字体文件。下面，我们将电脑上的字体文件复制进去。

在安装Windows XP的电脑上，进入系统分区（一般为C盘）的Windows\Fonts目录，该目录存放的都是字体文件。将其下的文件复制几个到手机SD卡的KingResder\Fonts文件夹。本例，笔者复制的有华文行楷和华文新魏两款字体文件，注意：它们的文件名分别是STXINGKA.TTF和STXINWEI.TTF。

运行“开卷有益”，点击“本地文件”，默认地，打开的就是手机的SD卡，点击其下的一个文本文件，该文件将会在“开卷有益”下打开，显然，使用的是手机自带的字体（图16.20）。接着，按手机上的选项键，选择“系统设置→文字背景→字体名称→存储卡上的字体”。接着，点击“STXINGKA.TTF”。然后，按手机上的返回键退回到阅读界面，刚才打开的文本文件就切换为华文行楷样式了（图16.21）。

图16.20

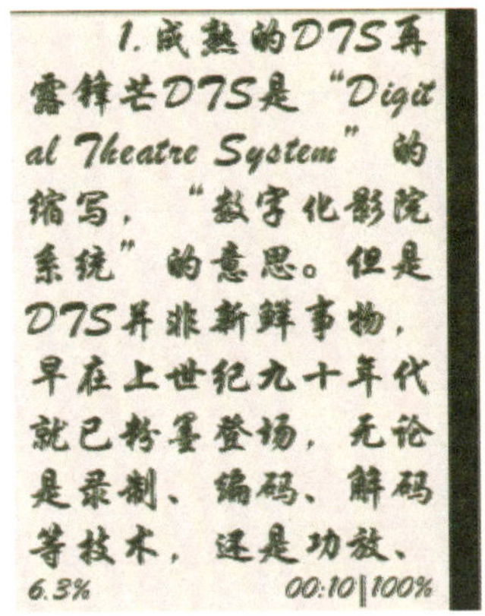

图16.21

总结 在阅读舒适度上，“iReader”做得很好，如果不在乎字体切换，选它准没错。

读书笔记

第17章

手机安全

- 手机杀毒
- 手机防盗
- 保护隐私

尽管有诸多的安全软件护航，但电脑上的安全问题依然严重。比电脑更具普及性、贴身性的手机安全情况又如何呢?

我们经常会遇到手机病毒、垃圾短信、响一声就挂的电话，都是手机不安全的表现。

为此，手机安全软件也应运而生了，那么，究竟哪一款能为我们的手机保驾护航呢?

17.1 手机杀毒

手机病毒是一种具有传染性、破坏性的手机程序。它可利用短信、彩信、电子邮件、浏览网站、下载铃声、蓝牙等方式传播。感染后会导致用户手机死机、关机、资料被删，向外发送垃圾邮件、短（彩）信、泄露个人信息，自动拨打电话、自动确认订购消息等。为此，手机杀毒至关重要。

17.1.1 大蜘蛛

软件版本：6.01.0。
操作系统要求：Android 1.5以上的手机或平板电脑。
主要功能：手机或平板电脑杀毒。

该杀毒软件来自俄罗斯，它不以商业为主，主要供其军方和国家安全部门使用，是一款真正的技术型的杀毒软件。其手机版的主要功能包括病毒扫描，短信、电话过滤（图17.1）。

图17.1

1. 自动扫描

实测表明，它能在安装或插入外部存储卡、向手机或平板电脑中安装其他软件时自动查杀。

2. 病毒扫描

在其主界面上点击“扫描仪”即可快速扫描、完全扫描或自定义扫描。点击“自定义扫描”能对指定的文件夹进行病毒查杀。要注意的是，点击“自定义扫描”后显示出来的是整个手机的根目录，其下列出了sys、system、root等手机自带的系统文件夹，这些文件夹都位于手机的内部存储卡里。要扫描外部存储卡，请一路点击“mnt→sdcard”，再选择一个文件夹即可查杀（图17.2）。

图17.2

3. 短信、电话过滤

该功能十分有用，下面举例说明。某中学班级全县知名，时值开学，班主任的手机几乎时刻都有电话打进来说情，关机吧，又怕接不到有用的电话，开机呢，有的情面又难于拒绝。好在学校有规定，要进入该班就读的学生必须校长或教务处亲点。那就用“大蜘蛛”将手机设置为只接校长和教务处的电话吧。

运行“大蜘蛛”，点击过滤方式按钮，选择“设置→添加新模式”。接着，按提示将名称修改为“招生模式”，在“来电操作”下选择“只允许列表中的联系人”，再点击“添加联系人”即可从手机所有联系人中选择要接听的电话号码（图17.3）。保存后能在主界面上观察到过滤模式为“招生模式”。今后，只有允许人的电话才能打进来，其他号码呼叫班主任手机时得到的提示音都为正在通话。

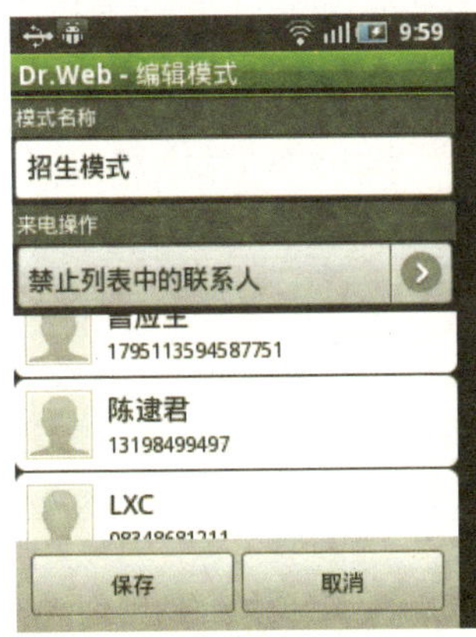

图17.3

在此期间，一定有不该被阻止的电话打进来，要解决这一问题，可修改规则：在“大蜘蛛”主界面上点击过滤方式按钮，选择“设置”，再按住“招生模式”并选择“编辑”即可。另外，还可在“大蜘蛛”主界面上点击过滤规则右侧的电话按钮，能观察到被阻止的电话（图17.4），对有用电话再打回去就行了。

图17.4

在“大蜘蛛”里，它还内置了许多规则，用户创建的规则也可保存下来，我们就能根据不同的需要选择不同的规则，非常方便。

17.1.2 360手机卫士

软件版本：1.9.9。
操作系统要求：Android 1.5以上的手机或平板电脑。
主要功能：手机或平板电脑杀毒。

1. 云查杀

该软件功能较多而且比较适用（图17.5）。点击“手机杀毒”，它会首先利用已随软件安装到手机的病毒库来查杀，接着自动进行云查杀（图17.6），即连接到“360手机卫士”官方网站的病毒库来查杀。

图17.5

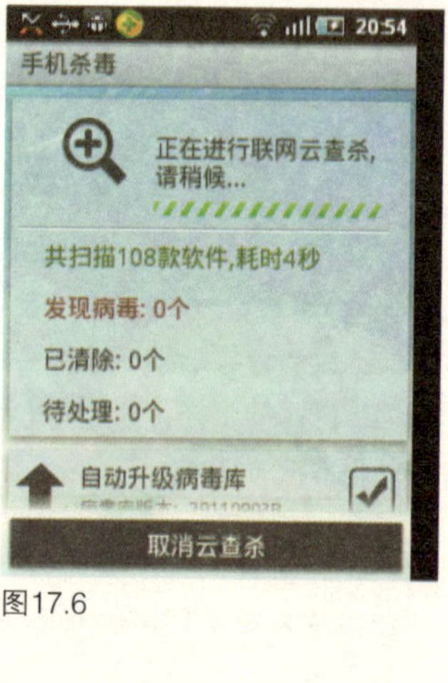

图17.6

2. 备份

在“360手机卫士”主界面单击“通讯备份→开始备份”。如果首次使用，请点击“注册新账号”，再按提示输入自己的手机号及密码即可到软件的官方网站服务器注册一个账号。今后即可凭此账号将好友电话号码、短信等备份到服务器上（图17.7）。要恢复，请点击“通讯备份→开始恢复”即可。

3. 隐私空间

不少人有自己的异性好友，如果他们打电话来而自己的男友和女友又在身边，那可是很尴尬的事。“360手机卫士”的隐私空间可有效解决这一问题。

首先，点击“隐私空间→隐私设置→主界面显示名称”，将其修改为女友最不感兴趣的内容，比如“系统设置”。接着，选中“新内容通知”；点击“自定义隐私通知文字”，将其修改为有迷惑性的文字，比如“校迅通”；其他例如铃声、挂断后的通知信息等请自由设置。最后，在隐私空间下点击“联系人”将异性好友的电话号码添加进去。

图17.7

以上设置的效果是：1）在本手机上，“360手机卫士”软件主界面上的“隐私空间”将显示为“系统设置”——这是女友最不乐意接触的内容。2）当异性好友打来电话或发来短信时，本手机的铃声会响一声然后挂断，同时，在本手机的通知区域会显示出短信或来电图标（图17.7），按住通知区域向下拉动可显示通知内容，无论是异性朋友发来的短信还是电话都显示为“校迅通”（图17.8）——工作信息。

图17.8

要查看是哪位异性朋友打来的电话、发来了什么短信，请在软件主界面上点击“系统设置”（注意，这里原来显示的是“隐私空间”），再输入设置过的密码就行了。

17.1.3 瑞星杀毒软件

软件版本： 1.00.13。
操作系统要求： Android 2.0.1以上的手机或平板电脑。
主要功能： 手机或平板电脑杀毒。

在杀毒功能上，它不仅能用本地病毒库查杀还能进行云查杀，只要在其主界面上点击“病毒查杀”就行了。在此，我们将看看它的其他功能。

1. 隐私保护

点击“隐私保护”，按提示设置密码，要注意的是，这里的密码不是普通的字符，而是手指在九宫点上划过（图17.9），比如在最左边划一竖或划出一个Z字。接着，就能选择设置私密记事本（记录的内容只能在此观看）、私密电话短信、数据加密了。点击“数据加密”并按提示导入私密的图片、视频或其他文件。加密后的文件会被修改扩展名，无论在手机上还是将其复制到电脑上甚至手动还原扩展名都无法打开。要打开，可再次点击“隐私保护”，按住加密后的文件并从弹出的快捷菜单中选择“解密”（图17.10）。

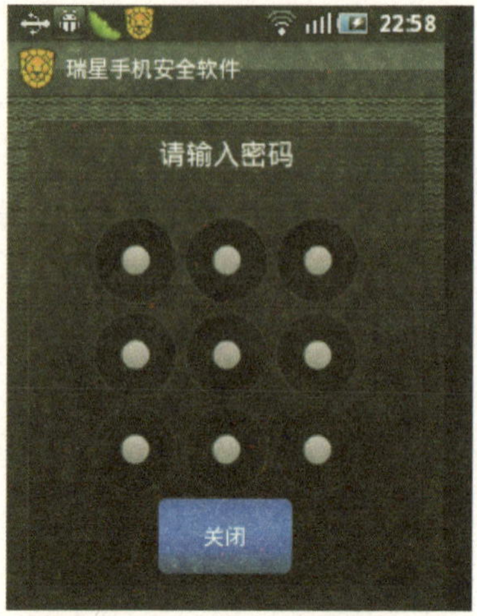

图17.9

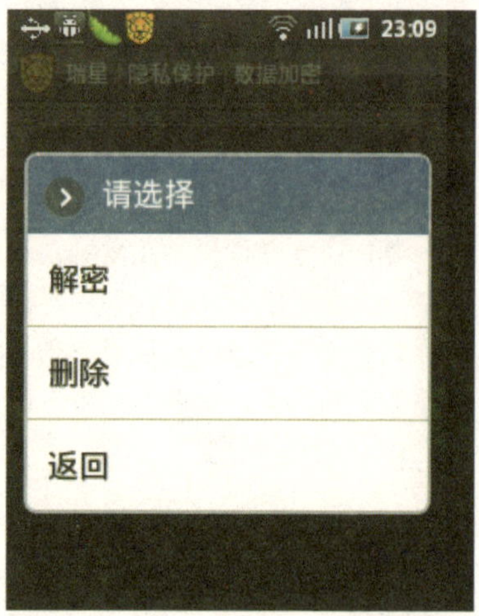

图17.10

2. 防骚扰

不少手机杀毒软件都有防骚扰功能，一般都以黑白名单的方式工作——明枪当然易躲。但很多骚扰短信和“响一声电话”却是未知的，瑞星能在一定程度上解决这一问题。

点击“防骚扰→免骚扰设置”，再选中“自动拦截垃圾短信”就行了。在这种方式下，瑞星会根据短信中的性、发票、一夜情等敏感字眼进行拦截。默认情况下它还会自动拦截“响一声电话”。

17.1.4 QQ手机管家

软件版本： 2.1.7。
操作系统要求： Android 1.6以上的手机或平板电脑。
主要功能： 保护QQ账号。

病毒查杀只是“QQ手机管家”的功能之一，运行该软件后，点击“实用程序→病毒查杀→一键查杀”就行了。

该软件的特殊之处在于能进行“扣费扫描”，当你的话费猛增时，不妨扫描一次。该软件另一特殊功能在于集成了“手机令牌”功能，可有效保护QQ号码、QQ游戏账号的安全：运行该软件后，点击 “实用程序→手机令牌”即可自动下载并安装。完成后，“手机令牌”会以独立的形式存在，可单独运行。下面就看看它是如何保护的。

首先得绑定手机。在电脑上登录http://aq.qq.com，输入要保护的QQ号、密码、密保问题后单击“立即绑定”，再输入要绑定的手机号。成功后，手机会收到短信一封，将短信中的验证码输入到指定的位置绑定设置即可完成。

接着，在手机上运行“手机令版”，点击“联网快速激活”，输入要保护的QQ号码。

然后，设置要保护的项目。登录http://aq.qq.com，单击“账号保护”，在要开通的项目后单击“立即开通”（图17.11）。

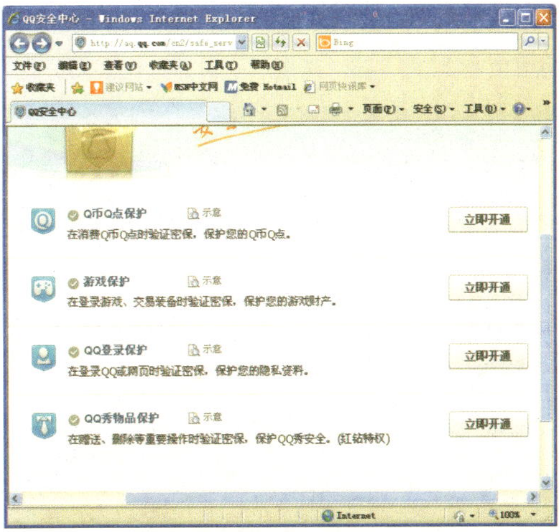

图17.11

假设选中了“QQ登录保护”，请在下一界面中选择“为了最大程度保护，在所有地点都验证密保”。接着，选择验证方式为手机令牌。

今后，要登录被保护

的QQ，请先运行手机上的“手机令牌”，让它产生一个随机密码（图17.12）。然后在QQ登录界面输入QQ密码、随机密码，只有两个密码都正确才能顺利登录。显然，就算他人盗取了QQ密码，没有手机也无法登录。

另外，如果设置了Q币保护、游戏账号保护，也必须有令牌密码才能完成支付、登录等，非常安全（图17.13）。

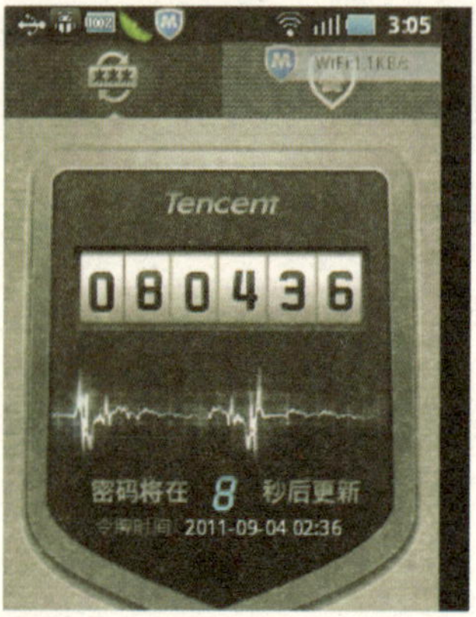

图17.12

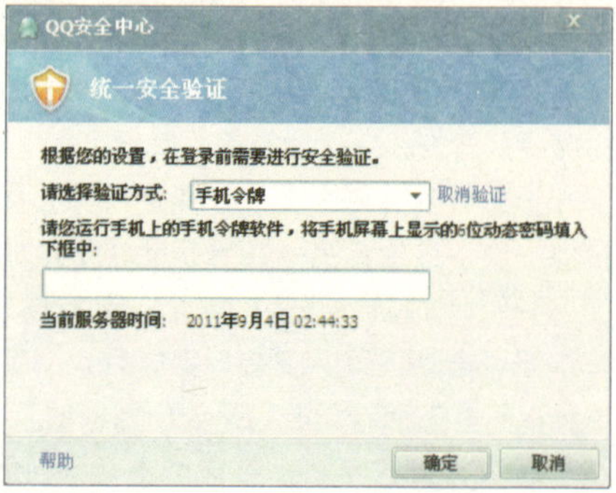

图17.13

17.2 防盗

手机、平板电脑因其体积小，为我们随身携带提供了方便，但在移动的过程中也难免丢失、被盗。手机、平板丢失后还可再购，但其中的个人信息泄漏、资料丢失的后果却很严重。针对手机、平板而开发的防盗工具可在手机、平板丢失时自动删除或向指定的服务器备份其中的个人信息，还能通过定位等方式辅助其物归原主。

17.2.1 梆梆防盗

软件版本： 1.4。
操作系统要求： Android 1.6以上的手机或平板电脑。
主要功能： 手机防盗。

首次运行该软件时，会弹出设置向导，跳过这一步后也能手动、单项设置（图17.14），只要在主界面上点击“手机设置”就行了。下面重点看看它的远程锁定与远程擦除功能。

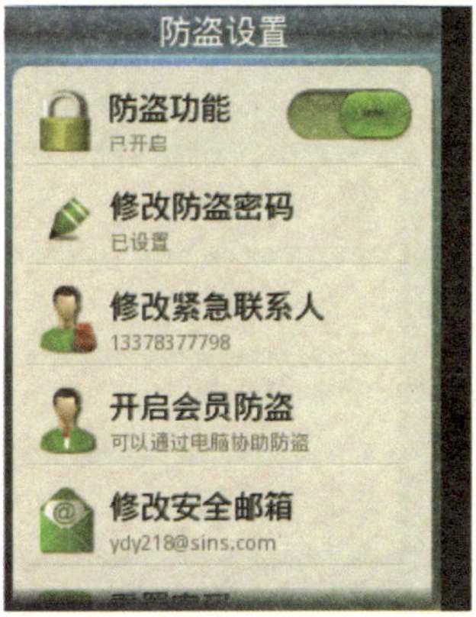

图17.14

1. 手机设置

首先，在需要进行防盗的手机上（暂时称为手机甲）点击“防盗功能”右侧滑块之右端以开启防盗功能。接着，点击“修改紧急联系人”，输入另一部手机（暂时称为手机乙）的号码，比如亲人的手机号码。然后，点击“换卡设置”，选中其下的“换卡后执行手机锁定操作”和“换卡后自动发送盗贼号码给紧急联系人”。

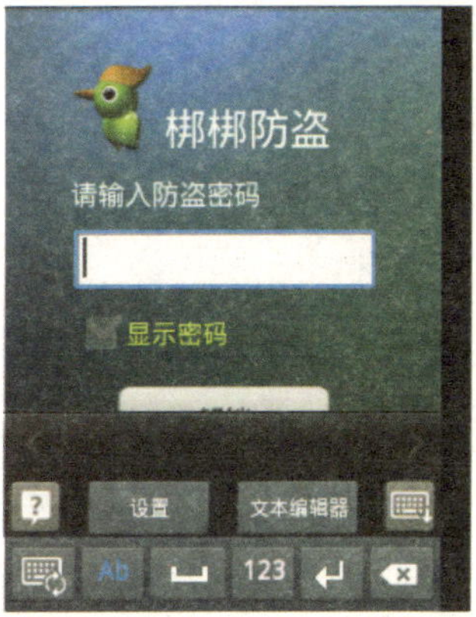

图17.15

2. 效果

手机甲被盗后，可采用以下应对方法。

如果被盗手机还没换卡。手机乙直接向手机甲发送短信“SD”，甲手机将被锁定（图17.15），只有输入正确的密码才能解开。

如果手机乙向手机甲发送短信“xh”，则甲中的联系人信息、短信会被全部删除，外部存储被格式化，保证了信息的不外泄。

如果盗贼得到手机后马上换SIM卡。“梆梆防盗”会自动锁定手机甲且自动发送新SIM卡的电话号码到乙手机。

综上所述，都是在乙手机为普通手机的条件下进行的。如果乙手机也安装了“梆梆防盗”，也可这样操作：运行“梆梆防盗”，直接点击对应的“手机锁屏”、“资料销毁”等命令就行了（图17.16）。如果点击“手机定位”还可通过卫星定位来显示目前甲手机的地理位置（图17.17），辅助我们捉拿盗贼。

图17.16

图17.17

17.2.2 手机防盗报警器

软件版本： 1.0.0。
操作系统要求： Android手机。
主要功能： 手机防盗报警。

该报警器操作简单，功能单一，适用于近距离防盗。首先，将手机平放。接着，运行报警器，点击"密码设置"，输入一个密码（图17.18）。然后，点击"保护"按钮，手机即可处于防盗状态。

当有人拿起手机且倾斜度超过35°时，手机即可发出报警声而且不能用音量键降低或关闭，要解除，可点击"解除"并输入正确的密码，当然还有一种办法是拆下手机电池。有了这一功能，赶飞机、乘轮船火车时就能放心地小睡一会了。

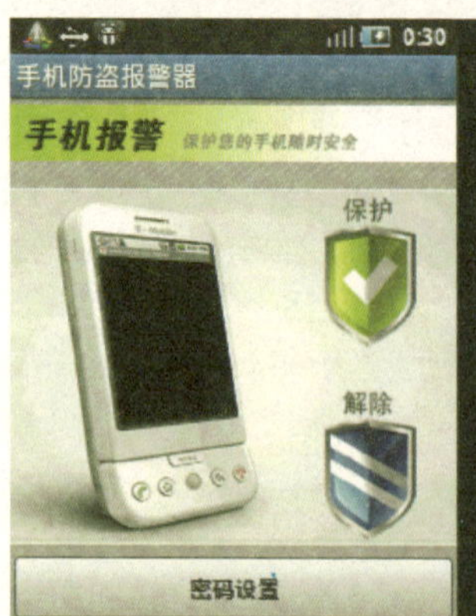

图17.18

17.2.3 诺顿手机杀毒

软件版本： 6.0.31。
操作系统要求： Android 1.6以上的手机。
主要功能： 手机防毒防盗。

该软件本为手机杀毒软件，但在防盗功能上也很不错。运行该软件后，在主界面上点击“远程锁定和擦除→远程安装\nLock”，远程锁定设置向导即可启动。点击“下一个”，输入密码后再点击“下一个”设置即可完成。此时，程序会提醒我们如何锁定或远程擦除。今后，用任意一部手机向我的手机发送以下内容的短信都能分别达到锁定、擦除之目的。

Lock 123456

Wipe 123456

我的手机被锁定后，只有输入123456才能解锁（图17.19）。

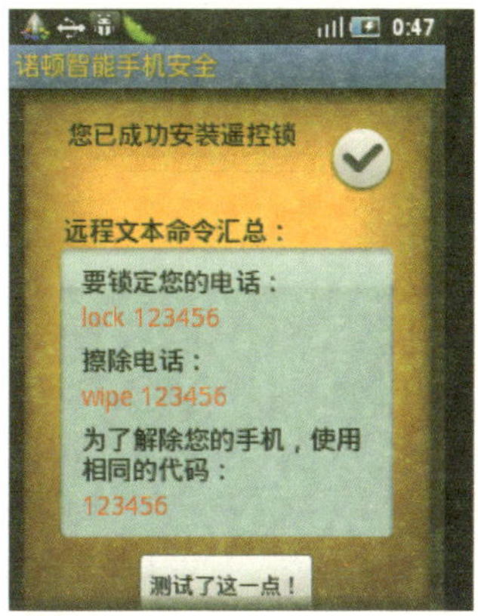

图17.19

总结 以上防盗工具中“梆梆防盗”比较专业，既能辅助找回手机，又能锁定、擦除手机中的隐私信息。“诺顿手机杀毒”，在杀毒上，其PC版早已名声在外，它的手机版也非常好。可能其重点在于查毒，防盗功能平平。据笔者实测表明，它的信息擦除功能在有的手机上无法使用。“手机防盗报警器”则用于近距离防盗。

读书笔记